《中国博物学评论》编委会

主办单位
商务印书馆

顾 问
许智宏 院士
王文采 院士

主 编
刘华杰 北京大学教授

执行主编
徐保军 北京林业大学副教授

编 委（按拼音顺序）
江晓原 上海交通大学教授
柯遵科 中国科学院大学副教授
李 平 商务印书馆总经理
刘 兵 清华大学教授
刘孝廷 北京师范大学教授
苏贤贵 北京大学副教授
田 松 北京师范大学教授
吴国盛 清华大学教授
余 欣 复旦大学教授
詹 琰 中国科学院大学教授
张继达 北京大学附中特级教师

第 5 期

刘华杰 主编

中国博物学评论

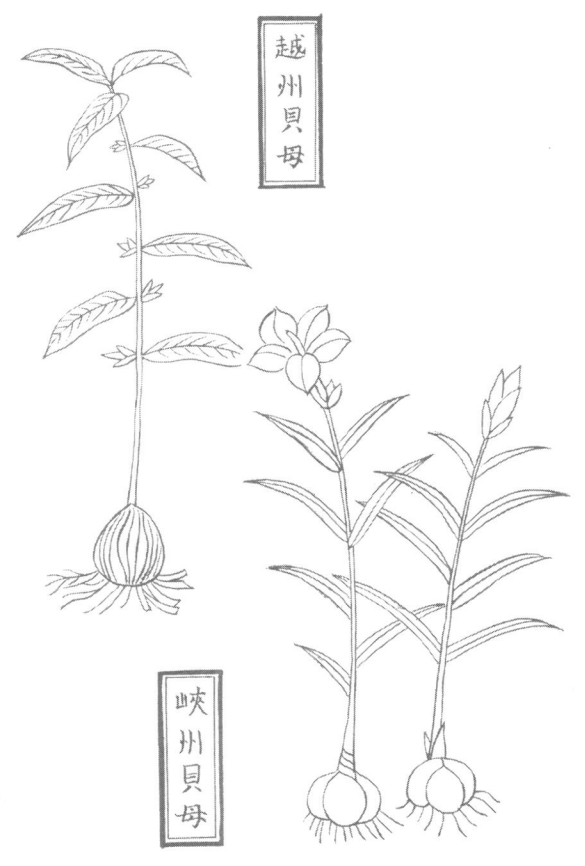

商务印书馆
The Commercial Press

图书在版编目（CIP）数据

中国博物学评论. 第5期 / 刘华杰主编. —北京：商务印书馆，2021
ISBN 978-7-100-19231-6

Ⅰ.①中… Ⅱ.①刘… Ⅲ.①博物学—中国—文集 Ⅳ.①N912-53

中国版本图书馆CIP数据核字（2020）第252858号

权利保留，侵权必究。

中国博物学评论
（第5期）
刘华杰 主编

商 务 印 书 馆 出 版
（北京王府井大街36号 邮政编码100710）
商 务 印 书 馆 发 行
北京新华印刷有限公司印刷
ISBN 978 - 7 - 100 - 19231 - 6

| 2021年1月第1版 | 开本 787×1092 1/16 |
| 2021年1月北京第1次印刷 | 印张 16½ |

定价：88.00元

目 录

学术纵横

清代的皇家博物与帝国想象
　　——兼论理解中国博物学的一种时空路径 ……… 袁　剑　1
罗蒂的哲学与博物的关联 ………………………… 王洋燚　13
精细视觉：运用光学显微技术的维多利亚博物学 …… 张晓天　24
格斯纳目录学与博物学文本实践的连续性 ………… 杨雪泥　41
《诗经》植物名物研究的方法与示例 ……………… 刘从康　59
维度：意象、隐喻与认知 ………………………… 张冀峰　87
"博物学史"与"物质史"：澄清一个误区 ………… 周金泰　113
由神圣到诱惑的历史：古代香料博物志 …………… 王　钊　123
卓尔不群的博物学家：《宇宙之谜》中的海克尔 …… 韩静怡　136
复刻自然：简述自然印刷工艺的发展 ……………… 罗晓图　148
苏俄植物学家科马罗夫对中国东北植物的考察与研究
　　………………………………………………… 蒋　澈　158
民国时期的博物学学术团体 ……………… 李　飞　周　舟　178
中华博物学会史事述略（1914—1928） …………… 李锐洁　189
从"中国自然好书奖"看当前的博物出版：以第二届
　　"中国自然好书"60种入围图书为例 …………… 余节弘　202

生活世界

十万个爱南岭的理由 ················· 吴健梅　215
我在滴水岩做富翁 ················· 林　捷　224
山野的图记 ··················· 官栋訢　228

图书评论

物质性、地理学与知识史：21世纪的博物学编史 ······ 温心怡　235
表征与理解世界的另一个维度：博物图像 ········ 徐保军　245
中国植物分类学历史与当代大学生培养漫谈 ······· 赵云鹏　249

信息

第四届博物学文化论坛综述 ··········· 徐保军　韩静怡　252
本刊征稿格式要求 ·······················　255

清代的皇家博物与帝国想象
——兼论理解中国博物学的一种时空路径

袁 剑*

The Royal Natural History Practice and Imperial Imagination in the Qing Dynasty
—Also on a time-space approach to understand China's Natural History

YUAN Jian

摘要：本文通过对清代皇家博物活动及其与帝国想象之间内在关联的事例性说明，分析了博物学如何在王朝时代成为皇家实践的组成部分，在近代逐渐转变为民族国家认同的重要载体，并介绍了中国近代博物机构成形的独特历程，同时，还对如何在理解包括核心区域与边疆地域在内的整体基础上构筑中国的博物学空间，做了一些相关的思考。

关键词：清代皇家，博物，帝国，边疆

Abstract: This article analyzes how natural history became an integral part of royal practice during the ancient time, and gradually transformed into an important carrier of national identity in modern times through an example of the Qing Dynasty's royal natural history activities and its internal relationship with the imagination, and introduced the unique

---

* 袁剑，江苏苏州人，历史学博士，中央民族大学民族学与社会学学院副教授，（教育部基地）中央民族大学中国少数民族研究中心边疆民族研究所所长，主要从事边疆民族问题研究，同时也关注边疆博物相关议题，译有《知识帝国：清代在华的英国博物学家》等。本文的部分内容曾在上海博物馆以报告形式呈现，在收入本刊时，笔者对全文作了进一步的修订与补充，特此说明。本文为2019年度国家民委民族研究项目"构筑中华民族共同体的历史经验研究"（编号：2019–GMC–001）的阶段性成果。

history of the formation of modern Chinese natural history institutions. At the same time, it also made some related thoughts on how to build a natural history space in China on the basis of understanding the integrity including the core area and the borderlands.

Key Words: Qing Dynasty, royal, natural history, empire, the borderlands

一、博物的历史之根：中国性与实践性

博物学（Natural History）虽然在概念层面是西方的产物，但作为一种地方性知识，其历史实践在中国早已有之。中国本土博物学经历数千年发展，形成了自己的传统与特色，并在各个朝代呈现出不同的图景。傅斯年在其《诗经之博物学》一文中曾指出："博物重于实验。仅知草木鸟兽虫鱼之名者，不可谓之博物。知其名必实验其物者，始可谓之博物。古时关于草木鸟兽虫鱼之类，无书可征，必实验而始知之。"（傅斯年，2017：236）在他看来，知识性之外的实践性，构成了理解中国博物学内涵的重要特征。

从历史维度来看，近代既是中国历史与社会的转折期，同时也是中国知识与外来知识的冲撞与融合期，在近代知识的帝国化竞争中，中国本身不仅被弱化为欧洲之外新物种的采集地，更从认识层面被转变为一个需要与欧洲既有知识框架相印证的对象。在既有的诸多博物学书写中，往往会将民族国家空间作为一个单一整体加以叙述，而忽视了如中国这样的大国内部的多样性。当我们回溯西方博物学家在华活动的整体图景时，关于边疆地区的博物知识及其历史生成恰恰是缺失或者零乱的，这是一个未竟的话题，也正是一个值得深入探究和发掘的新议题。（袁剑，2018：47—48）

在这个过程中，中国自身的博物学也经历了复杂的转变。其中涉及博物学在广阔的中国"空间"下如何处理中原与边疆的关系。博物馆的博物到底应当"博"到何种程度，它是对传统中原知识世界的关注，还是需要突破所谓的传统中原框架，把边疆的空间容纳进来？这是我们需要进一步思考的问题。观察中国近代历史，我们可以说，上海是中国近代城市的发源地，也是近代工业化和民族工业的发源地，而与此同时，上海的崛起与发展又处在近代中国或者说清朝后期这一总体的空间当中。因此，当我们理解和认知博物学的时候，也有必要将历史时期的中国作为一个整体来加以考量。有鉴于此，当我们谈清代的皇家博物时，这同样联系到近代化的上

海和传统的中国，因为我们都知道我们生活的这片中华大地幅员非常辽阔，几年前德国总理默克尔赠送给中国领导人一幅1735年绘制的地图，这幅雍正十三年的地图主要展现的还是中原地区的面貌，其中体现的是一个传教士如何从东南沿海看中国。如今人们在上海看到的，可能正是这样一个场景。但是，除了中原地区，历史上和当下的中国还有广阔的内陆边疆地区。这里就生成了这样一个疑问：中国博物学的空间到底有多大？在认知这种博物学空间的过程中，中国内部各区域之间在博物层面存在的知识架构，又是如何构筑起来的？

对于这种大国内部的空间差异，及其在认知上形成的不同折射，正如奥尔多·利奥波德在著名的《沙乡年鉴》中所感慨的："历史并不能使我的研究变得轻松。我们这些博物学家有太多被人遗忘的东西。曾几何时，淑女和绅士会漫步田间地头，与其说是为了了解世界的构成，不如说是为了收集茶余饭后的谈资。这是小鸟类学的时代，是用蹩脚的诗句表述植物学的时代，是突然冒出诸如'难道大自然不伟大吗'的时代。可是，如果你粗略地翻看今天的业余鸟类学或植物学杂志，你会发现有一种新的观点正在广为流传，但这并不是我们现有的正统教育所取得的成果。……你也会看到，现代博物学只是附带考察动植物的身份以及它们的习性和行为模式。他主要考察的是这些动植物的相互关系，考察它们和生长地的土壤与水的关系，考察它们和高唱'我的乡村'却几乎或根本看不见乡村内部运作模式的人之间的关系。"（利奥波德，2013：184—188）因此，要寻找具有人的因素的博物学空间和实践可能，在中国这样一个具有辽阔疆域与多种传统的大国当中，就必须去理解在边疆与整体的多元叙事中，除却边疆如何进入整体的问题之外，作为次区域之间的博物知识框架间具备怎样的铰接关系、交流关系、冲撞关系，各个区域间又是如何通过相互编织互动，最终构成独具特色的中国博物学的整体图景。作为一种有效的切入视野，博物学或许能为我们提供一种理解当下的中国性与实践性的可能。

二、清代的博物实践：皇家与帝国

如果把时间轴拉得长一些，我们可以发现，在整个清代，皇家对于整个帝国空间有一个更为全面的想象。这种想象，一方面联系了城市对于世界的想象，如上海对世界的想象，另一方面延续了传统中国对于天下的想象。清代就是这样一个重要的阶段，它既经历了中国古代时期，即1840年之前的时期，又经历了近代转型，如洋务运动和东南沿海的社会转型的时期。这样的过程中，在对外的观念方面，清代同样经历了从传统的天下观，即所谓大清的天下，到近代世界观念的转变，发现原来大清之外还有其他的国家，从此有了一个万国世界的观念。所谓万国世界、万国建筑的博览馆在上海或者青岛出现，实际上就体现了清朝后期阶段怎样面对一个转变的世界，怎样在这个过程中去客观认识整个世界变迁的节奏。

谭其骧先生编纂的非常著名的《中国历史地图集》当中，关于清朝的部分，其中的第一幅版图，即清中叶的版图，代表了清朝鼎盛时期的疆域版图，其中就呈现了清朝作为主体对周边世界的认知。而在清朝覆灭不久后1914年的世界政治版图中，所谓万国世界的图景，就已经清晰地呈现出来，在这个万国世界的框架之内，既有的秩序发生了巨大的变动。在这一过程中考虑中国内部的博物和博物学的发展时，同样存在外部节奏的问题。世界近代史的开端是1640年，但这个时候在中国的大地上，恰恰是明清鼎革的关键时期。中国近代史的开端是1840年，而这个时段对于整个世界历史来说，已经进入了工业化基本完成的关键时期，尤其是西欧的工业化已经基本完成。在这样的对比中，我们可以发现，外部节奏影响了我们对于博物的观察与想象，同时使得当时的欧洲对于博物馆的观念在传入中国的过程中出现了时差。

博物馆以及博物馆化的想象具有深刻的政治性。当欧洲的贵族和学者将自己珍藏的古董，在皇宫之外更大空间的固定场所分门别类地排列时，他们所期待的观察者已经不再局限于同僚和朋友，而转变成所有感兴趣的观众，甚至普通的国民；当来自全国各地的观众注视同一件藏品，并观看这一藏品的同一种介绍的时候，一个同属于一个国家的想象就逐步形成了。以法国的情况为例。在法国大革命之后，之前的皇家植物园被改造成国家自然博物馆，而在拿破仑时期，欧洲和北非的古物被有计划地加以掠夺，并作为象征法兰西帝国荣耀的藏品。"这些藏品不仅展示法国的权力，而且通过声称它们是自然秩序和伟大艺术的权威性藏品，将法国等同于科学与文明"，就像现在把法国等同于浪漫一样，这实际上就将之前具有皇家家族色彩的博物收藏，通过民族国家这种权力的集中器，贴上了国家文明与历史的标签，进而成为构建民族国家历史与现实想象的一种重要标志。

拿破仑时代恰是中国清代的嘉庆年

间,大约在1800年左右,双方之间实际上是有一个时差的,而这种时差也在博物和博物学的方面体现了出来。为什么会出现时差?这又与中国的博物学传统相关。知识是可以分类的,这种分类由特定的地理界限和特定的生活方式造成。在世界成为一体之前(世界成为一体,是近代化的产物),随着海洋贸易路线的出现,传统的陆路交流被取代,出现一个相对来说联系更为紧密的时间体系。在这之前,我们所说的所有伟大的文明、几个轴心文明相互之间是相对断裂性的发展,中国就在这一相对的断裂性发展过程当中,形成了自己的博物传统。

"博学之,审问之,慎思之,明辨之,笃行之",这一名句将中国人日常生活中的知识需求放到首位,强调了解外部物质世界的必要性。在之后的历史发展中,金石学成为学者重视的方向,文物与图书搜集受到各朝宫廷关注。以宋代为例,既出现吕大临、赵明诚等金石大家,皇家又在宣和、保和等殿附近建立稽古、博古、尚古等阁,专门用来陈列文物,并先后组织编成《宣和博物图》《宣和睿览图》等书。至清代,宫廷收藏登峰造极,乾隆帝更是痴迷收藏,除传统书画珍品外,对西洋钟表情有独钟。

在这样的语境之下,远处的欧洲正在由帝国转向民族国家结构,而清朝还在明清鼎革的传统脉络中发展。同时,清朝又与明朝有所不同,谭其骧先生认为这是真正奠定中国疆域和历史版图的最关键时期。清代的皇室也在思考怎样整合国家,他们一方面继承明清的皇宫格局,如在紫禁城登基,另一方面,他们又在京郊开辟了三山五园,并且在京外的承德建立了一些皇家园林,以更好地处理中原之外的相关事宜,在兼顾皇家生活的同时,实现对整个帝国的礼仪的控制和现实性治理。

《皇清职贡图》就是他们绘制的当时境内各个少数民族群体的相关信息图,通过将这些地图和族群的分类图深藏皇宫的方式,皇帝不时观看地图,观看这些绘着他的子民图像的图景、图片和图册,就能感觉到整个帝国就在他的控制之下。当时的交通方式与交通效率远远比不上今天,皇帝到一次江南需要准备几年时间,而清朝除了康熙、乾隆来过江南,其他的皇帝或者活得太短,或者没有权力,或是要准备打仗,没有时间来,也就只能在北京或者周边地区塑造一些场景,并且记录整个帝国的人和事,靠这种方式来想象自己控制这个帝国,从而建立起对整个王朝的巨大疆域和众多族群的想象框架。

承德避暑山庄就可以说是清朝半部历史的象征,因为它实际上着重于处理与边疆地区的关系和与边疆地区首领的关系。避暑山庄建立于1703年,即康熙四十二年,于乾隆五十七年(1792年)竣工,在乾隆漫长的执政岁月当中一直在增建,到他晚年的时候才完成。当时的大臣张廷玉等人,在《御制避暑山庄三十六景诗恭跋》中,曾这样记述康熙皇帝选取这一地点造园的环境因素:"自京师东北行,群峰回合,清流萦绕,至热河而形势融结,蔚然深秀。古称西北山川多雄奇,东南多幽曲,兹地实兼美焉,盖造化灵淑特钟于此。前代威德不能远乎,人迹罕至,皇上时巡过此,见而异之。"(海忠等,2006:429)其中就隐含着某种博物色彩。避暑山庄占地564万平方米,是世界现存最大的古典皇家园林,大于所有苏州园林的总和。它"在规划上运用了大分散小集中的'集锦式'的建筑布局,即将全国上千幢的建筑物分别集中为包括'七十二景'在内的一百余组建筑群,分布于园内。它们各有其相对的独立性,彼此间也没有明显的轴线可循。但通过园林风景线路的设计和风景构图上呼应关系的严格经营,而串络综合为一有机的整体"。(周维权,1960:29)相关的设计方式也很奇特,是按照中国的地形地貌选址设计的:它的西北是山区,中国的西北也是一个高原山川的结构;东南是湖区,复制了西湖和太湖的综合体;北部是平原,也就是皇室所在的华北平原区域,这样就构成了中国版图的缩影。如果皇帝觉得没有那么多的精力和时间巡游整个国家,就找个地方把微缩景观给放到一起,并在这里接见来自草原、俄国方向的使臣与首领。皇帝践行乃至超越了可移动文物的博物传统,把不可移动的、物质的和非物质的遗产全都放了进来,把整

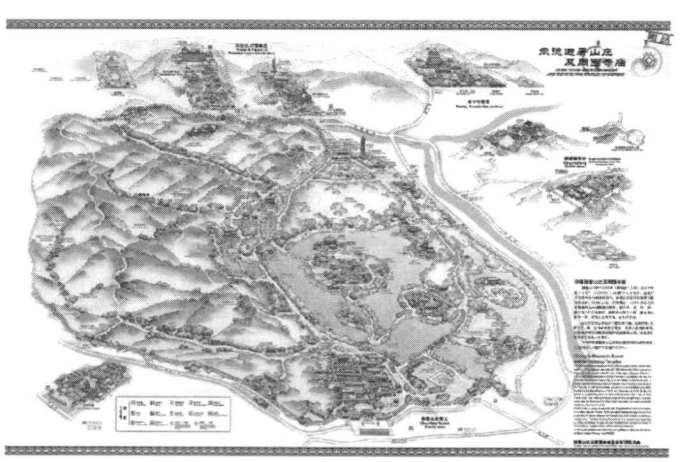

避暑山庄

个帝国的图景都放了进来。

这是一个非常生动的实践,也是人的实践。清朝皇帝亲自去承德避暑山庄避暑、打猎、举办各种各样的宴会,犒劳来自草原、西北地区的少数民族的首领。在这个过程当中,把天下给收藏了起来。在行动中,如康熙帝在《御制避暑山庄记》所言,其"数巡江干,深知南方之秀丽;两幸秦陇,益明西土之殚陈。北过龙沙,东游长白,山川之壮,人物之朴,亦不能尽述,皆吾之所不取。……至于玩芝兰则爱德行,睹松竹则思贞操,临清流则贵廉洁,览蔓草则贱贪秽,此亦古人因物而比兴,不可不知"。(玄烨,2000:181—182)将这种博物行为纳入个人品格与魅力的锤炼当中。在实践中,要收藏"天下"是很困难的,而这可能是最接近于可操作的方式,但也只有皇家能够完成,这就是基于避暑山庄的一种博物实践。

第二种是所谓集纳万民的方式,正如前述的《皇清职贡图》。正如葛兆光先生所指出的,"职贡图"是古代中国描绘四方异邦前来朝贡的一种艺术呈现形式,这种绘制"职贡图"的传统据称始于公元6世纪上半叶的梁元帝萧绎时代,它通过描绘异国朝贡使者前来的图景,体现天朝的骄傲与自信,并在异域殊俗的映照之下,想象自己仿佛众星拱月的天下帝国,这种艺术传统历久未衰,一直延续到清代。(葛兆光,2018:47—48)在乾隆皇帝还年轻的时候,他命边疆地区的总督、巡抚将所辖境内的不同民族、不同部落,如西部的西藏、伊犁、哈萨克,东部的鄂伦绰、赫哲、台湾,南部的琼州,西南的各种苗彝等,以及与清王朝有交往的周边国家和海外诸国,如朝鲜、琉球、安南、暹罗、苏禄、南掌、缅甸等,以及法兰西、英吉利、日本、俄罗斯、荷兰等,将他们民族和部落的衣冠相貌描画下来,取各家之长,所有的装扮都集中到一个人身上,形成类似于标准像的图例。画下来后再加以说明,这样就形成了300多种不同民族和地区的人物图像,男女各一幅,总共600幅,此外还附有说明的文字。乾隆皇帝在这一职贡图卷首所作的《题皇清职贡图诗》中,不无自豪地感慨道:"书文车轨谁能外,方趾圆颅莫不亲。"可以说,在当时没有照相机、摄像机,没有影像资料的情况下,这就相当于把全国各地的风土人情给记录了下来,藏到了皇宫中,皇帝通过翻阅,知道这个地方有什么风土,有什么人居住。这实际上就是把天下的子民收集了起来,这是基于博物的一种实践,也是《皇清职贡图》的意义。正如葛兆光先生所评述的:"在中国,尽管一方面有关世界的

《皇清职贡图》

知识越来越多，对于远近各种国家、民族、风俗有了越来越多的了解，但另一方面却由于疆域扩大，仍然在想象自己作为天下帝国，作为天朝大皇帝，享受着'万国来朝'的满足感。或许应当说，《皇清职贡图》以及同时代的《万国来朝图》等绘画作品，正好反映了当时中国官方和知识人对中国和世界的观念。"（葛兆光，2018：47—48）

除了收集地和人之外，在地和人之上还有文化。要涉及文化就比较困难，文化是抓不到的，但是可以抓到文化的载体——文字。一直到工业时代之前，文字都是有魔力的。写毛笔字的时候，有个字写错了，为表尊敬是不能揉成团直接丢弃的，因为这是对字的不尊敬，可能需要用一种仪式将它处理掉。那么，要把文化囊括起来，就要通过文字，集天下所有的字和天下所有的书，所以就有了《四库全书》与它之前的《古今图书集成》，而此前明朝编纂的《永乐大典》已经散佚殆尽了。

《四库全书》

《四库全书》涵盖了经、史、子、集，这就相当于用一种对文字的博物的方式，把文化囊括起来。这也是乾隆时代完成的一项重要工作，由他亲自主持，其中专门规定"除坊肆所售举业时文，及民间无用之族谱、尺牍、屏幛、寿言等类，又其人本无实学，不过嫁名驰骛，编刻酬唱诗文，琐碎无当者，均毋庸采取外，其历代流传旧书，有阐明性学治法，关系世道人心者，自当首先购觅。至若发挥传注，考核典章，旁暨九流百家之言，有裨实用者，亦应备为甄择。又如历代名人，洎本朝士林宿望，向有诗文专集，及近时沈潜经史，原本风雅……亦各有成编，并非剿说卮言可比，均应概行查明"。（清高宗实录，1986：4—5）经多位高官编撰，3800多人抄写，耗时3年编成。3800多人相当于一所比较小的大学，所有的人抄写13年，所经历的时间相当于从高中写到博士毕业，方能完成一部8亿字的《四库全书》。当时还没有现代的印刷术，手抄的东西是具有神圣感的，《四库全书》誊抄了七部，分别收藏到了各个地方，这些地方也是有选择性的，有些是京城皇宫，如紫禁城，陪都沈阳；圆明园、承德避暑山庄是皇帝经常居住的地方；以及康熙和乾隆下江南所到的扬州、镇江、杭州等文枢之地。有学者甚至还指出，经由乾隆皇帝的安排，"《四库全书》的藏书之地就变成了公共图书馆，《四库全书》也变成了公共产品。可以说，乾隆帝成就了世界上从未有过的公共图书馆的雏形，也是将皇家收藏变为公共产品的第一位帝王。"（朱杰人，2018：126）

这是整个帝国文化的博物实践，把所有的文化通过文字方式聚拢起来，形成一部大书，又通过手抄的方式把抄书七部放到各个地方。直到现在，残存的几部《四库全书》，都还是各个地方的博物馆或者文化单位的镇馆之宝。文字及其承载文本可以成为镇馆之宝，说明它也是一种基于物质和非物质的博物世界。乾隆之后，皇家的博物学实践就进入了一个转型期，嘉庆是传承阶段，之后就进入了近代。

三、博物的近代转型：皇家传统如何转变为国民认同

近代西方的博物学进入中国，晚清就经历了博物学逐渐从官方转向民间的过程，博物馆的观念和认知开始出现，开始从充满个体性的珍宝阁搬到了公共空间。乾隆自己的收藏有三希堂、玲珑阁等。乾隆的居所就有一个专门的房间，摆放他的一些珍宝，就只是皇帝一个人看。

19世纪之后，整个欧洲的知识传入，中国就出现了从兴趣性的博物之学向仪式性的博物之馆的转变。"对博物馆的最大投资是19世纪的民族国家投资，博物馆被建在首都，作为国家和皇帝权力的象征。"（皮克斯通，2008：70）这是世界大背景下的转型，这种转型在全球呈现出不同的趋向，如英法等殖民母国通过政府和民间有意识的博物收藏

与整理，在帝国首都形成了著名的博物馆，在英国有大英博物馆，在法国有卢浮宫，聚集了整个帝国最好的东西。所以大家在大英博物馆可以看到世界各地的藏品，在卢浮宫也能看到北非的藏品，这在之前的时代是不可思议的，它展现的是帝国在历史文化影响上的荣耀。（袁剑，2014）而在东南亚等殖民地区要兴办博物馆就比较困难，他们的博物馆是如何描述与展示国家的形成与发展的，在具体的设置与安排上，与英法等殖民母国很不一样。

中国则在19世纪末20世纪初，即清末的时候，逐渐形成整体性、综合性的博物馆，将之作为国民教育、国家认同的重要支撑，其中就出现了从皇家博物到国家博物的转变。这种理念在中国的开创者是著名的张謇，他于1905年从日本考察回国后，很快向清政府呈上《上学部请设博物馆议》和《上南皮相国清京师建设帝国博物馆议》两份奏折。其中的《上学部请设博览馆议》谈道："窃维东西各邦，其开化后于我国。而近今以来，政举事理，且駸駸为文明之先导矣。擇考其故，实本于教育之普及，学校之勃兴。然以少数之学校，授学有秩序，毕业有程限，其所养成之人才，岂能蔚为通儒，尊其绝学，盖有图书馆、博物院，以为学校之后盾。使承学之彦，有所参考，有所实验，得以综合古今，搜讨而研论之耳。我朝宏章儒术，昭示天下，诏开四库，分建三阁，足以远迈汉唐，岂仅跮掌欧美。顾为制大而收效寡者，则以藏庋宝于中秘，推行囿于一隅。其他海内收藏之家，扃镝相私，更无论矣。今为我国计，不如采用博物图书二馆之制，合为博览馆，饬下各行省一律筹建。更请于北京先行奏请建设帝室博览馆一区，为行省之模范……"希望能够通过建立博物馆来启迪民智、振兴国家。在《上南皮相国清京师建设帝国博物馆议》则进一步指出："楼右为储藏内外臣工陆续采进品物之地，当以天然历史美术别为三部"；"博览馆之建设，有异于工商业及他种之会场……历史美术二部以所制造之时代为等差"；"今所请求，则在内府颁发所藏，为天下先；再行谕令各行省将军督抚会同提学使，饬下所属一律采进。但此事不在官力之强迫，而在众愿之赞成……实有综合礼仪、保存文献之意，且使私家所藏，播于公众，永永宝藏，期无坠逸。"但遗憾的是，这些理念并未被当时的清政府所采纳，于是他决定从自己家乡开始实践，最终在1905年创建南通博物苑。这是中国人自己建立的第一座博物馆，它在形式上仍然以中国旧有的苑囿和古物保管所为主，但兼具博物馆的要素，

南通博物苑外景图

体现出某种中国本土博物学传统与西式近代博物学理念的交融与妥协。

此后，很多的博物机构实际上要到清末才逐渐成形，直到民国才形成了根本性的转变。民国成立以后，教育部在国子监的旧址筹办历史博物馆，广为搜集历史文物，但迁延未定，一直到1926年才正式移至紫禁城开馆。1924年冯玉祥把溥仪从宫里赶走，1925年故宫博物院成立，1926年历史博物馆在紫禁城开馆，可以说，在小皇帝被赶走的三年内，两座博物馆都在故宫开馆了。虽然载体未变，但却是传统的皇家博物传统向近代民族国家认同转变的标志，大家都可以进入看一看乾隆皇帝赏玩过的东西，尽管只能看不能摸，但却是一个非常大的转变。

四、余论：如何通过博物理解国家、理解区域、理解地方？

除上述问题之外，还有几个问题有必要做些补充。当我们谈论皇家博物时，我们看到的是一个相对大的场景，能收纳天下，囊括一切，能收纳所有的人文，所谓观乎人文以化成天下，但是，在国家博物的语境之下，尤其是到地方博物的层面，博物本身成为区域性的，如南通博物苑是能够收集它所关注的所有区域的东西，而且还是仅仅收集南通或江苏的一个博物区域的东西，这需要我们作进一步的思考。

同理，当我们在特定的城市看博物馆的时候，城市博物馆的收藏是以这个城市为主，还是需要关注到城市与周边外围空间的关联性？这种关联性也不仅仅是在所谓中原这一区域内，我们还有必要思考其与中国边疆地区、内陆地区的关联性，与外域世界的关联性。例如，在首都博物馆参观，我会努力寻找不仅仅是北京的，更会关注北京之外的，如与上海相关联的一些展品，甚至与西北、东北、西南这些区域关联的展品，有时还会关注与国外，如中东、欧洲具有关联性的展品。

此外，博物的空间是否会因为博物馆本身所在的城市和所在区域的限制而有所局限，还是说需要有一个更具兼容性、连续性的视野？这是皇家博物给我们当下的博物观念带来的启示。当我们已经超越了所谓天下格局的视野，在当下生活中去探访博物馆的时候，整体性的观念应该占据什么样的位置，又具有什么新的表现，同样需要我们作进一步的思考。

参考文献

傅斯年（2017）．傅斯年诗经讲义．长春：吉林出版集团股份有限公司，236．

葛兆光（2018）．想象天下帝国——以（传）李公麟《万方职贡图》为中心．复旦学报（社会科学版），3：47–48．

海忠等（2006）．道光承德府志卷50，艺文三第21–22页．中国地方志集成·河北府县志辑第17册．上海：上海书店，429．

〔美〕利奥波德，奥尔多（2013）．沙乡年鉴．彭俊译．成都：四川文艺出版社，184–188．

〔英〕皮克斯通（2008）．认识方式：一种新的科学、技术和医学史．陈朝勇译．上海：上海科技教育出版社，70．

清历朝实录馆臣（1986）．清高宗实录卷九〇〇．清实录第20册．北京：中华书局，4–5．

玄烨（2000）．御制避暑山庄记．御制文第三集卷二十二第19–20页．载故宫博物院编，故宫珍本丛刊，集部第546册．海口：海南出版社，181–182．

袁剑（2014）．博物学、近代化与民族国家认同．中国社会科学报，2014年12月26日．

袁剑（2018）．分类、博物学与中国空间．读书，5：136–138．

周维权（1960）．避暑山庄的园林艺术．建筑学报，6：29．

朱杰人（2018）．论乾隆在《四库全书》编纂、庋藏过程中的作用．中国典籍与文化，3：126．

学术纵横

罗蒂的哲学与博物的关联

王洋燚（北京大学哲学系，北京，100871）

The Connection between Rorty's Philosophy and *Bowu*

WANG Yangyi (Peking University, Beijing 100871, China)

摘要：美国当代著名哲学家罗蒂，在年幼时培养出的博物学爱好，深刻影响了其后来的哲学思想。罗蒂的哲学与博物的关联集中体现在整合托洛茨基之维（代表着公共领域）与野兰花之维（代表着私密领域）这一问题上。罗蒂的博物情怀酝酿着对该问题的解答，即以野兰花所展示的世界之偶然性为利器消除了这个问题，放弃了整合二者的尝试。罗蒂哲学最终融入了博物情怀所代表的私密领域，于是"哲学走向后哲学"，"理论转向描述"。

关键词：罗蒂，博物，偶然，自由

Abstract: Richard Rorty, the famous contemporary American philosopher, cultivated a great interest in natural history at a young age, which deeply influenced his later philosophical thoughts. The connection between Rorty's philosophy and *bowu* is embodied in the problem that how to integrate the dimension of Trotsky (representing the shared public realm) and the dimension of wild orchids (representing the private secret realm). Rorty's sentiments of *bowu* ferment the answer to the problem, that is, to take the contingency of the world shown by wild orchids as the sharp implement to eliminate this problem. Then he gives up the attempt to integrate the two dimensions. Rorty's philosophy finally goes into the private secret realm represented by his sentiments of *bowu*, so, "philosophy moves towards post-philosophy" and "theory turns to description".

Key Words: Rorty, *bowu*, contingency, freedom

理查德·罗蒂（Richard Mackay Rorty, 1931–2007）是美国当代著名的新实用主义哲学、后现代主义哲学的代表人物，其论著颇丰，主要代表作有《哲学与自然之境》《实用主义的后果》《偶然、反讽与团结》《哲学的场景》《后形而上学希望》等，在中西方学界引发了巨大的反响。尽管罗蒂的思想激起学者们的广泛关注和研究，但很少有人将他的赏花、观鸟的个人兴趣作为一种博物学的审视，并以此来解读其博物情怀与其自由主义哲学思想的密切联系。本文通过解释罗蒂在观花、赏鸟上所具备的专业性博物学特质，将罗蒂定位为极具博物情怀的哲学家；在此基础上，探讨野兰花在罗蒂思想中的根本意义、博物情怀对罗蒂哲学的具体影响，以及与自由精神之间内在的关联性。

一、观花赏鸟的博物情怀

对于罗蒂的崇拜者和追随者来说，罗蒂是"当今世界上最有趣的哲学家"和"我们这个时代最具煽动性和影响力的思想家之一"。除了思想有趣外，罗蒂本人也很有趣，首先我们将目光投向他的两个人生雅好：赏花和观鸟。

罗蒂对野兰花的钟爱在学界颇为出名，其自传便以"托洛茨基和野兰花"为名。《托洛茨基和野兰花》一书在学界颇有影响，为我们展现了他一生的思想历程，尤其是肇始于其童年而伴随其一生的思想线索。罗蒂对野兰花的钟爱不是简单的欣赏，而是玩出了博物学深度，其博物的专业程度我们可以透过他对童年的回忆看到：

> 我还有一些私下的、古怪的、一直难以与人说得清楚的兴趣。在小时候，我曾经对西藏情有独钟……数年以后，当我的父母开始在切尔西宾馆和新泽西西北部山区之间来回奔波的时候，我的这些兴趣便转向了野兰花。在那些山上大概有 40 种野兰花，而我最终发现了其中的 17 种。野兰花不是一般的花草，又性喜洁净。在我周围的这么多人中间，只有我知道它们长在何处、它们的拉丁文名字、它们开放的时间，我为此感到非常得意。在纽约的时候，我总是会到第 42 号街公共图书馆去重读一部 19 世

纪美国东部野兰花植物学著作。虽然我不十分清楚那些野兰花何以如此重要，但是我相信它们的确是重要的。我相信，高贵、纯洁、淡雅的北美野兰花在品质上胜过艳丽、杂交、产于热带、摆在花店里的野兰花。我还坚信，如下事实具有重要含义：在进化过程中，野兰花是最晚出现也是最复杂的植物。（罗蒂，2009：361）

童年的罗蒂能够识别当地山上的17种野兰花，并且知道它们生长的地方、拉丁文名字、开放时间甚至其进化史，除了野地观察记录，他还经常专门去图书馆阅读野兰花的相关书籍，想要学习所有关于野兰花的知识。可见罗蒂从小就已经走上了通过观察和分类体验自然的博物之路。此外，达尔文对兰花的大量研究——揭示兰花实现授粉的"精巧装备"，证明"兰花现有的结构是经由相当长一段时间内缓慢改进的结果，且这一结构之精妙令人拍案叫绝"（Darwin, 2001），也恰好印证了童年罗蒂对兰花进化的智慧理解得非常准确，可以说他小小年纪就是一位"资深兰友"。

不知是何缘故，罗蒂在其自传中并未提及他的另一个雅好：观鸟。其实罗蒂还是一位资深观鸟爱好者，他对鸟儿的痴迷毫不亚于对野兰花的钟爱。为了观鸟，他甚至曾不辞劳苦专门跑到澳大利亚和巴西雨林，他一生到底观察到多少种鸟，笔者暂时未找到相关数字，但可以想象，以他的热情和认真，他在观鸟上应该能做到与分辨野兰花一样专业！他的名字还被写进了维基百科的观鸟名人录。[1]我们可以通过斯科特·艾伯特（Scott Abbott）的文字来领略下这位作为"观鸟达人"的罗蒂。斯科特·艾伯特讲述过他和罗蒂寻找琉璃彩鸦的一段经历：

> 我和罗蒂在普罗沃峡谷花了五个下午去寻找一种琉璃彩鸦。他是一个热情的观鸟爱好者，曾在杨百翰大学（BYU）接受了一个夏季演讲的邀请，为的是希望邂逅一只美丽的小鸟……在圣丹斯的斯图尔特瀑布附近，我看到一道蓝光闪过，并指给他看。罗蒂举起他的大望远镜，发现了那只鸟。他一边紧紧地盯着那个小美人，一边把他的鸟书拿出来让我看封面上的琉璃彩鸦。罗蒂看了又看，最后他把望远镜递

---

[1] 详见于 https://en.wikipedia.org/wiki/List_of_birdwatchers#Birdwatchers_famous_for_achievements_in_other_fields

给了我。我迅速瞥了一眼那身醒目的红、白、黑三色彩背闪耀的令人惊叹的蓝光，就赶紧把镜头递了回去。（Abbott, 2010: 134-135）

罗蒂的"看了又看最后递过镜头"，艾伯特的"迅速一瞥又赶紧把镜头递回"，我们似乎能看到罗蒂当时发现鸟儿的喜悦、观察鸟儿的陶醉、忘了同伴的尴尬、转让镜头的不舍、等待镜头的焦虑，短短几行文字，罗蒂的有趣和艾伯特的识趣便跃然纸上。

通过罗蒂这两大雅好，我们可以看到：罗蒂从童年就培养起了对大自然的兴趣。他对大自然的认知方式是观察、分类和描述，这属于古老的博物致知传统，并且其赏花观鸟已具有相当专业的水准。我们可以毫不夸张地说：罗蒂是一位博物达人，他选择了博物学！由此再来看罗蒂的哲学，我们发现，他的哲学也深深打上了博物情怀的烙印，这体现在：首先，博物情怀将他引入哲学问题，即如何整合托洛茨基之维（代表着公共领域）与野兰花之维（代表着私密领域）；其次，博物情怀酝酿着对该问题的解答，即以野兰花所展示的世界之偶然性为利器消除这个问题，放弃了整合二者的尝试；最后，罗蒂哲学最终融入了博物情怀所代表的私密领域，即"哲学走向后哲学"，"理论转向描述"，哲学被限定在野兰花之维，政治被限定在托洛茨基之维。

二、野兰花的双重意蕴

野兰花之于罗蒂不仅是一种植物或一种个人兴趣，更是一种生存境遇或生存方式。谈罗蒂的自由主义一定绕不过"托洛茨基和野兰花"，"野兰花"的符号意蕴尤其是理解其自由主义"公私分家论"的关键所在。

首先，"野兰花"是罗蒂的一种个人的博物兴趣，它代表了一种私人领域，与"托洛茨基"代表的公共领域形成了一种张力。受家庭环境的影响，童年时代的罗蒂就已经"涉足"政治——为"工人卫护小组"跑腿送文件。幼小的他已经知道"所有正派人士，如果不是托洛茨基分子，那至少是社会主义者……在资本主义被推翻之前，穷人总是受压迫的……做人的意义就在于以人的生命与社会非正义作斗争"。（罗蒂，2009：361）

既然小罗蒂有志于"大公"，那么是否应当"无私"？他的人生将如何安顿公与私的关系？于是，野兰花这样于世无用的"私下的、古怪的、一直难以与人说得清楚的兴趣"也就引起了他的焦虑：

我心神不安地注意到，这种神秘之举，对社会没有什么用处的花朵的这种兴趣，是有点可疑的……我担心托洛茨基不会赞成我对野兰花的兴趣……我想把托洛茨基和野兰花调和起来。我想找到某个思想框架或者审美框架，它将让我——借用我在叶芝那里读到的动人诗句——"在单纯的一瞥中把持实在和正义"。我所指的实在，就是华兹华斯式的某些时刻，就是弗拉特布鲁克韦尔村庄附近的那片森林（特别是在一些珊瑚兰属兰花和小花杓兰面前），我感到自己受到了某个神秘之物的触动，受到了重要而难以言传的事物的触动。而我指的正义是诺曼·托马斯和托洛茨基都为之献身的东西，是弱者摆脱强者的解放。……道德的绝对和哲学的绝对听起来有点儿像是我的可爱的野兰花——神秘、罕见、只为极少数人所知晓。（罗蒂，2009：361）

在此我们需要更进一步指出，野兰花不仅是一种个人兴趣，而且是个人兴趣中较为特殊的一种，是"神秘之物""重要而难以言传的事物"，代表着一种隐秘领域。野兰花所代表的隐秘领域是与其童年时的性心理以及对性心理的研究和反思联系在一起的。至少在12岁之前，罗蒂就已经读过克拉夫特·埃宾的《性心理变态》，罗蒂并没有告诉我们他从那本书到底学到了什么，而只是告诉我们他读该书有一种"大开眼界的痴迷"。在罗蒂后来的回忆中，他隐约觉察到克拉夫特·埃宾的《性心理变态》与野兰花的关联："现在回想起来，我猜想也许有许多崇高的性意味蕴含于其中（野兰花是一种众所周知的性感花卉），我当时之所以千方百计地想要了解所有关于野兰花的知识，其实是与我想要理解克拉夫特·埃宾《性心理变态》一书中所有难懂词汇的愿望联系在一起的。"（罗蒂，2009：361）这也就不难理解为什么罗蒂视其对野兰花的兴趣是一种"古怪的、一直难以与人说得清楚的兴趣"。

因此，"野兰花"就兼具私人领域与隐秘领域的双重性质，它代表着一种具有隐私性的事物。用一种更为恰当的描述，即罗蒂调和的重点是公共（公开）领域与私密领域，而非公共领域与私人领域。隐秘领域与私人领域有交叉，但毕竟是两个不同范畴。"私人"与"私密"一字之差，意义却不相同。如图1所示，根据"汉字原子主义思维方式"（张冀峰，

2018：75—81）来理解，汉语语词"公共"包含"公"与"共"两个语义原子，"公共"意味着于"公"中共享、共存的开放性领域，与之相对的是"公而不共"（例如，即便国家是人民的，国家也有其人民不可公开、共享的机密，并且这是具有一定的合理性的）。而"私人"一词的确切含义是"私而属人"，私人领域中也有向公共领域开放的事物，公共领域中也存在不可公之于众的机密，"公共"与"私人"是错位的对立，"公共"应相对于"私密"而非"私人"。罗蒂后来放弃将托洛茨基与野兰花整合在一个框架内，其合理性在于区分公开与私密，而不是要隔离公共领域与私人领域。因此可以说，理解野兰花的双重意蕴是理解罗蒂自由主义的一个关键点。

	公	私
开放性	公共（公开）	私而不密
隐秘性	公而不共	私密（隐私）

图 1

三、"偶然"的偶然

为了追寻"单纯的一瞥"，罗蒂15岁时便立志要做一名哲学家。他设想："假如我能够成为一名哲学家，那么我也许能够抵达柏拉图'分界线'的顶端，即'超越了各种假说'的某个地方，在那里，真理的光辉普照着得到了升华的聪明而善良的灵魂，那将是星罗棋布般超凡脱俗的野兰花的一片乐土。"（罗蒂，2009：368）然而，在此后40年的哲学探索中，他逐渐认识到："'在单纯的一瞥中把持实在和正义'的整个理念原来是一个错误，对于这样一个'一瞥'的追求一直以来恰好是导致柏拉图误入歧途的东西……通过成为哲学家而获得'单纯的一瞥'的希望是自欺欺人的无神论者的伎俩。"（罗蒂，2009：368）于是罗蒂便写下了《偶然、反讽与团结》，这时，他主张"不存在要把某人心目中类似于托洛茨基的东西与某人心目中类似于我的野兰花的东西编织到一起的需要。确切地说，他应该设法放弃把'其对别人的道德责任'与'他对他所真心诚意地爱戴（或令他着迷）的某些离奇事物或超凡人物的关系'扯在一起的诱惑"。（罗蒂，2009：369）

罗蒂把"偶然"放到了哲学的核心，他认为语言、自我和现代自由主义社会都是偶然的产物，所谓"单纯的一瞥"只不过是"偶然的看见"罢了。自由民主社会没有什么理性基础，"人们找不到一个中立的、在暂时使用的语汇之外的理性来决定什么样的形象是人的形象，什么样的社会是合理的社会，什么样的变化可以被叫作进步，什么样的说辞被当作理由，什么样的政治被接受为好的政治。所有这些都是偶然的，都取决于社会中的人与人的对话，取决于新语汇的发明，取决于人们对已有世界的重新描述。"（罗蒂，2003：270）自由民主社会也不需要有什么理性基础，"我们应该避免想要有超越历史和制度的东西。本书的基本前提，就是认为尽管某个信念只是历史偶然环境所引起，而别无更深层的原因，对于清楚地了解这一点的人而言，这个信念依然能够规范行为，这个人依然能够认为值得为它赴汤蹈火，奉献牺牲。"（罗蒂，2003：270）反讽主义的自由主义者不提供对必然性的论证，只提供对偶然性的描述。他们通过不断更新"终极语汇"，来形成对世界的再描述，这种再描述可能是好的，也可能是坏的，但丰富的活力比"正确"的僵化更重要。

对于罗蒂的自由主义政治哲学来说，没有"偶然"就没有"自由"。我们可以反过来追问：罗蒂的"偶然"观念是如何偶然地产生的？在罗蒂思想发展与心路历程的一系列偶然中，是否存在一些有可能中断但实际并未中断的"偶然幸存"的线索？笔者认为，恰好存在着这样的线索——野兰花与博物情怀。

虽然罗蒂所欲调和的"托洛茨基和野兰花"终于在《偶然、反讽与团结》中达成了各安其是的和解，但和解的基础恰在于"野兰花"而非"托洛茨基"，"既要托洛茨基又要野兰花"这一最终回答，在某种意义上是"托洛茨基对野兰花的妥协与尊重"。在该书中，罗蒂对野兰花念念不忘："孟德尔（Gregor Mendel）让我们看到，心灵只是这演化过程中偶然发生的事情，而不是整个过程的核心。戴维森让我们把语言及文化的历史，想象成达尔文所见的珊瑚礁的历史。旧的隐喻不断死去，而变成本义（literalness），成为新隐喻得以形成的基座和托衬。这个类比教我们把'我们的语言'——20世纪欧洲文化与科学的语言——看作只是许许多多纯粹偶然的结果。我们的语言和我们的文化，跟兰花及类人猿一样，都只是一个偶然，只是千万个找到定位的小突变（以及其他无数个没有定位的突变）的一个结果……我们可以把'创新'视为当一个宇宙射线扰乱一个DNA分子中的原子，从而使东西倾向于变成兰花或类人猿时所发生的事情。当机会来临时，兰花对其存在必要条件的纯粹偶然而言，仍然是新奇而不可思议的。"（罗蒂，2003：28—29）"总而言之，举凡诗、艺术、哲学、科学或政治方面的进步，都源自私人的强迫性观念与公众需要间偶发的巧合……没有一种策略会比其他策略更具人性,正如同笔不会比屠夫的刀子更确定是一个工具,或杂种兰花不会比野玫瑰更不是一朵花。"(罗蒂,2003:56—57)

由此我们看到:罗蒂的"偶然"观念,与其关于兰花的一阶博物实践有很大关联,并且受到了博物学家,尤其是达尔文的影响。[1]罗蒂领悟了博物学传统中的"偶然",他说:"对达尔文保持信念,意味着我们要认识到,'我们的物种,我们的能力,我们现在的科学和道德语言,既是构造板块和变异病毒的产物,也是偶然的产物。'"(Rorty,1995:35)

如休谟所言:"理性是且只应是情感的奴隶,除服从情感和为情感服务之外别无他用。"(休谟,2009:452)因而,我们或许可以采用弱化的立场来审视罗蒂:如果说哲学可看作是罗蒂的理性产物,那么这种理性产物不可排除其情感因素的影响,而罗蒂自童年生发乃至贯穿一生的博物情怀,正是其生命中影响其学术理性的一项很重要的情感因素——野兰花最初引发并最终"溶解"了他的哲学。罗蒂思想发展与心路历程诚然具有偶然性,但这并不妨碍我们理解其哲学思想与博物情怀间存在的很强的关联性。

四、博物传统与自由解放

博物情怀为罗蒂哲学打上了一层底色,我们难以想象,如果没有自童年就开始探索野兰花的博物者罗蒂,是否会有一个反讽自由主义的哲学家罗蒂。罗蒂为我们理解哲学家与博物学的密切关系提供了一个具有启发性的案例。通过引入博物学视角,有助于深入并丰富对罗蒂思想的理解,而通过对罗蒂自由主义哲学的阐释,我们也可以反过来更好地理解博物学负载的自由解放意蕴。

罗蒂给出的民主社会的方案是"以情补智",即用情感补充理性的短视。在罗蒂看来,一个兼顾个体自由与社会团结的民主社会,不在于理性的论证和设计,而在于感性的共情和希望。理性之光并不足以为未来描绘一个美好蓝图,但即便如此,人们会出于情感而"拒绝残酷",社会的进步在于同情心的增长。于是,"美好社会"就从"应是如何"的理性论证,转向了"希望如何"的情感期盼,其中最为重要的就是抱有

---

[1] 对罗蒂有着深刻影响的另一位博物学家是纳博科夫,《偶然、反讽与团结》中"残酷"和"团结"这一主题正是通过"纳博科夫论残酷"来揭示的。

希望!费耶阿本德同样指出,在科学和哲学的世界中,有太多的科学家和哲学家都在刻意强调"冷静客观"的理性研究与"悲情冷暖"的具身经验之间的分离,"幻想"似的证明"大自然与感情之间存在'客观'鸿沟的'客观事实'",而"逐渐使大自然失去人性,直到不再用人道的方式来看待人类自身"。(费耶阿本德,2018:85—87)现代的科学教育,正是以追求客观性、普遍性为导向,科学训练意在训导人们剔除主观观念、情感、意志等"干扰因素"。而博物学重视情感因素对健全人格的塑造,博物学鼓励个人体验,这有助于训练"移情""共情"的感受能力,有助于培养"天人系统"中的"鲜活的人"。

罗蒂在反对理性、突出"偶然性"时有种"搬起石头砸自己的脚"的意味,"语言、自我、自由社会是偶然的"与"语言、自我、自由社会是必然的"一样,都是掌握了某种上帝视角才能看清的事。因此在本体论领域中谈"偶然"或"必然"是很不保险的,恰当的做法是在逻辑领域中谈"偶然"与"必然"。因此,我们最好将罗蒂的"偶然"限定在逻辑领域内,以"双非原则"(刘华杰,2007:102)来理解,直面偶然世界,就是直面世界的"既非充分又非必要"的逻辑复杂性。博物学恰恰有助于我们理解"双非"的现实世界,理解自然和社会演化过程的精致性和复杂性,这使人们得以在"偶然"的缝隙中喘息自由。

在罗蒂的反讽自由主义里,描述取代了理论,并且描述又不断被重新描述。诚如,"在现象与描述现象的语言中,物理的温暖与感情、感激和欢乐的温暖都是密不可分的"。(费耶阿本德,2018:86)而博物学恰恰是一种轻理论重描述的学问,博物学与科学不同,对同样一朵野兰花,不同个体可以给出不同的描述,这种描述不必排除个人情感等主观因素,"再描述"本身就具有这种自由的属性。从目的上说,实践博物学,也不是为了制造"普遍的""公共的"知识,如罗蒂所批判的,"普遍适用性"这样的大词,不过是被建构出的理性之理想罢了。博物学追求的是个体性、地方性的知识,"美好"才是博物学的追求,"有用"只是追求美好的副产品而已。博物学尊重"个人致知",鼓励"个人体验",有些体会可以分享,能够从私人领域进入公共领域,有些体会则难以言说,只能成为一种私密而自得其乐。就公共领域而言,博物学也许是无用的;就私密领域而言,博物学却是美好的。个体的博物学探索可能于世毫无用处,但正因为其于世无用,它才属于私密,才是有益于自由和解放的!因为"自由"

栖息于私密事物的"自在",而"解放"恰在于公共性事物对私密性事物的"放手"。如果没有个体的"私密领域","自由"无处安置,"解放"也无从谈起。在此意义上,可以说于世无用的空间越大,个体自由的空间就越大!

诚如王俊先生所言,与柏拉图、康德之类"以大入大"的"大家闺秀型"哲人不同,罗蒂是一位"以小入大"的"小家碧玉型"哲人。在罗蒂所设想的后哲学文化中,人们不再执着于无法企及的终极"真理""存在""历史""正义""至善"等等,也不再迷信科学万能,而是直面偶然世界,在反讽中寻求个体的审美,在揭示微观残酷的前提下走向共同体式的团结。罗蒂的"人文主义乌托邦"中的文学知识分子,不再多愁善感,不再有"先天下之忧而忧"的宏图壮志,他们只沉迷于个体的审美,将日常生活审美化,为寻找那"失而复得的经验"而欣喜和激动,就像普鲁斯特一样,孜孜于追忆似水年华;或者像纳博科夫一样,看到了个体享乐的残酷,在微观心理的层面将生活伦理化。总之,他们都是厌倦了那些"大家伙"的人,他们看透了"大家伙"之下的谎言和欺骗,不再愿意为所谓的"真理""存在""历史"等殚精竭虑和牺牲奉献了,他们不再愿意看到这些宏大叙事所造成的灾难。对他们来说,小写的东西更为真实,更为善良,更为美丽,而这些小写的东西就是活生生的生活,虽有个体的爱恨喜怒和悲愁哀乐,却不关乎真理存在和历史风云。(罗蒂,2009:4)

在"后"时代的大语境下,我们就不难理解田松教授所言的"博物学是人类拯救灵魂的一条小路"(田松,2011:50—52)。

参考文献

Abbott, Scott (2010). Hermeneutic Adventures in Home Teaching: Mary and Richard Rorty. *Dialogue: A Journal of Mormon Thought*, 43 (2): 131–135.

Darwin, Charles (2011). *On the Various Contrivances by Which British and Foreign Orchids Are Fertilised by Insects: and on the Good Effects of Intercrossing*. London: Cambridge University Press.

Rorty, Richard (1993). Trotsky and the Wild Orchids // *Wild Orchids and Trotsky*. Mark Edmundson (ed). New York: Penguin Books, 35–58.

Rorty, Richard (1995). Untruth and Consequences—Killing Time by Paul Feyerabend, *The New Republic*, 213 (5): 32–36.

费耶阿本德,保罗(2018). 科学的专横. 郭元林译,韩永进校. 北京:中国科学技术出版社.

刘华杰（2007）.看得见的风景：博物学生存.北京：科学出版社.

罗蒂，理查德（2003）.偶然、反讽与团结.徐文瑞译.北京：商务印书馆.

罗蒂，理查德（2009）.托洛茨基和野兰花——理查德·罗蒂自传//后形而上学希望.张国清译.上海：上海译文出版社，357-377.

罗蒂，理查德（2009）.哲学的场景.王俊、陆月宏译.上海：上海译文出版社.

田松（2011）.博物学：人类拯救灵魂的一条小路.广西民族大学学报（哲学社会科学版），6：50-52.

休谟，大卫（2009）.人性论.关文运译.北京：商务印书馆.

张冀峰（2018）.汉字原子主义思维方式浅析.邯郸学院学报，28（3）：75-81.

精细视觉：运用光学显微技术的维多利亚博物学

张晓天（北京大学哲学系，北京，100871）

Fine Vision: Victorian Natural History with Optical Microscopy

ZHANG Xiaotian (Peking University, Beijing 100871, China)

摘要： 维多利亚时代是博物学的黄金时代。光学透镜这一视觉技术如此深刻地渗透了博物学话语，它将事物在微观层面的放大代入到人们的知觉中，构成了博物学叙事的一个鲜明特征：精细性。在维多利亚时代光学显微技术的发展背后，是追求精细视觉的经验主义博物学传统和从"和谐的自然"到"真实的自然"的自然观念的转变。光学显微技术在这一时期吸引了大众的想象，也蕴含宗教意义上的自然神学隐喻，可能性的边界由此被扩大，真实的世界比人的想象更为陌生。本文认为维多利亚时代的博物学家在某种程度上规避了光学显微技术的还原论倾向，并在这种张力中寻求一种主动的视觉：以意向性观察自然，在注视微观细节的同时保留对自然的整体论和生机论立场。

关键词： 光学显微，维多利亚，博物，精细性，视觉

Abstract: The Victorian era was the golden age of natural history. Visual technology, the wide use of optical lens, pervaded the discourse of Victorian natural history, where it made common objects of nature enlarged on a micro level, and thus constituted the most distinct feature of natural history: particularity. The driving forces behind the development of Victorian optical microscopy had something to do with the empirical tradition of natural history that aspired after fine vision, and the changing idea of "nature" from the "nature of perfect order" to the "true nature". Optical microscopy attracted the imagination of the public and contained natural theological metaphors in religious sense. The natural optic of human beings was extended to the micro-field and the boundary of visual possibility was enlarged. The real world was even stranger than human imagination. This paper holds that the Victorian naturalists, to some extent, avoided the reductionism tendency of optical microscopy, and sought an active vision right in this tension: observing nature intentionally, while focusing on micro-details, retaining their holistic and organic standpoint of nature.

Key Words: microscopy, Victorian, natural history, particularity, fine vision

维多利亚时代是博物学的黄金时代。通常被定义为1837年至1901年的维多利亚时代（维多利亚女王的统治时期）既是英国工业革命和大英帝国的巅峰，也是博物学的鼎盛时期。然而，在学界先前对维多利亚时代博物学热潮的研究中，有一项关键技术是被忽略了的，或者说至少它未能引起足够重视，那便是光学显微技术的改良与广泛运用。本文侧重探索光学显微技术在维多利亚时代的博物学（特别是植物学、微生物学和矿物学）研究中不容忽视的地位，认为显微镜事实上成了维多利亚博物学家的一个主要图式，具有深层次的宗教与哲学含义。光学透镜这一视觉技术如此深刻地塑造了当时的博物学话语，它将事物在微观水平中的放大代入到人们的知觉中来，不仅构成了维多利亚博物学叙事的鲜明特征——精细性，同时也蕴含自然神学隐喻。

一、维多利亚博物史研究中的光学显微技术

考察维多利亚博物社会史可以发现，艾伦（D. E. Allen）对英国博物学史比较全面的综合研究《不列颠博物学家：一部社会史》（*The Naturalist in Britain: A Society History*）和阿尔蒂克（R. D. Altick）非常详细的社会史著作《1600年到1862年的伦敦展出：一部全面的展览史》（*The Shows of London: A Panoramic History of Exhibitions, 1600–1862*）中都包含了有关维多利亚时代博物学的丰富的一般性信息，但对显微技术在其中的作用只能算是稍有涉猎。甚至法伯（P. L. Farber）的博物学史研究《探寻自然的秩序》（*Finding Orders in Nature*）在从第四章"新工具与标准实践，1840—1859"至第七章"维多利亚时代的魔力：博物学的黄金年代，1880—1900"有关

维多利亚时代博物学的篇幅内，竟只记述了当时用于标本保存的博物发明（如沃德箱等），几乎完全没有提及显微镜和手持透镜，更未论及它们对当时的博物学发展起到的重要作用。

但实际上，从19世纪的大量著作中我们可清楚地发现维多利亚时代的博物学研究在何种程度上依赖于光学显微仪器，如伍德（J. G. Wood）的《显微镜下的常见物》（Common Objects of the Microscope, 1864）和斯温伯恩（A. C. Swinburne）的《显微镜下》（Under the Microscope, 1872）。后来也有诸如布莱伯利（S. Bradbury）的《显微镜：过去与现在》（The Microscope: Past and Present）这样有关显微镜发展史的专著。

相比之下，梅里尔（L. Merill）的博物学史研究《维多利亚博物浪漫》（The Romance of Victorian Natural History）用了整整一章"博物馆和显微镜：精细性和全景图"，详细讨论了显微术的光学隐喻，是不错的尝试，但对光学显微技术的梳理仍然略显零碎，没能真正形成主题。

而当我们深入考察，就会发现维多利亚时代光学显微技术的重要性是毫无疑问的。18世纪的光学理论在这一时期取得了巨大的进步。在显微术使用还处于起步时期的17世纪，探索发现还受到设备条件的限制：简单的仪器和粗制的镜头能力有限，还带有失真变形的内在缺陷；复合显微镜比单镜片的显微镜用途更为广泛，例如列文虎克（Leeu Wenhoek）曾使用的显微镜，但直到19世纪初，这些显微镜仍然是易损和笨重的。可是到了19世纪20年代，色彩失真的技术问题已经解决，显微镜可以产生更清晰的图像。1831年，布朗（Robert Brown）用显微镜发现了细胞核，"由此引起的巨大兴趣促使了显微镜设计的迅速改良。在未来十年间，显微镜的价格下降了五成。"（Allen, 1976：128）放大镜投入使用已经两个世纪之久，但是直到1830年才变得广泛可用并且相对便宜。很快，它们被握在无数博物爱好者的手中，催生出了大众海滨研究和蕨类植物采集热潮。伦敦街头日常兜售着"由一个药丸盒和一滴加拿大香脂组成的一便士便携式显微镜"。而"更强大的氢氧显微镜则在展览会上非常受欢迎"（Wood, 1864：160）。

除了显微镜的娱乐价值之外，它在欧洲大陆的施旺（Theodor Schwann）、海克尔（Ernst Haeckel）等科学家身上显示出无可估量的价值，严肃的业余爱好者也看到了它的发现潜力。1839年，即施旺公布动物细胞研究结果的同一年，英格兰的爱好者组成了伦敦显微学会（Microscopica Society，即后来的皇家显微学会），其创始人包括沃德箱的发明者沃德（Nathaniel Ward）和李斯特（Joseph Lister）等科学家。戈斯（Philip Henry Gosse）也在1849年成为该学会的一名忠实成员。

1840年，显微照相术被发明出来。而到了1852年，英国曼彻斯特一位自小热衷博物学的科学器材商丹瑟（J. B. Dancer）又重新发明了它，图像传播为博物学传播带来了巨大的推动作用，并由此形成一种视觉文化。

另外，虽然宝石商打造纤薄的装饰用宝石层板大概已有两百年的历史，例如一位名叫桑德森（Sanderson）的宝石商早在1818年就使用该方法打造出了矿石层板，但直到1851年，谢菲尔德一位独立的地质学家索比（H. C. Sorby）才通过碾磨薄片来研究矿物和岩石的细致结构，为岩石学研究带来了一场革命，并由此吸引了科学界的广泛注意。

1865年，伍德指出，"显微镜在受过教育的公众群体中广泛传播"。当伍德写书来指导爱好者使用显微技术时，他觉得他所选择的主题不需要任何确证：

> 在过去的几年中，显微镜已经深深植根于我们之中，所以很少有人赞扬它。长久以来，它在人们眼中只不过是一个巧妙的玩具而没有得到更高的尊敬；但现在人们已经认识到，如果不是熟用显微镜，如果不是面对了显微镜所揭示出来的奇妙现象，任何人对任何物理科学都无法获得一丁点了解。（Wood, 1864：2）

二、维多利亚博物学的精细性传统

在考察显微透镜究竟以一种什么样的形式介入博物学对自然的研究之前，首先需要回溯博物学的传统。任何一种技术物都不是凭空产生的。事实上，维多利亚时代的博物学是高度视觉性的科学。

1. 追求精细性视觉的经验主义博物学传统

18世纪初，林奈在《自然体系》（Systema Naturae）一书中勾勒了一个他相信会给植物学带来秩序的总体系："智慧的第一步是认识事物本身，这一观念在于正确认识对象，而对象是通过有系统地分类并恰当命名来被区分、了解的。因此，分类和命名将是我们科学的基础。"（Linnaeus, 1735：19）法伯在此基础上重新表述为："在博物学学科中，研究者们系统地研究自然物体

（动物、植物和矿物）——命名、描述、分类并揭示其整体的秩序。"（法伯，2017：vi）

博物学从经验出发，对自然物进行描述是最直接的表征自然的方式，这是认识自然的第一步。惠勒（W. M. Wheeler）在 1931 年 4 月向波士顿自然史学会的一封致函中对博物学家提供了清晰的定义。博物学家是：

> 在心理上以客观具体的现实为导向，并被这种现实的自然所控制。也许是因为他的感官，特别是视觉和触觉的感觉高度发达，博物学家受到对自然物的审美诉求的强烈影响……他对自然现象这压倒性的错综复杂程度印象深刻，并陶醉其中。（Charles P. Curtis, Jr., and Ferris Greenslet, 1962: 226）

博物学家喜欢观察，享受特殊性。传统框架下的博物学家寻找美丽而引人浮想的自然物，对它们做出回应。这种人文博物传统在 19 世纪以前的代表人物之一是怀特（Gilbert White）。《塞尔伯恩博物志》（*The Natural History of Selborne*）成了博物学家认识世界的方法的模板。任何人都可以实践他简陋但强大的经验观察方法，怀特以特别谦卑的态度说："我的小智慧局限在我自己在家观察的狭小活动范围内。"（致彭南特的第二十七封信）这当然是他力量的奥秘。仅仅只是进入这个"狭小活动范围"，他却注意到了大多数人会忽略的那些小细节。而且，看似矛盾的是，他发现这个范围越小，越能看到更多的东西："我发现，在动物学和植物学中都一样；所有的自然都是如此的充足丰满，以至于最是仔细检查的地区，也就提供最大的多元性。"（致彭南特的第二十封信）这一主张几乎可以被刻为那些追随怀特的维多利亚博物学家的信条。

同时，博物学传统还从洪堡（Alexander von Humbolt）所提倡的研究自然的方法中受益。历史学家们现在将这种方法称为"洪堡式（Humboldtian）"。他的方法强调测量和视觉呈现，并强调寻找处理复杂关系的法则。

尼科尔森（M. H. Nicolson）更充分显示了牛顿光学对 18—19 世纪的人们造成的影响。人们开始对"光本身"产生"痴迷"（Nicolson, 1946: 36），并且"开始强烈地意识到人眼的结构和功能，意识到在所谓'在那儿'的世界和'在这儿'的心灵之间的神秘联系"。更重要的是，作为维多利亚普通大众和博物学专家中的那份光学痴迷的前奏，在 18 世纪期间,"视觉被高举为最伟大的感官。"（Nicolson, 1946: 4）显微术这样的爱好很容易便在这种温床中生根。最普遍的光学主题就是由显微镜（或它在另一端的对应物——望远镜）和显微技术提供的。视野、景象等词汇一再出现，它们说明了"亲眼所见的证明"的重要性。

对于博物学家而言，亲眼所见是至关重要的经验证据。从这个角度上讲，博物学首先是视觉的，细致的观察是重要的，而正是这样的信念推动了手持透镜的普及和显微镜的发明。

2. 从"和谐的自然"到"真实的自然"的自然观念的转变

显微镜和手持透镜等光学技术的真正兴起，还隐含了人对自然观念的转变。要理解博物学是如何形成一种普遍热潮的，就必须首先理解"博物"与过去一般而言的自然界之间的差异，理解它与那种作为美丽的自然景观的自然，或是投射到诗意辞藻之中的那种自然形象之间的差异。

在18世纪至19世纪，"自然"是一个常被提及的词语。自然是上帝所创造的充满多样性的世界，而这份多样性本身正是一种真理的规范。因此，早期的自然是上帝的和谐之美。在英国绿色宜人的土地上，自然意味着熟悉、舒适的风景，乡村田园和精心打理的花园。自然也成为浪漫主义诗歌的文学遗产。华兹华斯的水仙花和甜美的自然风光，雪莱的勃朗峰、西风和云雀，济慈的夜莺、秋天的果实，以及关于地球从未死亡的诗歌，都是对作为美和灵魂的源泉的自然的欢欣鼓舞。自然诗歌的后浪漫主义传统广泛应用一种假定，即可爱的大自然是诗歌的适宜主题之一。他们把自然看作一种"审美规范"，看作是美和愉悦的持久源泉。但是这种自然并没有被太细致地观察，因为有关鳞片或寄生虫的细节会破坏情绪。

然而，维多利亚博物学家却不受这样的制约。对于博物学家来说，每一个事实都很重要，每一个细节都激起了惊奇。一条黏糊糊的黑色蠕虫，一团黏稠的海胆卵，一种寄生的原生动物，这些自然特征最初很少出现在诗歌中，但它们却很轻松自如地出现在博物散文中。最终，随着它们在博物图书中的出现逐渐为人所熟悉，这些细节确实在一定程度上渗透了诗歌。维多利亚时代的许多诗人发现自己不得不回应大众对细致描述自然的流行要求。虽然对"自然"到底意味着什么的理解存在着高度分歧，可"真实的自然"逐渐渗透到维多利亚时代的文学艺术中，成为当时文艺活动的公认口号。

在《更精细的眼力：维多利亚诗歌中的精细性审美》（*The Finer Optic: The Aesthetic of Particularity in Victorian Poetry*）中，克里斯（C. T. Christ）认识到，某种东西一定会助长维多利亚时代对细节的迷恋。克里斯将这一点归功于科学。虽然从名义上来说她没提到博物学，而是和大多数评论家一样似乎没有意识到博物学是可与科学分列的。这里所谓的"科学"，或者说对自然世界的深入研究，引发了一种态度，这种态度随后渗透到了文学和视觉艺术之中："在维多利亚时期的大多数诗歌和绘画中，细节变得科学、精确、细致，且显而易见的考究。"（Christ, 1975: 14）同时，鲍尔（Patricia M. Ball）的《多面的科学：柯尔律治、拉斯金和霍普金斯的作品中事实的作用的变化》（*The Science of Aspects: The Changing Role of Fact in the Work of Coleridge, Ruskin and Hopkins*）也研究了维多利亚时代的人对细致观察到的事实的极度关注。他们都注意到了维多利亚时代的文学中"特定性（或者说精细性）"的盛行（对特定事件或物体的重视程度高于那些理想化的、宏观的对象），但没有提出博物学就是这一盛行的根源。文学评论家经常寻找维多利亚时代物质主义的原因。但他们通常忽视了博物学也是众多原因中的一个。不仅是博物学的实践，它的语言和叙事也都是以自然的细节为基础的。

博物学提供以一种非常具体的方式探索自然的任务，并影响到维多利亚时代的文学。对于博物学家来说，自然物是明显而可感的真相：色彩丰富，错综复杂，无论什么形态都具有令人愉悦的可靠性，因为它是真实存在的自然。

博物改变了描述美的标准。娴熟的观察者可以看到每个物体都拥有着丰富的复杂细节。博物学家精细化的语言反映了他们致力于检查、收集和处理实在物。德劳拉将之称为"充满疑问的自然"，这种自然恰恰是"普通读者也许最感兴趣的那种、鲍尔和克里斯最近在研究的那些微观细节"。（DeLaura, 1979）曾经被认为丑陋的自然事实也具有了观察的价值，也同样展现了自然的奥秘和奇妙。从本质上看，这份对于自然的兴趣涉及整个世界观的转变。在通俗美学的发展历程中，博物学此时所扮演的前沿角色是空前绝后的。

如果我们已经确认，博物叙事最鲜明的特征之一就是上文论述的这种描述自然的特定精细性，即倾向于精细把握具体的自然细节，同时，作为科学的自然研究和作为审美活动的自然研究似乎不可分割，那么毫无疑问，这种精细的用语也会最热衷于描述博物学家视野的极致，从而将研究焦点投向微观领域。

三、世俗流行下的博物学与光学显微技术

博物学以新的、直接的方式与自然相遇，这种相遇首先表现在海滨标本采集和蕨类植物狂热当中，而这两类研究的共同特点正是它们都面向原先被忽视的自然细节，也都可以通过光学显微透镜进行细致观察。许多博物学文献都公开谈论显微镜、微观细节或微观视觉，视野的可能性边界被扩大。在19世纪，大众更显著地发现这种体验十分唤起共鸣。

即使对那些并不追求科学高地的人来说，显微镜也是一个有趣的伴侣。伍德指出，"它揭示了大自然隐藏的许多秘密，揭开了无尽的美好，而这些美好的东西迄今为止都由于它们的微小而笼罩在人们难以理解的朦胧当中。"（Wood, 1864: 2）显微镜的普及产生了立竿见影的效果。最显著的是，人们对于低等有机生物的兴趣大幅提升，这是此前一直被忽略的一个领域。

事实上，真正的海洋生物热潮始于19世纪20年代。1823年1月，北爱尔兰班戈的克里兰德（J. Clealand）向索尔比（G. B. Sowerby）一世报告时表示：

"我的帽贝已近乎绝迹，它们变得如此受欢迎，过去两个夏天常来班戈的游客，如海水浴者们，会雇用小孩子们收集帽贝，如今已经一个也找不到了。"1825年左右，达尔文在前往爱丁堡求学时发现好几位同辈醉心于海洋动物学，他经常和格兰特（Robert Grant）一起在潮汐池中采集动物，随后拿去实验室解剖，有时还会跟随捕捞牡蛎的渔民们一同出海，就像戈斯和刘易斯一同开展海滨研究一样。铁路的铺设，使得英国狭长的海岸线变成了自然研究者轻易便可到达的场域。1830年，格雷维尔（Greville）出版了鸿篇巨制《不列颠藻类》（*Algae Britannicae*）。1833年，怀亚特（Mary Wyatt）出版了标本册《海生植物干燥标本册》（*Algae Danmonienses*），其中包含50张压平的海藻；1838年，德拉蒙德（L. J. Drummond）发表了关于如何干燥和保存这些尤物的经典论文；1840年，吉福德（Isabella Gifford）出版了一本风格喜人的便携图书《海洋植物学家》（*The Marine Botanist*）；1841年，哈维出版了他的标准教科书《不列颠藻类手册》（*Manual of the British Algae*）。在这些人的积极参与下，海岸博物学很快就转型为了一门严肃认真的学问。其他海滨研究的例证还有戈斯在19世纪中叶出版的一系列海滨博物学著作，如《德文郡

海岸博物漫步》（*A Naturalist's Rambles on the Devonshire Coast*, 1853）、《水族箱》（*The Aquarium*, 1854）、《不列颠海葵和珊瑚史》（*Actinologia Britannica: A History of British Sea-Anemones and Corals*, 1860）等。在戈斯对于显微镜下的藻类的描述中，他主要聚焦于"奇迹般生效的仪器"镜头下形态和色彩的复杂性（Gosse, 1901: 42）。例如，硅藻具有着黄色或棕色的玻璃状燧石壳，具有"确定的形态，通常呈现出非凡的优雅，也常常带有一系列或是疙瘩或是凹坑的斑点，以最多样、最精美的图样排列在上面"（Gosse, 1902: 96-97）。

而在陆地方面，1834年，达沃斯顿在什罗普郡发出了这样的声音："植物学的内行人士如此渊博，而不屑于注视一株显花植物。是的，他们只接受苔藓、地衣和菌类，其余一律视而不见。他们全是些隐花主义者。"这种热潮可能源于出版于1833年至1835年间的胡克为史密斯的《英格兰植物志》所做的隐花植物的补充，以及格雷维尔（R. K. Grevill）精彩的《苏格兰隐花植物志》（*Scottis Cnptogamic Hora*, 1823-1828）。在维多利亚女王统治时期，英国已知的菌类物种数量翻了四番，而一份完全致力于隐花植物的季刊《银桦属》（*Grevillea*）在没有为金主造成金钱损失的情况下成功发行了二十年。艾伦的另一部著作《维多利亚蕨类植物狂热》（*The Victorian Fern Craze: A History of Pteridomania*）具体研究了维多利亚时期的蕨类植物狂热。这些研究呈现了维多利亚时代博物学对精细性的要求，与透镜观察紧密相关，认为透镜工具是维多利亚时代博物学的重要表征之一。对于莫尔（Thomas Moore）和数不清的其他人而言，显微镜下的蕨类植物仿佛魔法加身，褪下了其沉闷植物的外壳，成为"精巧典雅的尤物"。在希伯德（Shirley Hibberd）的眼中它们仿佛是"植物的珠宝"，"带着绒毛的翠绿色宠物，闪耀着生命力，点缀着温和的露水"。"我完全被种惊奇感笼罩，进入了一种狂喜状态，"鲍曼写道，"看着这些极其微小的物种的精巧构造……啊，在这些平时被我们踩在脚下不屑一顾的事物当中，有多少有趣而美丽的产物啊！"（艾伦，2017: 157）

19世纪30年代还催生了对微小生物的具体结构的明确兴趣，包括对于某些曾经令人退避三舍的生物种类的最早期的显微解剖。在戈斯的《显微镜之夜》（*Evenings at the Microscope*, 1859）中，戈斯通过显微镜可以看到网格中的微缩世界："现在呈现在我们眼前的，是多么惊人的奇迹啊！"戈斯将这份视野也视作一种景观，其中充满令人兴奋的纹理（"彼此镶嵌的上皮组织"那"细腻而有棱角的线条"）、"奇妙的形态"（色素细胞）和远景（他在描述血管时使用这样的语言："宽阔的河流曲折地流经该区域，周围还有许多小溪蜿蜒而过"）。戈斯有意让这本书不仅仅是记述他在镜头下面所发现的内容，而且还让它成为一本指导读者研究的实验手册。因此，《显微镜之夜》的各个章节先后展开了对血液、羽毛、软体动物、螃蟹、藤壶、蠕虫、水母、水螅等的解剖学论述。

博物学的技术是大众参与性的技术。人们对博物的热忱持续而激昂，激起一波又一波的流行风尚。不是抽象的自然，而是手中的自然：收集、识别和展示。博物学对任何人开放，因为它并不需要多少工具，而那些最必要的工具也可以凭手工制造，或者是用很少的钱就能购得。在业余博物学家甚至普通大众中广泛使用透镜和显微镜，肯定会导致对细节的新的关注。正如艾伦所说：

> 这种显微镜的普遍使用具有更广泛的影响……曾经看似单调和微不足道的东西现在显露出了它们的辉煌……通过显微镜，维多利亚时代人发现了一种穿透到自然界最深的隐蔽之处揭示元素的新面貌的手段。（Allen, 1976: 129）

戈斯的《显微镜之夜》从一开始就承诺帮读者获得"观察和辨别他眼睛所视之物的力量"（Gosse, 1901: 5），也就是提高他的视觉敏锐度。微小的物体赫然耸现成巨大的模样——如果人们经常观察的都是这样的事物，那意味着所有的细节都会变得更加重要。显微镜不仅放大了主体，以使得人们可以描述它，还带来了一种全新的接近它的路径。通过显微镜，世界变成了一个巨大的微观细节的集合。从这个意义上讲，采集收藏和显微镜都培养了某种形式的还原论——将复杂的过程和形式还原到那些就其自身的意义而言可能不过是广大图景中的一枚拼图的细节上面。但是对于博物学家来说，细节自身已是美的，那么整体的融贯性就算不上什么问题。

1833年，爱默生在《博物之用》（The Use of Natural History）一文中论述巴黎植物园的博物学橱柜时，这样表述显微镜带来的变革：

> 可能性的极限边界被扩大，真实的世界比我们想象中的更为陌

生。当你沿着这令人眼花缭乱的一系列生机勃勃的形态一路看去……宇宙便是一个比以往任何时候都更令人惊叹的谜题。（S. E. Whicher & R. E. Spiller, 1959: 9-10）

四、神圣研究下的博物学与光学显微技术

可能性的极限边界被扩大，而真实的世界比我们想象中的更为陌生。这是显微镜给博物学带来的直接影响。光学显微技术的发展可以让不能由感官直接察觉的事物暴露到人类眼前，这种关系本质是一种揭示。在世俗流行领域，这份揭示引发了一种源源不断的博物狂热；而在神圣研究领域，显微技术对自然的全新揭示被视为带有宗教隐喻。因而，维多利亚时代博物学中的光学显微并非一种单纯的仪器，也不是一门晦涩的学科，它吸引了大众的想象和宗教热忱。

1. 光学仪器对自然奇迹的揭示：一种神圣启示

在戈斯《博物浪漫》的"细微"这一章中，他列出了微观生物使维多利亚时代的人着迷、"牢牢抓住我们的想象"的八个理由，包括它们的数量、它们在生命秩序中的作用、它们形态的多样性、它们的美、它们的动作和它们的微小本身（Gosse, 1902: 152-153）。但其中有两个原因似乎至关重要：它们外形的复杂性和生命的自发性。在戈斯的研究过程中，他时常感到敬畏：

在我们的感官完全没有意识到的情况下，存在着这样一个世界，其生机勃勃的生命密集地围绕着我们身边的要素。这样的想法实在叫人吃惊。过去的六千年里，轮虫、昆甲虫、水螅和原生动物就在人的眼皮底下和人的手中，代代相替，生死循环；直到最近这个世纪，我们才不再怀疑它们的存在。（Gosse, 1902: 149）

对戈斯而言，这些生机勃勃的微粒是一种自发的存在，它们实际上几乎就是人类生命（它们像"人"一样密集地存活在这个世界），对于戈斯这样一名虔诚的基督徒来说，这是非常震撼的。《钱伯斯教育与娱乐短文杂集》（*Chambers's Miscellany of Instructive & Entertaining Tracts*）中的一卷"显微镜的奇迹"也证明了显微镜对大众想象造成的震荡。显微镜提供的信息在这里被描述为典型的类似宗教的术语，被称为自然"奇迹"的"启示"。

在 19 世纪上半叶，博物学不仅是教导道德的，同时也公开地带有宗教教化色彩。这一宗教意味的隐性特征，很大程度上要归功于佩利（William Paley）。在其具有一定影响力的《自然神学》（*Natural Theology*, 1802）一书中，佩利加深了"神圣设计"这一传统神学观念。自然神学使用"自然的证据来证明上帝的存在和他的善"（Cosslett, 1984: 2），宣称自然界中的每一个物体都是仁慈的上帝直接所造。因此，研究自然物就等于研究上帝的沉思。这种自然神学为体量巨大的博物学提供了合适的道德框架。像戈斯这样的博物学家跟随着佩利的脚步，他们发现，"自然神学使得博物学研究不仅是可敬的，而且几乎成为一份虔诚的职责"，而正如巴伯指出的那样，"没有什么比责任感更让维多利亚人欢欣了。"（Barber, 1980: 23）

这便让我们很容易理解为什么显微镜成为"戈斯生命中占主导地位的热忱"（E. Gosse, 1963: 223）。在光学显微镜下，人们发现了整个光明的世界——无论是闪烁发亮的水母还是荧荧发光的石珊瑚。对于显微研究者来说，光是善与美的象征。在光亮的自然中，戈斯宣称找到了上帝天堂的具体对应物，甚至连水螅体的死亡也可以算作一种微型变容[1]。戈斯注意到，这些生物在他的眼前"不仅是死亡，而且是彻底消失"。这使他困惑，直到他看到，就在死亡的那一瞬间，每个单体爆裂并分解（现在的生物化学家将这个过程叫作"细胞溶解"）。首先是"皮肤"分解，然后"内部部分似乎"以"珍珠般外观的囊泡"的形式"逃逸而出"，然后整个迅速地消失（Gosse, 1901: 462）。宗教用语渗透在戈斯的散文之中。他对自然的描述中充满了光、变容、消逝、超然的瞬间；他写到了与自然界的共融，写到了博物学家的"希望之光晕"（Gosse, 1902: 256）。显然，对于戈斯本人来说，对自然的调查是一种宗教体验。正如他的妻子伊丽莎所指出的那样，对于戈斯来说，"在显微镜下观察"相当于"将他所有的思想和同情，与创造了这些奇妙而具有多样性的被造物的上帝交织在一起"（Gosse, 1902: 365）。

而更强大的氢氧显微镜则在展览会上非常受欢迎。这种仪器给人的印象特

---

[1] 变容（transfiguration）是基督教中的术语。耶稣道成肉身之后，一直以和人无异的样子出现，但在变像山上，耶稣在三个门徒面前显神。《圣经》马太福音 17:1: "过了六天，耶稣带着彼得、雅各，和雅各的兄弟约翰，暗暗地上了高山。"马太福音 17:2: "就在他们面前变了形象，脸面明亮如日头，衣裳洁白如光。"

别深刻，因为通过氧气氢气的燃烧，它可以在待检查的物料（通常是畅游着微生物的水滴）上发出明亮的光线。普通的水中出现这些微生物居民的景象是令人吃惊的，它"扰乱公众心神"，并将微观世界拉入了公众意识之中。

进一步说，就像另一位评论家托马斯明确指出的那样，"正是英国人走向了所谓'自然的神化'"（Thomas, 1977: 261）。用加蒂（Margaret Gatty）的话来说，"观察和启示是获取知识的仅有的两种方式。"许多虔诚的维多利亚人会同意她的观点；启示，或被揭示出来的真理，构成了上帝天授知识的渠道。"启示"让人想起同名的圣经书《启示录》，可以说是一个容易激起强烈情感的术语。既然如此，它在博物散文出现的极高频率就很有意思了。梅里尔在《维多利亚博物浪漫》第五章中详细讨论了显微光学的自然神学隐喻。在博物散文中，观察经常成为启示，"视觉被提升到这样一个境界，以至于被看见的事物具有了一种超越性。"（Merill, 1989: 12）而它确实可以产生启示，这种启示是对于被允许获知自然秘密内情的一种类宗教的感觉。

在维多利亚时代，神圣研究与世俗流行两种科学参与和博物叙事同时发生。大量的业余博物学家和田野爱好者采用视觉的术语来表达神圣启示。显微镜通过光学的力量揭示了新的世界，带来强烈的关于人类视觉的无限可能的感觉，也被认为是一种"神的馈赠"（哈里斯，2014: 287）。

2. 潜在的危险：精细的视觉与还原论

哈里斯（K. Harris）在《无限与视角》中这样提及光学显微技术：

> 望远镜和显微镜则完全是另一种类型的仪器：它们拓展人的视觉能力，以弥补其天然缺陷。它们满足了人类亲眼看到宇宙真实结构的愿望。（哈里斯，2014: 285）

技术为我们提供了"眼睛"，它们在一种重要意义上优先于"亚当的眼睛"："借助于仪器，我们现代人看到了更多的东西。堕落已被技术发明所撤销。"（哈里斯，2014: 286）这种所谓"看到了更多的东西"就是我已经论述过的"边界"和"启示"。然而"堕落已被技术发明所撤销"是真实的吗？因为光学仪器的发明者存在一个根本性的前提，发明者须相信人的眼睛有根本不足。假如你确信视觉是足够的，就没有理由对其进行改进。而假如你确信视觉是不足的，但认为这种状况是注定的，也许是作为对亚当堕落的惩罚，那么尝试改进人的视觉同样不太可能，因为在这种情况下，这些尝试会让人想到傲慢。于是，发明这些视觉技术的前提是意识到我们眼睛的不完善，意识到在我们视野之外的东西，意识到现在可见的只是潜在可见的一小部分，还要相信眼睛的现况是可纠正的。

事实上，无论显微镜还是望远镜都无法真正满足这样的期望。当距离被克服时，还会出现新的更大的距离；这种仪器非但不会带来新的安全，反而会增加不安全。怀疑论就这样与光学技术联系在了一起。维多利亚时代的人有一种顾虑，当微观方法从博物叙事转移到文学上时，对细节的关注就可能会导致意义的迷失：碎片化，丧失统一性。这有时发生在丁尼生、勃朗宁或拉斐尔前派诗人的诗歌中。例如罗塞蒂（D. G. Rossetti）的《欧大戟》（The Woodspurge）中的还原论，在那里，诉说者的心灵因悲痛而麻木，无法从经验中提取任何意义，除了无关紧要的分裂的细节："欧大戟苞杯状的花有三个花柱"（指花的结构）。

克里斯在她的著作《更精妙的眼力》中研究了"微观视角"的文学含义。在一个章节的标题里，她将"精细性"与"病态"联系起来。她发现，特别是在丁尼生的诗歌中，对细节的过度关注常常表明诗中的人物形象是抑郁的、病态的或疯狂的，就像在《玛丽安娜》（Mariana）那首诗中一样。太多的细节暗示着意义的失落，统一性的崩溃，以及希望的消亡。而对于勃朗宁，克里斯则发现这种精细性和"原子论与荒诞不经"（克里斯，《更精妙的眼力》第二章）有关，例如在《赛特波斯面前的卡利班》（Caliban upon Setebos）中道德或其他方面的有限视野。只有在霍普金斯（或偶尔在勃朗宁）的诗里，她才能在这精细性之中发现一些善的征兆，她称之为"美好时刻"，或是稍纵即逝的认识——认识到实在物中的那种超越性。拉斯金尤其谴责这种设备。当然，这从另一个侧面反映了当时显微镜是如何捕获了公众的想象。虽然拉斯金本人是高度"视觉"导向的，但他认为显微镜扭曲了视线，甚至可能导致自然视野的萎缩，最糟糕的是它怂恿人将自然细节从所处的背景中割裂出来，而使它们变得毫无用处：

花朵和其他在可见世界中显得可爱的事物一样，只能用造就它们的上帝赐予我们的眼睛才能正确地看待。既不用显微镜，也不用眼镜……使维多利亚时代的博物学家提倡一种训练有素、知觉有意的观察视线，一种无需显微镜的真正的微观视觉。在它与土地、空气和露水的联系之中而被人注视……如果解剖或放大它们，你最终发现或习得的将是：橡树、玫瑰和雏菊都由纤维和气泡组成。（Praeterita, 1903: 430）

对还原论的潜在倾向是维多利亚时代对微观视野的痴迷的阴暗面。然而，在博物学家的著作中，对细节的微观审视仍旧受到热情洋溢的认可。如果显微镜通过鼓励人们密切关注微小的细节而缩小和聚焦了人类的视野，那么从另一个角度来看，它们也扩大了它。近距离聚焦的视野可能涉及对单细胞纤毛虫或蕨类植物孢子的窥视，但它也涉及观察一个全新的世界。用显微镜或手持透镜，人们可以看到一个完全没有料想到的领域，一个微型景观，一个虽然小但所含众多的宇宙。显微镜"敞开"了一个新的维度。在显微镜的例子里，全景图也是内在的，只不过矛盾的是，它在被揭露的小世界之中，由透镜敞开这一全景。博物学家创造了一个小世界，这个世界与大世界的可能性一起回荡。

维多利亚时代的博物学家提倡一种训练有素、知觉有意的观察视线，一种并不是完全受显微镜控制的微观视觉。在培养了自己敏锐的眼力后，人必须学着如何去看，主动地、带有意向性地去看，而不是被动地看。在面对现代科学潜在具有的还原论倾向时，博物学的方法显然更侧重宏观的、横向的观察。对于博物学来说，能够从技术依附上脱离出来，回到感官本身是重要的。

这种博物学方法的根本在于：当过分在乎细节和深层还原而忽视对生命、对自然的整体把握时，当显微镜这样的研究器具和现代科学的数理实验研究方法逐渐造成了胡塞尔所称的"对整体生活世界的遗忘"，博物学家要能回归到感官知觉本身，回到与自然的直接接触本身，回到现象本身。这种"回归"就是我所称的"主动的意向性"：要意识到自己作为自然的人类观察者的意识，不被技术物所敞开的微观细节局限，而是能在细节与全景的双焦辩证中去灵活地观察，将世界解析为精细的细节，同时也将它放入全景的世界之中，维持对自然的整体论和生机论理解和情感回应，也保留一份对自然的敬畏。

参考文献

Allen, D.E.(1994). *The Naturalist in Britain: A Society History.* Princeton: Princeton University Press.

Allen, D.E.(1969). *The Victorian Fern Craze: A History of Pteridomania.* London: Hutchinson and Co.

Altick, Richard D. (1978). *The Shows of London: A Panoramic History of Exhibitions, 1600–1862*. Cambridge, MA: Belknap Press–Harvard University Press.

Altick, Richard D. (1973). *Victorian People and Ideas*. New York: W. W. Norton and Company, Inc.

Barber, L. (1980). *The Heyday of Natural History, 1820–1870*. Garden City. New York: Doubleday and Company, Inc.

Bradbury, S. (1968). *The Microscope: Past and Present*. Oxford: Pergamon Press.

Cannon, S.F. (1978). *The Early Victorian Period*. New York: Science History Publications.

Christ, C.T. (1975). *The Finer Optic: The Aesthetic of Particularity in Victorian Poetry*. New Haven: Yale University Press.

Dawson, C. (1979). *Victorian Noon: English Literature in 1850*. Baltimore: The Johns Hopkins University Press.

Gray, P. (1973). *The Encyclopedia of Microscopy and Microtechnique.* Van Nostrand Reinhold.

Gosse, P.H. (1901). *Evenings at the Microscope.* New York: P. F. Collier and Son.

Gosse, P.H. (1902). *The Romance of Natural History.* New York: A.L.Burt Company, Publishers.

Harker, A. (1954). *Petrology for Students : An Introduction to the Study of Rocks Under the Microscope.* University Press.

Harvey, W.H. (1849). *The Sea-Side Book; Being an Introduction to the Natural History of the British Coasts.* London: John Van Voorst.

Joseph, G. (1977). "Tennyson's Optics: The Eagle's Gaze." *PMLA*, 92, 420–428.

Merrill, L.L. (1989). *The Romance of Victorian Natural History*. New York: Oxford University Press.

Nicholson, M.H. (1946). *Newton Demands the Muse: Newton's Opticks and the Eighteenth-Century Poets*. Princeton: Princeton University Press.

Page, N. ed. (1983). *Tennyson: Interviews and Recollections*. Totowa, NJ: Barnes & Noble Books.

Ruskin, J. (1903–1912). *Praeterita*, section 200. E. T. Cook and Alexander Wedderburn eds., The Works of John Ruskin. London: George Allen, vol. XXXV.

Swinburne, A.C. (1986). *Under the Microscope*. London: D. White 1872; rpt. New York: Garland Publishing, Inc.

White, G. (1789). *The Natural History of Selborne*. London: Routledge, Warne, and Routledge.

Wood, J.G. (1864). *Common Objects of the Microscope*. London: George Routledge and Sons.

艾伦，D.E. (2007). 不列颠博物学家：一部社会史. 上海：上海交通大学出版社.

布鲁克，J. (2000). 科学与宗教. 苏贤贵译. 上海：复旦大学出版社.

查德伯恩，P.A. (2015). 自然神学十二讲. 熊姣译. 上海：上海交通大学出版社.

法伯，P.L. (2017). 探寻自然的秩序：从林奈到 E.O. 威尔逊的博物学传统. 杨莎译. 北京：商务印书馆.

哈里斯，K. (2014). 无限与视角. 张卜天译. 长沙：湖南科学技术出版社.

格斯纳目录学与博物学文本实践的连续性

杨雪泥（北京大学哲学系，北京，100871）

The Continuity of Gessner's Textual Practice in Bibliography and Natural History

YANG Xueni (Peking University, Beijing 100871, China)

摘要： 格斯纳常常被视为现代目录学和动物学的开创人物，在这两个领域分别写就了长达千页的大书：《图书总目》和《动物志》及二者的后续作品。本文旨在阐述这两部作品在文本层面的相似性和文本实践的连续性。首先，二者都体现了格斯纳在阅读和笔记实践上的探索。其次，在两部作品中，格斯纳利用多种类型的副文本来维系和扩大社会关系，寻求资助，以保证知识的生产和传播。最后，格斯纳频繁在两类出版物系列中相互指涉，与假想的同一读者群互动，将两部作品表征为同一事业。面对书面知识和自然经验的骤然增长，格斯纳试图建立文本秩序，管理和归类过载信息，将其制定为一份全面目录。格斯纳在目录学领域的文本实践为近代早期的博物学工作奠定了基础和衍生的方向。

关键词： 格斯纳，目录学，动物志，文本实践

Abstract: Gessner is usually seen as the pioneer of both modern bibliography and zoology, having completed large books with thousands of pages respectively in both fields, that is, *Bibliotheca Universalis* and *Historia Animalium* with their follow-up works. In this thesis, my aim is to elaborate their similarities on the textual level and their continuity in textual practice. First, both of them show Gessner's exploration in reading and note-taking. Second, in the two works, Gessner utilized all kinds of paratexts to maintain and expand his social relationship, to seek funding, and ensure the produced knowledge to be passed on. Third, Gessner frequently made cross-references between two publishing series, interacting with the same imagined group of readers, representing the two works as one enterprise. Faced with rapid increase in both bookish knowledge and natural experience, Gessner attempted to establish textual order to manage and classify the overloaded information, and formulated a comprehensive catalogue. Gessner's textual practice in bibliography laid the groundwork as well as derivative direction for natural history in early modern Europe.

Key Words: Gessner, bibliography, history of animals, textual practice

康拉德·格斯纳（Conrad Gessner，1516–1565）是16世纪欧洲学术圈的一位核心人物，他最为后世熟悉的成就在目录学和博物学领域。1545年，不到30岁的格斯纳出版了《图书总目》一书，旨在将所有以拉丁文、希腊文和希伯来文写成的作品全部罗列出来，包括"现存的和佚失的、古代的和晚近至今的、学术的和非学术的、已出版的和散落在图书馆中的手稿"（Gessner, 1545: cover page）[1]。全书以作者姓名的拉丁文字母顺序排列，共记录约三千位作者和一万部作品（Blair, 2010: 162）。

三年后，格斯纳出版《图书索引大全》（*Pandectae*），针对《图书总目》中囊括的书籍建立主题检索系统，大致遵循中世纪晚期教学和智识体系对知识门类的划分，结合了文艺复兴学者对人类和自然现象新兴的研究兴趣（Nelles, 2009: 160）。1548年此书初版时设计了

---

[1]《图书总目》的封面页上写着此书的完整标题，标题中就说明了此书涵盖的内容："Bibliotheca Universalis, sive Catalogus omnium scriptorium locupletissimus, in tribus linguis, Latina, Graeca, & Hebraica: extantium & non extantium, veterum & recentiorum in hunc usque diem, doctorum & indoctorum, publicatorum & in Bibliothecis latentium. Opus novum, & non Bibliothecis tantum publicis privatisue instituendis necessarium, sed studiosis omnibus cuiuscunque artis aut scientiae ad studia melius formanda utilissimum: authore CONRADO GESNERO Tigurino doctore medico."

21个主题，但实际只完成19卷[1]，次年补充出版了神学主题书目。这两部拉丁文对开本大书是接下来两百年同类书籍的典范，不仅令格斯纳当即跃升为"学术共和国"的知名成员，而且至今仍是公认的"目录学之父"（Bay, 1916）。

在博物学领域，格斯纳在植物学、动物学和矿物学上皆有开创性贡献，但他于1551年到1558年间出版的四卷本《动物志》（*Historia animalium*）是奠定他"瑞士的普林尼"之名号的作品。此书对卷本的规划大致沿袭亚里士多德的框架，第一卷论胎生四足动物，第二卷论卵生四足动物，第三卷论鸟类，第四卷论水生动物。和《图书总目》一样，格斯纳力将从古至今所有与动物有关的书面知识记录其中，全书按照动物拉丁名的字母排序，每种动物单独成章。在动物的名称词条下，通常首先是一张木刻画，随后是按 A 到 H 标序的八部分内容：A. 该动物在古代和当代各种语言中的名字；B. 对动物及其栖息地的描述，包括该动物的地理分布、地区差异，以及一些形态学和解剖学特征；C. 动物的生活和行为方式，包括其身体机能和疾病；D. 动物的习惯与本能，以及它与其他动物和人类的互动关系；E. 对人类的一般功用；F. 食用及可供人食用的部位；G. 医用；H. 动物在人类语言和习俗中的体现，包括人类在宗教、诗歌、谚语、地名、雕像等方面对动物形象的运用和处理。（Gmelig-Nijboer, 1977: 53）

格斯纳的目录学和动物学代表作有显见的相似性。二者都以全面性为目标，试图汇总特定领域的所有文本内容，并将这些信息分类管理。"图书总目"系列统共有近2500页，而"动物志"全套的总计页数几乎翻一倍。由于格斯纳

---

[1] 格斯纳设计的21卷内容分别是：1. 语法和语文学（*De Grammatica et Philologia*）；2. 辩证法（*De Dialectica*）；3. 修辞学（*De Rhetorica*）；4. 诗歌（*De Poetica*）；5. 算术（*De Arithmetica*）；6. 几何学、光学和反射光学（*De Geometria, Opticis, et Catoptricis*）；7. 音乐（*De Musica*）；8. 天文学（*De Astronomia*）；9. 占星术（*De Astrologia*）；10. 合法与不合法的占卜和魔法（*De Divinatione cum licita tum illicita, et Magia*）；11. 地理（*De Geographia*）；12. 历史（*De Historiis*）；13. 各种未受教育的技艺、机械工艺和其他对人类生活有用的实践（*De diversis Artibus illiteratis, Mechanicis, et aliis humanae vitae utilibus*）；14. 自然哲学（*De Naturali philosophia*）；15. 第一哲学或形而上学，以及（某些）宗族的神学（*De prima philosophia seu Metaphysica, et Theologia gentilium*）；16. 道德哲学（*De Morali philosophia*）；17. 经济学（*De Oeconomica philosophia*）；18. 政治，即公民事务，以及军事（*De re Politica, id est Civili, et Militari*）；19. 法学（*De Iurisprudentia*）；20. 医学（*De re Medica*）；21. 基督教神学（*De Theologia Christiana*）。（Gessner, 1548）前19卷于1548年出版，第21卷于1549年出版。

英年早逝，两个系列的远大出版计划都未能完全实现。本文将进一步挖掘这种相似性在文本层面的体现，关注格斯纳的两类作品在文本实践上表现出来的连续性，具体从三个方面展开：首先，两部作品都直接反映出格斯纳在阅读和笔记方式上的探索，反映出他面对信息过载难题时开发的文本技巧和激发的学术野心；其次，两部作品都利用各种形式的副文本来维系和扩大社会关系，以保证知识的生产和传播；最后，格斯纳对两类作品采取了一贯的出版策略，将二者表征为统一的事业。作为结语，我将简略探讨这种连续性对西方近代早期博物学工作的总体意义。

一、人文主义者的阅读与笔记实践

作为人文主义者，格斯纳在文艺复兴传统的五大人文学问（语法、修辞、历史、诗学和道德哲学）训练中获得了重建古代学问的基本方法，即广泛收集手写和印刷的文本，并从古典和当代的文献中提取范例。这一点在修辞学中尤为明显，人文主义教育提倡细致研究那些在修辞上堪称模范的古代作品，恢复"纯净的"古典拉丁语，而公认的方法就是做阅读笔记，以便之后效仿和引用。事实上，大量积累笔记并赋予其秩序是文艺复兴"收藏"文化的一个重要组成部分。（Blair, 2010: 64-69）格斯纳在目录学和博物学领域的成就离不开他的笔记实践，进而言之，他一生能够持续译介、评注、勘误和汇编各类文本，出版超过70本书，得益于他对人文主义教学法中笔记一环的灵活贯彻。

从12世纪晚期欧洲大学刚刚兴起之时起，教学活动就多表现为学生和教师针对一些权威性的材料进行评鉴、引用和辩论，这个过程加速了文本的积累——无论是私人笔记还是公开流通的手册。（Blair, 2010: 37）到近代早期，留存下来的笔记数量大幅增加，形式也愈加多样。一般而言，教师会让学生把读到的精选段落抄写并归类到列有许多主题的摘录簿中，而这样的阅读习惯往往会延续到他们未来的写作活动中，有些学者的笔记簿会直接付印成书。（Blair, 2010: 72）

这种笔记方式催生了各种类型的参考书和内容索引，《图书索引大全》就是一个典型。在按知识门类划分出的每一卷（*Liber*）中，格斯纳进一步区分了不同的标题（*Titulus*），例如第一卷"语法和语文学"下面就包含21个标题，如"论拼写"（*De orthographia*）、"论句法"（*De syntaxi*）、"论韵律"（*De prosodia*）等。（Gessner, 1548: 1r）格斯纳在设计这些主题的时候，一个重要的参考对象就是各种印刷摘录集的目录和小标题（Blair, 2010: 90）。事实上，人文学者的笔记实践本身就是一个建立个人阅读索引的过程，而格斯纳将这一过程从记忆的私人领域拓展到大型参考书的内容导览与定位指南上。只有在《图书索引大全》的参照下，他的《图书总目》才能得到有效的运用：读者首先将其问题对应到《图书索引大全》的特定标题下，找到一些相关的书籍和作者名字（有时还包括与作者相关的短小条目），但要获得更完整的信息，比如作品的出版和保存情况、内容概要和书评等，读者需转向《图书总目》。因此，第二部相当于第一部的主题目录。（Fabian & Zedelmaier, 2014: 323–324）

换句话说，"图书总目"这个系列的设计理念是帮助读者快速进入到一个主题的核心问题，精准定位到重要的文献上，而不是用于卒读。（Nelles, 2009: 153–160）《动物志》遵循同样的使用逻辑。在《动物志》第一卷和其他出版物中介绍这套书时，格斯纳反复强调它应该被视为一部"词典"，"所有内容都以一种方便的和恒常的顺序排布，因此，任何人若想了解任何一种动物，他立刻可以毫不费力地找到它"；换言之，它绝不是为了读者连续阅读而构造的，而是为了搜索，为了"时不时查阅一下"。[1]格斯纳在每一卷（除第二卷）都提供了单独的动物拉丁文名称目录，字母与对应页码以一致的升序展开。

格斯纳的笔记工作不仅体现在两部作品的形式和用法上，也体现在其内容的收集过程中。文艺复兴的学者面对一个书本急剧增多的世界，格斯纳即便夜

---

[1] 相关的原文有："Itaque si quis tantum ad inquirendum per intervalla hoc Opere uti voluerit, qui Dictionariorum & aliorum huiusmodi communium librorum usus est, hoc recte facere poterit, quod si perpetuo fere nobis observati ordinis non meminerit, indicem alphabeticum consulat…interim tamen **Lexicorum** (in quibus singulae dictions locutionesque enumerantur longe aliter quam in preceptis artis, ubi nec omnia singillatim nec eodem ordine recensebantur) utilitatem non negligit, non ut a principio ad finem perlegat, quod operosius quam utilius fieret, sed **ut consulate a per intervalla.**"（Gessner, 1551: β 1v–2r）以及"**Ita digestis commodo perpetuoque ordine omnibus, ut quicquid de uniquoque animali cognoscere libuerit, nullo negocio statim inveniatur.** Neque enim ad continuam lectionem à nobis haec condita sunt, sed ut eorum qui **Dictionariorum** esse solet, ad inquirendum maximè, usus sit: quod non intellexerunt, qui prolixitatis in hoc opere nos accusarunt."（Gessner, 1562: n36）粗体为笔者所加，对应正文中直接引述的部分。

以继日地读书，也不可能通读他自己记录的所有书籍（他的目录学和动物学工作因此才格外重要）。要完成这样规模的作品，格斯纳必须采取灵活的阅读策略，改进笔记技术，以最大程度节省时间和人力。

在《图书索引大全》的"论书籍索引"（*De indicibus librorum*）[1]这个标题下，格斯纳介绍了一种特别的笔记技巧：把需要的内容复写在一张空白纸张上，用字母标记类别，再裁成纸片，用胶水轻轻粘贴在摘录簿上，或用细绳穿在书页上，或用小钉子把纸片固定于某处，或将纸片暂时放进专门的小盒子里——总之，分类放置以待后用。重点是要有效地管理这些笔记，可以编制一个字母索引，最终，将这些纸片永久固定在手稿或印刷书中。如果有条件的话，格斯纳鼓励直接从印刷书籍上剪下需要的段落，但用此方法一般需要两个印本，以便书页的正反面内容都可以裁剪。[2]在撰写大部头作品时，或者处于同时编纂好几本图书的情况下，这套技巧颇有用武之地。事实上，格斯纳是最早对剪贴文本这一整理归类信息的方法进行充分论述的学者。在他之后，更多学者效仿此法，意大利的博物学家乌利塞·阿尔德罗万迪（Ulisse Aldrovandi）留下了多卷笔记，大多由剪贴的纸片构成。（Blair, 2010: 96）

格斯纳将剪贴方法也用到书信上，就处理方式而言，信件与笔记之间的界限非常模糊，格斯纳常常在收到的书信上直接做批注，也会把信件内容裁剪下来粘到笔记本上。在四卷《动物志》的前言部分，格斯纳列出了几十位通信者的名字，但根据坎迪斯·德莱尔（Candice Delisle）的统计，留存下来带有格斯纳批注的完整来信只有一封，来自瑞士索洛图恩的一位医生，信中提到一些不寻

---

[1] 这里需要注意，格斯纳以及近代早期学者使用"索引（*index*）"一词与我们现在理解的"索引"不完全相同。现在的"索引"指的是用来查找和定位目标内容的工具，传统上以目录形式出现（也包括现代电子检索工具）。而格斯纳及其同时代人谈论的"索引"通常专指标题序列或清单（"*series titlulorum*""*catalogus titulorum*"或"*elenchi*"），即将书籍中涉及的主题按出现顺序列举在副文本中，以便读者能够大致了解此书涵盖的内容范围。有些标题清单会标注对应页码，以便读者定位。因此，"索引"与学者的笔记实践有紧密关系。对于这一问题的详细说明，请参考布莱尔（Ann Blair）的《多不胜识：现代之前的学术信息管理》（*Too Much to Know: Managing Scholarly Information before the Modern Age*），尤其是 pp. 132–160。本文使用"索引"一词，除了专门引用格斯纳原文的地方，其余皆取其现代含义。

[2] 汉斯·魏勒施（Hans Wellisch）的文章将格斯纳的这部分论述翻译成英文。参见 Wellisch, 1981: 11–12。

常的鸟,格斯纳可辨识的批注字迹是"浅陋的和可疑的"。也就是说,其余信件都有格斯纳认为值得记录的内容,正如他为无法找到朋友之前的信件而致歉时承认的那样,大多被他当即裁剪和归类了。(Delisle, 2013: 212-216)在《动物志》中,格斯纳常常会逐字逐句引用信件内容,并标明信息来源,保证它有可追溯的真实性,将内容线索延伸到现实世界的人和物。(Delisle, 2013: 238-245)

剪贴方法还可用于对即将出版的图书进行校正,在格斯纳个人保留的《图书总目》样本中,就有一些段落是他从其他副本中剪下来,贴在书页底部的,而这些段落最终被整合到正式出版的《图书总目》中。此外,格斯纳在此样本中插入了许多标签和旁注,用它来进一步储存和归纳信息,他可能借此勾勒过此书的再版计划,但最终落空。(Blair, 2010: 219-225)

像格斯纳这样坦率分享笔记实践的作家在当时并不多,但格斯纳和其他近代早期学者一样,没有在出版物中提及读写工作另一个日益显著的特征:它的合作性。自古以来,在那些多产大家孤独创作的形象背后,往往有许多社会等级和智识水平较低的人投入到一部作品的准备中,到16世纪,这些人与著书者的关系更趋平等(但仍普遍低于后者),其身份也愈加异质化,然而他们基本上仍是"不可见"的,做着诸如归纳笔记、誊抄文本、听写口述、查阅文献、朗读乃至回复书信等文书工作,隐藏在惊世之作的留白处。

格斯纳一生并不宽裕,他常与同行们互通廉价的助手资源。例如,在1565年写给巴塞尔的医生西奥多·茨温格(Theodor Zwinger)的信中,格斯纳向他求荐一位当地年轻人,要求"中等教育水平、对医学感兴趣、贫穷、谦逊、虔诚;愿意为我写作和复印;同时他可以听一两场公开讲座,作为条件,还可获得食宿以及我住所的一切。我难以完成我的出版工作,因此这个年轻人越有学识,越满足我的要求"(Delisle, 2013: 82-83)。文书助手与作者之间的紧密联系固然不是新鲜事物,但近代早期它们变得更普遍、更私人化,不再是贵族特权,普通家庭的学者已对此习以为常。(Blair, 2010: 108)

格斯纳编辑出版过许多用于参考和查阅的工具书,《图书总目》和《动物志》是最著名的两部。二者都反映出格斯纳作为勤奋的读者开发出来的笔记技巧,以及作为创新的作者对这些技巧的灵活运用。作为参考书,它们为下一步的知识更新和生产奠定基础,当代和未来的研究者只需要按图索骥地利用它，而无需承担其繁琐。

二、副文本与献词策略

在文艺复兴晚期，读写事业的合作性质不仅体现在一部大作的文书工作中，更体现在"学术共和国"对它的资助和为它提供的素材上，而后者的"可见"程度远高于前者。在《动物志》中，格斯纳会在正文中尽量标明内容来源，而大部分的文献积累都已在《图书总目》中完成了。《动物志》还融合了许多当代人提供的新内容和新经验。第一卷前言中，格斯纳用六页多的"作者名单（Catalogi Authorum）"来列举此书引用的作者和作品，分成三大类：（1）佚失的古代动物作品，（2）引用的现存作品，（3）启发这本书和学术共和国的有识之士，他们寄送或当面提供了动物的图像、名字或描述。（Gessner, 1551: β4v-γ1v）综合来看，格斯纳一共提到145位古典作家，157位当代的通信者和作家。（Gmelig-Nijboer, 1977: 66）

"作者名单"只是《动物志》副文本的一小部分。这一时期，将多种形式的副文本纳入出版物已经成为常规，它们不仅服务于读者的阅读体验（如上一节提到的目录和索引），而且能满足作者的各种目的，例如，向赞助者和贡献者致谢或提出请求，表达歉意和谦逊，强调作品的权威性和主题的迫切性，做出内容修正和增补。格斯纳在利用副文本方面，绝对算一位时代先锋：不同于其他人，他还会在副文本中展现其工作方法的细节、出版事业的境况，乃至他与通信者和出版商的关系等等。（Blair, 2016: 73-74）通过"图书总目"和"动物志"系列的副文本，我们能看到对人文主义修辞学的精通与对印刷技术下社会关系的清醒认识如何完美地结合在一起，为知识的生产与传播铺平道路。

格斯纳最常撰写的副文本是献词，据布莱尔统计，在其1541—1565年的出版生涯中，他的57部作品中包含102篇献词，致予127位个人和6个集体。（Blair, 2016: 80）而他一生最宏伟的两部巨著，献词的首要目的就是寻觅一位显贵而稳定的赞助者。1545年，格斯纳将《图书总目》献给莱昂哈德·贝克·冯·贝肯斯坦（Leonhard Beck von Beckenstein），此人是神圣罗马帝国皇帝查理五世的参事，并且在奥格斯堡拥有一座图书馆。格斯纳与他很可能没有私交，但这已经不是格斯纳第一次献词给他。在献词中，格斯纳长篇累牍地谈论图书馆的重要性，强调贝肯斯坦的图书馆对学术事业的贡献，并在文末用一整页来展现贝肯斯坦的纹章雕版画，这是寻求恩主的明确信号。（Blair, 2017a: 179-180）

"动物志"系列继续着这一努力。第一卷献给苏黎世市议会，第二卷献给德国弗赖贝格的一位参议员，前者为他争取到每年定量补助的谷物和酒，后者换来了两份精致的礼物。（Kusukawa, 2014: 331）第三卷献给德国名门望族的银行家（或许是当时欧洲最富裕的人）约翰·雅各布·富格尔（Johann Jakob Fugger）。事实上，只有富格尔和贝肯斯坦这两位是格斯纳不止一次献词的权贵人士。早在1546年2月，格斯纳汇编并翻译了两位中世纪修道士的《箴言集》（Sententiae），他把拉丁文版献给富格尔，并请求资金支持："如果您喜欢此作，请您稍加鼓励以便我能推进《动物志》及其图画的编撰工作。"很可能这一请求没有得到及时支持，因为九年后格斯纳才把第三卷鸟类志献给他。（Blair, 2017a: 181）

格斯纳将同年出版的《鸟类图册》（Icones avium, 1555）献给了富格尔的弟弟乌尔里希·富格尔（Ulrich Fugger），次年，他又将自己汇编的埃里亚努斯（Aelian）作品集献给约翰·富格尔，称他为"我的主人和梅塞纳斯（Domino et Mecoenati suo）"[1]，这次是为感谢富格尔将私人收藏的埃里亚努斯手稿分享给他。在献词中，格斯纳提出希望自己这本"完整的、校正的、双语的"印刷版"埃里亚努斯新编"能有幸纳入富格尔在奥格斯堡的著名图书馆，也提出了金钱回报的愿望。然而，在格斯纳后来出版的19本书中，没有再献词给富格尔，很可能其请求没有实现。（Blair, 2017a: 181-182）

到第四卷，格斯纳直接献给新加冕的神圣罗马帝国皇帝斐迪南一世（Ferdinand I），并在献词中指出自己"目前还没有恩主和梅塞纳斯"。皇帝在帝国议会期间邀请格斯纳前往奥格斯堡，授予他贵族身份和纹章，并授权他传给旁系后代（格斯纳没有子女）。1560年，格斯纳将新出版的最后一卷图册（鱼类）献给斐迪南一世之子马克西米利安

---

[1] 盖乌斯·梅塞纳斯（Gaius Cilnius Maecenas, 公元前70年—前8年）是罗马帝国皇帝奥古斯都的谋臣和外交家，维吉尔曾把其《农事诗》（Georgics）献给他，其献词是人文主义者效仿的典范。到16世纪早期，"梅塞纳斯"已成为"文学艺术的慷慨赞助者"的代名词。

二世（Maximilian II）。（Blair, 2017a: 184）

尽管格斯纳精心撰写的长篇献词都得到了一定回报，但未能满足他的预期。事实上，格斯纳始终没有找到能够长期资助他的贵人，到后期干脆放弃了这一希望。他的其余献词部分是写给同行和侪辈的——25位医生、5位药剂师、5位牧师、4位律师、8位教授，总数超过全部受献者的三分之一。它们出现在更朴素的书籍中，通常指向多个人，有的出现在书本中间而非头几页，用来分隔一本书中包含的多个部分。格斯纳感谢这些人为他的研究计划提供有益的手稿、书籍、社会关系、各类信息和实物，需要的话，他也直言不讳地要求他们继续给予特定的材料，比如鸟的标本或鱼的图片。（Blair, 2017a: 178）格斯纳没有因为寻求稳定资助的努力受挫就搁置出版项目，他的等身著作很大程度上是靠数量可观的微小支持蚁集起来的。

格斯纳最为别出心裁的献词是那些专门献给印刷商的——《图书索引大全》的19卷分别献给当时19位博学的印刷商。而且，鉴于每一卷分属一个知识领域，格斯纳特地将每本书献给最擅长那个领域的印刷商。他把第一卷"语法和语文学"献给与他合作最多的克里斯托夫·弗罗绍尔（Christoph Froschauer），即"图书总目"和"动物志"系列的出版商。此外，格斯纳还在每篇献词后面罗列该印刷商的大部分或所有出版物，这与许多学者对印刷商的傲慢态度形成鲜明对比。当然，格斯纳也会埋怨印刷商的错误、仓促行事和对学问漠不关心的图利习惯，但他明智地将有学识的印刷商看作知识传播的关键一环，与他们建立了良好关系和密切合作，并且将他们的功绩不吝赞美地公告于整个学术共和国。（Blair, 2017a: 189-193）

格斯纳撰写的各种副文本不仅展现了他个人社交的广度，也增加了其作品的权威性。同时，通过这些形式，格斯纳邀请更多读者参与到后续作品的搜集工作中，为他提供标本、观察报道、图书信息、手稿、绘画，乃至自然活物等等，他坚信这些贡献最终惠及的是有志于推进学问的所有人。（Blair, 2017b: 25）因此，印刷书籍绝非只是知识的载体，而构成了格斯纳维持社会关系、扩大社交网络的核心媒介，它使格斯纳在共同体中获得承认，并且使得"在出版物的副文本中被提及"这种承认方式逐渐被确立为一种社会规则，在这套规则之下，更优质和更快速的知识生产才获得动力。

三、系列图书的出版策略

欧洲人文主义运动与印刷技术日臻成熟的过程在时间上有相当大的重合。人文学者热情地拥抱印刷术，因为他们痛心于古代学问的遗失，寄希望于印刷术能更好地保存书面知识，将他们努力恢复的古典文化和当代成果都留传给后世。但格斯纳也认识到，印刷术本身无法保障古代知识的传续。因而在《图书总目》的献词中，他的重点不是为印刷术唱赞歌，而是将图书馆树立为延续学问的关键："尽管印刷艺术看似是为保存书本而诞生的，然而在我们时代的大多数时候，编写出来的是愚蠢和无用的内容，而忽视了更老和更好的作品：鉴于此，图书馆至少有必要保留一些手稿。"[1] 将手稿和佚失文本编入书目在

---

[1] 原文为："Quamvis enim ars typographicae librorum conservationi nata videatur, ut plurimum tamen nostri temporis hominum nugae et inutilia scripta, vestustis et melioribus neglectis in lucem eduntur: quare pro manuscriptis saltem libris opus est Bibliothecis." 见 Gessner, 1545: *3。

当时尚无先例，格斯纳希望以此鼓励学者去搜寻和挽回一些残章断简，或埋藏在某个图书馆中的陈书旧籍。（Blair, 2017c: 449–454）

而且，从最近一百多年印刷术的发展和古代文献的修复中，格斯纳生出一种忧患意识：平庸之作的大量涌现，可能淹没优秀的古代作品，也可能掩盖当代学者真正有价值的创造。为避免自己的出版物遭此厄运，格斯纳深度介入印刷过程，交替更新他的目录学和博物学出版进展，吸引读者对两个领域后续作品的共同关注。

早在《图书总目》，在"苏黎世的康拉德·格斯纳（*Conradus Gesnerus Tigurinus*）"这个词条下罗列自己的出版物时，格斯纳就预告了已经着手的"动物志"出版计划："目前我完全投入在手头这件即将完成的作品中……但不久我将出版每种动物的完整描述（*historiam*），包括它们在不同语言中的名字，并附上写生图，分为四足动物、鸟类、鱼类、昆虫几部分，它们将合订在正式的书卷中"，并且，格斯纳宣称凭借他自己、朋友和各个地区饱学之士的长期调研，包括他的几次旅行，此作品的"大部分内容已经成形"。此刻他希望一位"梅塞纳斯"能资助这一计划，即便找不到，他承诺也不会终止这一追

求,"尽管代价很大,但我会利用天赋和夜间写作来展示并发扬好的学问"。[1]

在三年后出版的《图书检索大全》中,他将自己尚待出版的《动物志》归入第五卷"自然哲学"的标题十一"动物"(*Titulus XI. De animalibus*)中,他列举出首先出版的"四足动物志"中已有的和尚缺的图片(已有的用星号标记),并写道:"我请求每个地方的热心之人将遥远地区那些我缺乏的动物图片寄给我,作为对善心的回报,即使他们不会收到任何奖赏,至少通过对其名字的恰当纪念,加以对其贡献物的提及,他们将会得到赞美。"[2] 在图片清单中,格斯纳不仅列出动物的拉丁名,还会用哥特体写出动物在埃里亚努斯动物作品中的名字。格斯纳缺少的图片占50余条,大多为异域哺乳动物。(Delisle, 2013: 90; Gessner, 1548: 221v–222r)

格斯纳写《图书总目》,是希望有条件的人根据这一工作来建造或管理图书馆,让书籍不会重蹈古代学问之覆辙,而他写《图书索引大全》,是引导读者和图书管理者迅速了解一个知识领域的精华,不至于在庞杂的文献中迷失。格斯纳早早将自己的"动物志"计划写进这两本书,一方面是为争取各方帮助,同时达到宣传目的,另一方面他也希望未来的图书馆能保留自己的动物作品。从后来看,"图书总目"系列与"动物志"系列两套书奠定了格斯纳无可取代的学者地位,而格斯纳比其他人更早意识到这一点。在"图书总目"令其名声大噪之后,他时常在"动物志"的引用或副

---

[1] 此段引用的部分出自这段原文:"Hoc tempore totus in praesens opus absolvendum incumbo: quod si divina gratia feliciter ad umbilicum perducatur: brevi deinde historiam integram onme genus animalium cum nomenclaturis variarum gentium, & figuris ad vivum depictis, quadrupedum, avium, piscium, & insectorum, iusto volumine comprehensam studiosis communicabimus. Magna quidem eius operis pars absoluta iam est longi temporis observatione tum nostra tum amicorum & doctorum hoim in diversis regionibus ac peregrinationibus aliquot nostris... Quod si Mecoenas etiam aliquis benignus contingat, cuius auspicijs res peragatur, perfectior tota historia efficietur: sin minus (ut nunc sunt divites plaerique avari ac sibi tantum, non bonis studijs vivunt) non desinam tamen pro virili mea tam plausibile argumentum excolere, ac bonas literas quantum ingenio & elucubrando possum, licet sumptibus nihil valeam, ornare atque augere." 见 Gessner, 1545: 182v。

[2] 原文为:"Quamobrem rogo studisos ubivis omnes, qui haec forte legerint, ut eorum quibus caremus animalium picturas ex remotis regionibus ad nos mittant: pro quo beneficio si nihil aliud praemii accipient, grata saltem ipsorum nominis commemoratione, in mentione illorum quae miserint, celebrabuntur." 见 Gessner, 1548: 221r-v。

文本中回到前者，将两部大作牢牢绑定在一起。

1551年，《动物志》第一卷"论四足胎生动物"如约面世：一部上千页且配有精美插图的对开本，看似作者一生的终极之作，实际却是一个漫长系列的开端。弗罗绍尔在格斯纳的献词末尾写了一小段话，宣布删减了语文学和语言学内容的"动物志节本"即将出版，并补充道："我们可能会推出《图书总目》第一卷（该作品几年前出自我们的工作室）的节本，除非如我们听闻的那样，此书已经被不知名的人重印，而且是我们的书的缩略本，或者说直接删除了许多内容。"[1] 这个未授权的缩略本与《动物志》第一卷同一年在巴塞尔出版，可见弗罗绍尔的严厉回应是紧随其后出现的。（Blair, 2017b: 25-26）

弗罗绍尔承诺的节本出现在第二卷问世的前一年，即1553年，他将第一卷中的所有木刻画，加上第二卷预备使用的图片单独编辑成册出版，书名为《四足胎生与卵生动物图册》（*Icones animalium quadrupedum viviparorum et oviparorum, quae in Historia animalium*，下文简称《图册》），剔除了几乎所有文字，只留下用意大利文、法文和德文写的动物名称，既面向缺少人文教育的大众读者，又面向乐于收藏昂贵的手工彩绘图集的富人。《图册》也为格斯纳提供了对第一卷补遗的机会，他插入了10页的"附录（*Appendix*）"："我原本打算根据一致的顺序记录四足动物。但雕刻师的延误妨碍了这一计划，因此我在这里增加这些图片，每位读者可以轻易地将它们按原书的顺序找到对应的位置。"即便有此附录仍然不完整，格斯纳在末尾一节短小的"致读者"中致歉道，他已经收到了一些新的图片，但由于没有及时雕刻，只能在下一卷出版物中付印。他进而呼吁道："或许朋友们或其他我不相识、但也对自然事物充满热情之士，能把他们注意到的我欠缺的图片寄给我。我们会在第一时间把图片付印，以便它们加入进来。"诚如斯言，次年记载爬行动物的《动物志》第二卷问世，在100多页的正文内容外，格斯纳添加了一份25页的附录，补充第一卷图片，包括他1553年在《图册》中为未及时雕刻而致歉的那些，比如"苏

---

[1] 原文为："Et, ut hoc obiter dicam, dedissemus forte etiam primi Tomi Bibliothecae ex officina nostra superioribus annis publicatae Epitomen, nisi iam a nescio quo inscijs nobis id fieri audiremus. qui nostris in compendium redactis, aut potius plurimis quae in volumine nostro erant, (ut sunt praefationes, censurae, argumenta, & c.) omissis." 见 Gessner, 1551: α6r，部分翻译参考 Blair, 2017b: 26。

格兰白野牛"。此类说辞在"动物志"系列的出版中不断重现，格斯纳会在一本书中加入与主题不甚相关的内容，来索求新的素材，并预告下一版的情况。（Blair, 2017b: 16-21）

当然，并非所有出版承诺都能兑现。在1553年的《图册》中，格斯纳宣称第一卷的德语版和法语版也会相继出版，但前者十年之后才出现，而后者在格斯纳生前从未完成。同样，在《动物志》第三卷的"致读者序"中，格斯纳声称自己近期计划推出搁置已久的《图书索引大全》的"医学卷"，但最终也成为空头支票。（Blair, 2017b: 26-27）1562年，格斯纳第二次写自己的书目自传时（第一次就是在《图书总目》中），在文末列举了"尚未出版的书，部分完成，部分未完成（De nondum editis, partim perfectis, partim imperfectis adhuc）"，一共18条，其中包括《动物志》第五卷，关于蛇和昆虫，格斯纳称"我已经积累了丰富的材料，以及许多写生图"（Gessner, 1562: B7r-B8v），但该卷在他死后20余年才问世。此时距离格斯纳生命的终点只剩三年，他的大多数出版计划都落空了，包括他列出的第一条，亦是花费最多笔墨来介绍的"植物志"。但格斯纳留下的材料之多，足以支撑十余本可观的出版物的内容。（Wellisch, 1975）

通过持续地在出版物中报告工作进展、评论自己和他者的作品、宣布接下来的出版目标、征集各方资源并承诺提名，格斯纳不断强化着自己所有主要作品的内在关联，并向读者营造一种双方面的参与感，使其研究项目在单薄的"著者"后面形成了一个强大的同盟军。该联盟可以潜在地无限延伸，在其生命终结之后，清单仍在扩写，其努力将被后世延续，它与一度被埋藏的古代学问在同一平面上对抗着时间。并且，格斯纳反复在两类书的文本中插入另一方的情况，表明他预设二者的目标读者是一致的，这也反映出当时博物学与目录学在工作方法上的相似性，以及从业者的重合性。

四、近代早期博物学与自然的目录学

在文艺复兴晚期，人文主义学术活动包含许多非正式实践形式，其中很重要的一环就是学者参与图书清单和图书馆目录的收集和流通，这一实践是格斯纳完成《图书总目》和《图书检索大全》的动因与必要条件。（Nelles, 2017: 64）格斯纳对编目的兴趣，既反映了他对书籍的热爱，也反映出他面对文本世界的多产和混乱，急于建立秩序的苦心。当书本内容将人文主义者们频频引向现实自然时,他们也将文本秩序的构建方式延伸到自然对象上。在这个意义上,格斯纳的《动物志》就是"动物的目录学"。

因此,在格斯纳这里,"自然之书"的生产和传播与"书目之书"密切相关,《图书总目》为《动物志》提供浩瀚的文献基础,而《动物志》无非是《图书总目》在动物专题上的衍生。进而言之,面对急骤扩张的世界和直线增长的信息,"自然之书"只有在"自然书目"的辅助下才能被清晰地阅读,这种衍生过程本身也是新知识和新经验的创造。(Ogilvie, 2003: 39)

从建立"文本秩序"到探索"自然秩序",印刷术是起到核心作用的技术发明。(胡翌霖,2016:115—120)但是,书本的稳定性、持久性、可理解性,以及它对知识增长的促进,都绝非印刷术的内在属性,而是学者努力争取的成果。(Johns, 1996)格斯纳在博物学和目录学文本实践上的连续性,也是他和其他博物学家通过印刷术来创造自身文化和知识传统的历史连续性的一种体现,即把博物学的历史以文献学的形式书写出来,并纳入人文主义的叙事框架之中。(Ogilvie, 2006: 85-86)

在格斯纳为两套丛书知识含量的辩护中,也能看到他敏锐的历史意识。《图书总目》的献词写道:"没有一位作者被我所摒弃,倒不是因为我认为他们全都值得记录或记忆,而是为了满足我为自己设定的目标,即单纯地、不加选择地列举所有书面材料……我们仅仅想列出它们,将选择和判断留给他人。"(Gessner, 1545, 转引自 Blair, 2010: 162)他进而指出,即便是那些饱受非议的作品,也可能在后世显现出非凡价值,因为人类的观点总是随着时空而转变——昨日被遗忘的文本,今日被反复重印,而今日大受追捧的书籍,在百年之后的命运又会怎样呢?(Blair, 2010: 163)

在《动物志》第一卷的"致读者序"中,格斯纳做出类似承诺:"我试图记录下在我之前的一切作家写的所有关于动物的内容:不管是古代的,还是更晚近的作者,不管是哲学家、医生、语法学家、诗人、历史学家,还是任何其他类型的作家",当然,他更看重那些"专门写动物的作者",而较少关注那些对动物一笔带过的诗歌和历史文献。但无论哪种情况,格斯纳都会尽量引注,哪怕引用的文献再微不足道,其目的是让当下和未来的读者独立判断:在提到的作者中,有多少是值得信任的。格斯纳明确表示他本人并不相信自己记载的所有内容。[1] 因此，后来一些学者将格斯纳视作无法区分经验事实和文学创作的盲目汇编者，或是受古代文献缠累而牺牲常识的痴心学究，这类观点过于简单化了。

从一份全面目录的角度看，《动物志》展现的是人类自古以来从不同方面去理解自然事物的成果，即使格斯纳对自己和他人清醒验证的"事实"有更大的兴趣，他也不认为应该将已"证伪"的知识和无关"事物本身"的内容排除出去。他抓住每一个机会重复前人的观点，分门别类地组织它们，以便这本书可以成为未来各类专门研究的共同参考基础。

在格斯纳之后，自然的目录不断扩展，17 世纪的许多科学家仍然认为自己在恢复古代的完备知识，而 18 世纪以分类为核心的博物学仍将基础建立在文献梳理上。但是，博物学领域的目录学工作对文献的限制将愈加严格和专门化。在未来的自然目录中，格斯纳记录的大部分动物内容将被完全排除出去。

参考文献

Bay, J. Christian (1916). Conrad Gesner (1516–1565), the Father of Bibliography: An Appreciation. *Bibliographical Society of America*, 10(02): 53–86.

Blair, Ann (2010). *Too Much to Know: Managing Scholarly Information before the Modern Age*. New Haven, CT: Yale University Press.

Blair, Ann (2016). Conrad Gessner's Paratexts. *Gesnerus*, 73(01): 73–123.

Blair, Ann (2017a). The Dedication Strategies of Conrad Gessner // *Professors, Physicians and Practices in the History of Medicine: Essays in Honor of Nancy Siraisi*. Gideon Manning and Cynthia Klestinec (eds). New York: Springer, 169–209.

Blair, Ann (2017b). The 2016 Josephine Waters Bennett Lecture: Humanism and Printing in the

---

[1] 原文为："…in quod omnia omnium, quotquot habere potui ante nos de animalibus scripta summo studio referre conatus sim: veterum inquam & recentiorum, philosophorum, medicorum, grammaticorum, poetarum, historicorum, & cuiusuis omnino authorum generis… Et diligentissime quidem illorum, qui de animalibus ex professo aliquid scripsere, minori vero cura aliorum qui obiter tantum, ut historici & poetae, nonnunquam de iisdem meminerunt. … ex ipso authoris nomine quantum quidque fidei mereatur fere iudicabit Lector. neque enim ego fidem meam ubique astringo, contentus aliorum verba & sententias recitasse." 见 Gessner, 1551: β 1r，翻译参考 Gmelig-Nijboer, 1977: 161–162。

Work of Conrad Gessner. *Renaissance Quarterly*, 70(01): 1–43.

Blair, Ann (2017c). The Capacious Bibliographical Practice of Conrad Gessner. *Bibliographical Society of America*, 111(4): 445–468.

Delisle, Candice (2013). *Establishing the Facts: Conrad Gessner's Epistolae Medicinales Between the Particular and the General* (Doctoral dissertation). Retrieved from ProQuest Dissertations and Theses database. (UMI No. U592543)

Gessner, Conrad (1545). *Bibliotheca universalis, sive Catalogus omnium scriptorum locupletissimus, intribus linguis, Latina, Graeca, et Hebraica.* Zurich: Christoph Froschauer.

Gessner, Conrad (1548). *Pandectarum sive partitionum universalium Conradi Gesneri Tigurini, medici & philosophiae professoris, libri XXI.* Zurich: Christoph Froschauer.

Gessner, Conrad (1551). *Historiae animalium lib. I, de quadrupedibus viviparis.* Zurich: Christoph Froschauer.

Gessner, Conrad (1562). *De libris à se editis epistola ad Guilielmum Turnerum, theologum et medicum excellentissimum in Anglia.* Zurich: Christoph Froschauer.

Gmelig-Nijboer, Caroline Aleid (1977). *Conrad Gessner's "Historia animalium": An Inventory of Renaissance Zoology.* Meppel, NL: Krips Repro B. V.

Johns, Adrian (1996). Natural History as Print Culture // *Cultures of Natural History*. N. Jardine, J. A. Secord and E. C. Spary (eds). Cambridge: Cambridge University Press, 106–124.

Kraemer, Fabian and Helmut Zedelmaier (2014). Instruments of Invention in Renaissance Europe: The Cases of Conrad Gesner and Ulisse Aldrovandi. *Intellectual History Review*, 24(3): 321–341.

Kusukawa, Sachiko (2014). Conrad Gessner on an "Ad Vivum" Image // *Ways of Making and Knowing: The Material Culture of Empirical Knowledge*. Pamela H. Smith, Amy R. W. Meyers and Harold J. Cook (eds). Ann Arbor: University of Michigan Press, 330–356.

Nelles, Paul (2009). Reading and Memory in the Universal Library: Conrad Gessner and the Renaissance Book // *Ars Reminiscendi Mind and Memory in Renaissance Culture*. Donald Beecher and Grant Williams (eds). Toronto: Centre for Reformation and Renaissance Studies, 147–169.

Nelles, Paul (2017). Conrad Gessner and the Mobility of the Book: Zurich, Frankfurt, Venice (1543) // *Books in Motion in Early Modern Europe: Beyond Production, Circulation and Consumption*. Daniel Bellingradt, Paul Nelles and Jeroen Salman (eds). London, UK: Palgrave Macmillan, 39–66.

Ogilvie, Brian W. (2003). The Many Books of Nature: Renaissance Naturalists and Information Overload. *Journal of the History of Ideas*, 64(1): 29–40.

Ogilvie, Brian W. (2006). *The Science of Describing: Natural History in Renaissance Europe.* Chicago: The University of Chicago Press.

Wellisch, Hans H. (1975). Conrad Gessner: A Bio-bibliography. *Journal of the Society for the*

Bibliography of Natural History, 7(2): 151–247.

Wellisch, Hans H. (1981). How to Make an Index—16th Century Style: Conrad Gessner on Indexes and Catalogs. *International Classification*, 8(1): 10–15.

胡翌霖（2016）. 过时的智慧：科学通史十五讲. 上海：上海教育出版社.

学术纵横

《诗经》植物名物研究的方法与示例

刘从康

Thingology Study of *the Book of Songs* on Vegetation Research

LIU Congkang

摘要： 创作于三千多年前的《诗经》，其中的动植物记叙，展示了中国本土丰富多彩的自然资源。传统"名物学"对于厘清《诗》中之"名"与身边之"物"的对应关系，已积累了大量宝贵的成果和资料。然而，由于对自然的认识局限和经学、小学、农学、医学等不同领域间的隔阂，古今"名物学"研究成果中，仍有不少谬误和遗憾。本文上篇通过对历代的诗学（含《诗经》名物学）、训诂、农书、本草及谱录、杂记等古籍的综述，梳理了它们在《诗经》植物"名物学"考证上的价值与贡献，甄别其研究成果的真伪，为今后的相关研究提供了参考书目及导览。本文下篇通过对"贝母"与"芄兰"两种植物的辨析示例，揭示了现代"名物学"研究中，"博古——仔细考据古籍与民俗，不可妄断"和"通今——认真求证现代科技发展，及时修正"的重要性，为当今"名物学"研究方法提供了示例。

关键词： 《诗经》，植物研究，名物学，文献综述，植物辨析

Abstract: *The Book of Songs* (also known as *the She King*) was written more than 3,000 years ago. It gives a detailed account of colourful folk customs and abundant natural resource. The traditional "thingology (research in the name and description of things)" has accumulated a lot of valuable achievements and materials to clarify the correspondence between the "names" and the "things". However, due to the limitation of understanding of nature and the gaps between different fields such as philological exegesis, Confucius exegesis, agriculture and medicine, there are still many fallacies and regrets in the research of ancient and modern "thingology" study of *the Book of Songs*. In the first part of this paper, through the review of ancient books, such as the study of *the Book of Songs* (including "thingology" study), the books and the genealogies of the images of *the Herbalist's Manual* (also known as *Compendium of Materia Medica*), the ancient exegesis books, the ancient agricultural books, this paper combed the value and contribution of these books in "thingology" study of *the Book of Songs*, and identified the authenticity of their research results. References and guides are provided in the first part for future researches. In the second part of this paper, through the analysis of two plants: "Bei Mu" and "Wan Lan", this paper revealed that it's important for current "thingology" study of *the Book of Songs* to possess both ancient and modern learning: The "antique, that is the careful textual research of ancient books and the folk custom, not predisposed" and the "modern, that is the proof of modern science, timely correction". Examples are provided in the second part for the current research methods of "thingology" study of *the Book of Songs*.

Key Words: *the Book of Songs*, vegetation research, thingology, literature review, vegetation identification

孔子说："《诗》可以兴，可以观，可以群，可以怨；迩之事父，远之事君，多识于鸟兽草木之名。"《诗经》三百零五篇中，咏及各种鸟兽草木的有两百多篇，涉及一百三十七种植物及鸟类、哺乳类、鱼类、昆虫、两栖类、爬行动物等，共三百多种。《诗经》不仅是我国珍贵的历史文化遗产，也是我国"博物学"传统的重要源头和组成部分。

《诗经》中的篇章，创作于三千多年前。其中的动植物，今昔异名、同名异物、同物异名等情况古今亦然。古人厘清《诗》中之"名"与身边之"物"的对应关系，属于传统"名物学"的研究范畴，数千年来，已积累了大量宝贵的成果和资料。然而，由于对自然的认识局限和经学、小学、农学、医学等不同领域间的隔阂，古代的"名物学"研究成果，已不足以向今天的人们揭示《诗经》中多姿多彩的动植物世界。近代以来，一些学者以现代生物学为基础，对《诗经》中的动植物进行了新的研究，大大拉近了《诗经》中古老篇章与现代人日常生活之间的距离。但由于各种原因，其中仍有不少谬误和遗憾。

要了解本民族的历史与文化，亲近我们赖以生存的自然，《诗经》中的动植物是一座沟通古今的绝佳桥梁。对于它们，有必要更加深入地探索。

上篇　参考文献综述

研究《诗经》草木，首先可以从历代的诗学（含《诗经》名物学）、训诂、农书、本草及谱录、杂记等古籍入手。

一、《诗》类

《诗》为五经之首，历代研究者甚众。仅《四库全书》中"经部·诗类"就收录有六十二部、"存目"八十四部，共一百四十六部著作。《诗序》中说："诗有六义焉，一曰风，二曰赋，三曰比，四曰兴，五曰雅，六曰颂。""上以风化下，下以风刺上"，郑玄笺曰："风化、风刺，皆谓譬喻，不斥言也。"朱熹《集传》中则说："比者，以彼物比此物也。""兴者，先言他物以引起所咏之词也。"《诗经》中的这些"譬喻""彼物""他物"，多为草木鸟兽之类。了解这些动植物所指，不能与诗意割离。概要了解"诗意"，可以以下著作为主要参考。

1.《毛诗正义》［汉］毛亨　传　郑玄　笺　［唐］孔颖达　疏

秦火之后，传授《诗经》的有四家：齐国人辕固传授的"齐诗"、鲁国人申培传授的"鲁诗"、燕国人韩婴传授的"韩诗"和鲁国人毛亨传授的"毛诗"。毛诗中，毛亨对于诗义、词句及名物的注解称为"毛传"。东汉时，大经学家郑玄又对毛传进行了注解和阐发，称为"郑笺"。在郑玄为毛诗作"笺"之前，齐鲁韩三家诗盛行，毛诗处于不重要的地位。"郑笺"之后，三家式微，毛诗独行。今天我们所说的《诗经》即为毛诗。毛诗每篇之前都有一段简短的说明文字，称为"诗序"。每首诗前简要说明该诗诗意的，称作"小序"；《关雎》的小序之前，又有一段较长的文字总述《诗经》，称作"大序"。一般认为，诗序并非一人所作，而是在经师代代传授过程中逐渐形成的。《四库总目提要》中认为"序首二句为毛苌以前经师所传，以下续申之词为毛苌以下弟子所附"。

郑笺虽因毛传而作，但二者亦有不同之处。其后，魏王肃又作有《毛诗注》《毛诗义驳》等，袒分左右，多有议论。至唐贞观十六年，孔颖达等奉命"因郑笺为正义"，又称为"孔疏"。此后，"乃

论归一定，无复歧途。"（《四库总目提要·毛诗正义》）

《毛诗正义》清乾隆年经校勘列入"十三经注疏"，故又称《毛诗注疏》。《四库全书》中收有《毛诗正义》，现又有上海古籍出版社排印出版的《毛诗注疏》，均可作为参考。

2.《毛诗本义》[宋] 欧阳修 撰

《四库总目提要》中说："修文章名一世，而经术亦复湛深。自唐以来，说诗者莫敢议毛郑，虽老师宿儒亦谨守小序。至宋而新意日增，旧说俱废，推原所始，实发于修。"《诗经》中不乏情诗民谣，诗序要将其一一赋予"经义"，很多时候不免牵强荒谬。故自宋以来，对小序的质疑层出不穷，至近代甚至渐成"定论"，以至于许多《诗经》读本中，将所有诗序尽行删去，不予收录。然而，读《诗经》若尽废小序，实不可取。如《鄘风·载驰》小序曰："许穆夫人作也。闵其宗国颠覆，自伤不能救也"，若无此作者及创作背景介绍，对诗的理解必然大打折扣；《陈风·株林》小序曰："刺灵公也，淫乎夏姬，驱驰而往，朝夕不休息焉"，若废此小序读《株林》诗，几乎茫然不知所云。至于许多人耳熟能详的"岂曰无衣，与子同袍"，出于《秦风·无衣》，多数人可能只知其曰"袍泽情谊"，而其小序则说："无衣，刺用兵也。秦人刺其君好攻战、亟用兵，而不与民同欲焉。"其间深浅，亦自不同。故而，若尽废诗序，则《诗经》将被"还原"为《诗》，而非《诗经》。这种"还原"割裂历史，其实已非《诗经》本貌。

欧阳修此书虽被称为"疑序"的发端，却非全然废序。"其立论未尝轻议二家，而亦不曲拘二家，其所训释往往得诗人之本志"，于鸟兽草木亦常有己见，颇可一读。

3.《诗辨妄》[宋] 郑樵 撰

攻击诗序及毛郑，宋儒中以郑樵最为不遗余力。郑樵说："诗序皆是村野妄夫所作"（此条见《朱子全书》，恐非樵原文），"毛郑辈……村里陋儒"《诗辨妄》一书刊行不久即亡佚，今有顾颉刚先生的集佚本可以参考。顾先生对于郑樵的《诗辨妄》是持赞赏态度的，但他也说："郑樵所说的话，勇往而少检点，错误的地方自然也有。"郑樵还著有《通志》《尔雅注》等，多有新意，是考证鸟兽草木之名的重要参考。其《诗辨妄》中也说："夫学《诗》者，正欲识鸟兽草木之名耳。"但他说："有鹤在林，鹤非食鱼鸟；隰有荷花，荷花，木芙蓉也。"宋周孚《非诗辨妄》中指出："吾尝询于野人，鹤食鱼；荷花，今之旱莲也，江南所在有之。"

4.《诗集传》［宋］朱熹　撰

"南宋之初，废诗序者三家，郑樵、朱子及质（王质，撰《诗总闻》）也。"但朱熹对于诗序的态度是有变化的。他说："某向作诗解文字，初用小序，至解不行处，亦曲为之说。后来觉得不安，第二次解者，虽存小序，间为辨破，然终是不见诗人本意。后来方知，只尽去小序，便可自通，于是尽涤旧说，诗意方活。"他的《诗集传》中，亦可见其痕迹。明清两代，《诗集传》成为诗学的官方定本，士子参加科举考试，都必须以其作为标准，对后世产生了极其巨大的影响，是学习《诗经》不可不读之书。但《诗集传》重于"诗义"，对于鸟兽草木、名物训诂所及不深。

5.《吕氏家墅读诗记》［宋］吕祖谦　撰

宋代诗学虽以废诗序、疑毛郑为主，但亦有坚守汉学者。吕祖谦之《吕氏家墅读诗记》是其中之佼佼者。陈振孙称其"博采诸家，诗学之详正未有逾此书者"，魏了翁称其"能发明诗人，躬自厚而薄责于人"。

6.《诗缉》［宋］严粲　撰

《诗缉》亦为"尊序"者。《四库总目提要》说："是书以吕祖谦读诗记为主而集采诸说以明之。旧说有未安者，则别以己意阐发……深得诗人本意。至于音训疑似、名物异同，考证尤为精核，非空谈解经者可比也。"

7.《诗经通论》［清］姚际恒　撰

清代诗学趋于严谨，相比宋儒，更加注重毛传郑笺，而又不拘泥于诗序。姚际恒在其《诗经通论》自序中说："汉人之失在于固，宋人之失在于妄"，"自东汉卫宏始出诗序……固滞胶结、宽泛填凑、诸弊丛集"，而朱熹《集传》则"时复阳违序而阴从之，而且违其所是，从其所非焉。武断自用，尤足惑世"。其作《诗经通论》则为"涵泳篇章，寻绎文意，辨别前说，以从其是而黜其非，庶使诗意不致大歧，埋没于若固若妄若凿之中"。

8.《毛诗故训传定本》［清］段玉裁　撰

朱熹《诗集传》影响极大，清时仍为官学定本，故段玉裁说："夫人而曰治毛诗，而所治者乃朱子诗传，则非毛诗也。""周末汉初，传与经必各自为书也"，故"今厘次传文，还其旧而"。清代朴学兴盛，许多学者考订古籍、训诂文字，对于文化的传承与发展意义重大。如马瑞辰《毛诗传笺通释》、陈奂《诗毛氏传疏》大旨亦为此类。

9.《毛诗传笺通释》［清］马瑞辰　撰

《毛诗传笺通释》整体上是尊"汉

学"，反对宋儒"妄言"的。但马瑞辰的观点是建立在自己深入研究基础上的，用其《自序》中的话，是"勿敢党同伐异，勿敢务博矜奇"，而是"实事求是"，所以对毛、郑的错误，也都一一指出并自立新说。本书主要的特点在于"以古音古义证其伪互，以双声叠韵别其通假"，草木名物虽非其重点，但也颇为谨严。

10.《诗经原始》［清］方玉润 撰

《诗经原始》一书的特点，在于"就诗论诗"，用其《自序》的说法，是"不顾《传》，亦不顾《序》……盖欲原诗人始意也"。方氏论《诗》义颇有可取之处，如《芣苢》，《小序》说是赞颂"后妃之美"，方氏则说："读者试平心静气，涵泳此诗，恍听田家妇女，三三五五，于平原绣野，风和日丽中群歌互答，余音袅袅，若远若近，忽断忽续……《汉乐府·江南曲》一首'鱼戏莲叶'数语，初读之亦毫无意义，然不害其为千古绝唱，情真景真故也……今南方妇女登山采茶，结伴讴歌，犹有此遗风云。"

11.《诗三家义集疏》［清］王先谦 撰

汉时《诗经》的传授，齐、鲁、韩三家是"今文"，毛诗是"古文"。三家诗与毛诗，在诗旨、篇目、字词、训诂等方面都有不同。汉以后，三家诗逐次亡佚。三家诗的内容，唐宋时有后人整理的《韩诗外传》、王应麟《诗考》等行世，至清代，学者更是将存有三家诗义的古籍搜寻殆尽。王先谦的《诗三家义集疏》是集诸家大成之作。

二、《诗》名物类

诗学中，对于鸟兽草木等动植物的名物研究一直是一项重要的专学。相对于以阐发诗意为主的诗学著作，《诗经》名物类的资料对于我们了解《诗经》中的动植物具有更加直接的意义。现择其要者如下。

1.《毛诗草木鸟兽虫鱼疏》［吴］陆玑 撰

《毛诗草木鸟兽虫鱼疏》（常简称《诗疏》或《陆疏》）为三国时吴国人陆玑所撰，是现存最早、最为重要的一部《诗》名物学著作。清《四库全书》收入时称："原本久佚，此本不知何人所辑，大抵从诗正义中录出。虫鱼草木今昔异名，年代迢遥，传疑弥甚。玑去古未远，所言犹不甚失真……讲多识之学者，固当以此为最古焉。"

2.《毛诗陆疏广要》［明］毛晋 撰

陆玑的《诗疏》作为《诗经》名物学最为重要的著作，后世有不少学者对其进行了注疏、考订等研究。毛晋的《毛诗陆疏广要》是其中比较重要的一部。该书以陆玑《诗疏》为本，广征博引，亦常有己见。毛晋是明代著名的藏书家和出版家，其藏书楼名为"汲古阁"。《四库总目提要》说他"家富图籍……盖储藏本富，故征引易繁，采摭既多，故异同滋甚，辨难考订，其说不能不长也"。

3.《毛诗草木鸟兽虫鱼疏校正》[清] 赵祐　撰

此书刊刻于乾隆四十四年，"订其伪字，增其阙文"，是陆玑《诗疏》的校订本。又有丁晏所撰、咸丰五年刊刻者与之同名，亦为《诗疏》之校订本。

4.《陆氏草木鸟兽虫鱼疏疏》[清] 焦循　撰

焦循认为《四库全书》中收录的陆玑《诗疏》"伪舛相承，次序凌杂，明系后人掇拾之本，非玑之原书也"。因撰此书，亦为《诗疏》之校订本。

5.《毛诗名物解》[宋] 蔡卞　撰

蔡卞为北宋奸相蔡京之弟，王安石之婿。《四库总目提要》说："自王安石《新义》及《字说》行而宋之士风一变，其为名物训诂之学者仅卞与陆佃……佃作《埤雅》，卞作此书，大旨皆以《字说》为宗。"王安石《字说》不知字体古今有异，常以楷书字形解释造字含义，颇多荒谬。陈振孙说卞书"议论穿凿，征引琐碎，无裨于经义"，大抵不错。

6.《诗集传名物钞》[元] 许谦　撰

此书考订广博且颇有切身之己见。《四库总目提要》说："是书所考名物音训颇有根据，足以补集传之阙遗。"如《关雎》篇中的"雎鸠"，当为猛禽鹗无疑。但朱熹《集传》因毛传说"挚而有别"而别称："雎鸠，水鸟，状类凫鹥……生有定偶而不相乱，偶常并游而不相狎"；许谦则说："鹗是沉鸷之物，无和乐意"，还说："《诗》中托物起兴与下言之事多不相关。"朱熹说《定之方中》里"椅桐梓漆"的"桐"为梧桐；许谦则说："桐种不一……白桐即今所谓毛桐（即今泡桐），诗之树桐为琴瑟，盖白桐也，梧桐不堪作琴瑟，传盖误。"但《溱洧》里"方秉蕳兮"之"蕳"，朱熹从《陆疏》无误，许谦则说："蕳即今之兰……陆玑必指为他物，盖泥毛公香草之言，必欲求香于柯叶，置其花而不论尔。"唐宋之前所说之兰，通常为菊科之泽兰、佩兰，而非兰科之兰花。许谦之说反误矣。

7.《诗名物疏》[明] 冯复京　撰

"是书因宋蔡卞诗名物疏而广之"，但其征引广博，考订用心，远胜于卞。

8.《诗经类考》[明] 沈万钶　撰

其书《凡例》称："自经传子史以至稗编琐录靡不辑录……诸考不敢妄下雌黄"，实则驳杂有余而精审不足。《四

《诗经》植物名物研究的方法与示例　　65

库总目提要》曰："此书本《诗名物疏》而作，而实不及原书也。"

9.《诗经图史合考》［明］钟惺 撰

《四库总目提要》曰："是书杂考诗之名物典故，亦间绘图，故称图史合考。"其实征引驳杂，图只钟鼎器物衣服等寥寥数幅，亦与商周实际不尽相符。

10.《毛诗鸟兽草木考》［明］吴雨 撰

此书引证博杂，因其细微之处多"不关经意"，《四库总目提要》称其"横增骈拇枝指，殊为可已不已"。但如其所引"猫……睛早晚圆，及午即从敛如线，就阴则复圆""象……鼻端有小爪可以拾针"等，于"博物"一学则有其参考价值。

11.《诗经稗疏》［清］王夫之 撰

此书为明末清初大儒王船山所作。《四库总目提要》称其"辩证名物训诂……皆确有依据，不为臆断"。王氏此书辩证名物，不只征引确凿，且多有自成一说，令人耳目一新之处。如其指卷耳非苍耳，而为茸母（今菊科鼠麴草）；木瓜、木桃、木李非瓜果，而是刻木为之，以供戏弄之物；"苕之华"的苕非为凌霄花，而是地肤（今藜科地肤属地肤）。《小宛》篇曰"螟蛉有子，蜾蠃负之"，陆玑《诗疏》曰"螟蛉，桑上小青虫也……蜾蠃……取桑虫负之，于

木空中七日而化为其子"，朱熹《集传》因之。今仍常见以"螟蛉之子"为义子的代称。王夫之引陶辅《桑榆漫志》曰："……于纸卷中见此等蜂，因取展视。其中以泥隔断如竹节状为窠，有一青虫，乃蜂含来他虫，背上负一白子如粒米。后渐大，其青虫尚活。其后子渐次成形，青虫亦渐次昏死。更后看其子，皆蜾蠃，亦渐次老娭不一。其虫亦渐次死腐，就为蜾蠃所食。"据此，王夫之"自于纸卷中展看"而得到结论："盖蜾蠃之负螟蛉与蜜蜂采花酿蜜以食子同……细腰之属则储物以使其自食。计日食尽而能飞，一造化之巧也。"

12.《诗识名解》［清］姚炳 撰

是书博辑《尔雅》《诗疏》及陆佃、罗愿、严粲、蔡卞、郑樵等，间或辨析以申己意。《四库总目提要》说它"稍异诸家者，兼以推寻文义，颇及作诗之意尔。其中考证辩驳往往失之蔓衍"。

13.《诗传名物辑览》［清］陈大章 撰

《四库总目提要》称陈大章生平"于毛诗用功颇深，是书盖尤其生平精力所注也。其征引既众，可资博览。虽精核不足而繁复有余，固未始非读《诗》者多识之一助也"。

14.《毛诗类释》［清］顾栋高 撰

本书征引广博，其《自序》曰："上

溯尔雅考工记，旁及宋元诸儒所撰草木虫鱼疏陴雅，下逮本草，靡不搜辑备载。"《四库总目提要》说："此书采录旧说颇为谨严，又往往因以发明经义，与但征故实、体同类书者有殊。"

15.《毛诗草木鸟兽虫鱼释》［清］焦循 撰

古人治名物训诂之学，广征博引者众，而能如王夫之、焦循、多隆阿、程瑶田、郝懿行等，注重躬历亲见、学问落足于实际者则较少。焦循《毛诗草木鸟兽鱼虫释》自序中说："循六岁，先君子命诵毛诗……泛舟湖中，先君子指水上草谓循曰：'是所谓参差荇菜，左右流之者也。'"待其年岁渐长，"至多识于鸟兽草木之名，私心窃喜。遂时时俯察物类，以求合风人之旨。"如其考证《诗》中之"葵"曰："循村居家圃中有葵数种，尝历试之"，荆葵蜀葵不可食，向日葵作菹更是"刺涩不能入唇"。他还发现，向日葵"其花开则渐垂向地，叶亦四布，无所为向日"。而"惟一种名秋葵……初生叶如鸭脚，烹食之，味香美若豌豆苗……古之园葵作菹者盖即此物"。

16.《毛诗物名考》［清］牟应震 撰

是书《自序》曰："以物注诗，不如以诗注物之为得也。原其兴感之由，参以比兴之意，合众说以折疑，凭目见以征信……如是者，其亦足信乎！"观其书大抵如此。其解"玄鸟"曰："紫胠者巢小，杂泥草为之。素胠者巢工细……又有通身黑者，亦歧尾，不能为巢，于梁栋间伏雏"，区别最常见的三种"燕子"——家燕、金腰燕、普通楼燕，颇为精准。

17.《诗疑辩证》［清］黄中松 撰

《四库总目提要》谓之"是书主于考订名物，折衷诸说之是非……其言多有依据，在近人中犹可谓留心考证者焉"。

18.《毛诗名物图说》［清］徐鼎 撰

徐鼎《自序》中，谓其著此书时"凡钓叟邮农樵夫猎户，下至舆台皂隶，有所闻必加试验，而后图写"。"发凡"中则说其书"物状难辨者，绘图以别之；名号难识者，汇说以参之"。本书特点在于每种动植物皆先绘出图像，而后汇辑众说并参以己见。辨识草木鸟兽，辅以图像可事半功倍。然徐鼎书中所绘之图，多粗陋不清，难以由之辨识实物。

19.《毛诗多识》［清］多隆阿 撰

此书作者多隆阿为舒穆禄氏，又名廷甫，是清代学者，道光五年拔贡。而清咸丰、同治年间，又有名将多隆阿，字礼堂，为呼尔拉特氏，在与太平军的作战中战功卓著。上海古籍出版社出版《续修四库全书》，其《总目提要》中，将该书作者误为呼尔拉特·多隆阿。撰写《毛诗多识》介绍条目之作者，显未曾读过《毛诗多识》一书。

多隆阿此书征引赅博，考订精心，对书中鸟兽草木，亦力求亲见亲历。为清代《诗经》名物著作中之佼佼者。

20.《诗绪余录》[清]黄位清 撰

是书《自序》中说：其书之所以名为"绪余录"，是因为"多识于鸟兽草木之名，朱子以为绪余"，而作者以为："绪余不明，而兴观群怨之旨或晦。故虽曰绪余，实小子学《诗》之初桄也。"故而"荟萃传笺等书，取其折衷惬心者都为一集"。其书征引亦可谓赅博，可资参考。

三、《尔雅》训诂类

1.《尔雅注疏》[晋]郭璞 注 [宋]邢昺 疏

欧阳修《毛诗本义》中说，《尔雅》是学《诗》者纂集的名物训诂之作；高承《事物纪原》也说它是"解诂诗人之旨"的书。虽然实际上，《尔雅》条目中见于《诗经》者不足十分之一，但它仍旧是研究《诗经》名物时最为重要的参考。《尔雅》的作者并非一人，《四库总目提要》里说："其书在毛亨之后，大抵小学家缀辑旧文，递相增益……非纂自一手也。"《尔雅》非一人一时之作，其最终成书虽在"毛传"之后，但如陆宗达先生所指出的，战国时应已初具规模。故"毛传"与《尔雅》，实为《诗经》名物训诂的最早资料。

《尔雅》原文古奥，无注解难明其意。魏晋之前，虽有犍为文学、樊光、李巡等的"旧注"，但均已散佚。郭注、邢疏，是现存最早、最完整，也是最重要的《尔雅》注本。《四库总目提要》中说："璞时去汉未远，所见尚多古本，所注多可据。后人虽迭为补正，然宏纲大旨，终不出其范围。昺疏亦多能引证……皆非今人所及。"

《尔雅注疏》今亦有上海古籍出版社排印出版者，可作参考。

2.《广雅注疏》[魏]张揖 撰 [清]王念孙 校注

张揖是三国魏人，所谓"广雅"，是增广《尔雅》的意思。《四库总目提要》说："其书因《尔雅》旧目，博采汉儒笺注及《三仓》《说文》诸书以增广之。"王念孙在《广雅疏证序》中说："盖周秦两汉古义之存者，可据以证其得失；其散逸不传者，可借以窥其端绪。"《广雅》年代久远，流传过程中错讹颇多。隋时曹宪作《博雅音》（避隋炀帝讳改"广"为"博"），其文又与《广雅》原文混淆。至王念孙方厘清原文，且注疏精到。读《广雅》可以王氏此书为准。

3.《尔雅注》［宋］郑樵 撰

潘富俊先生所著《诗经植物图鉴》是近年来影响较大的作品。潘先生书中说道："……郭璞就不认为'荚'为泽泻，郑玄《注》也说：'荚状似麻黄，适应性强，亦谓之续断，其节拔可复续，生沙陂。'""荚状似麻黄，亦谓之续断，其节拔可复续，生沙陂"一段话即出自《尔雅注》。（潘文中"适应性强"四字显为"误入"。）不过潘先生搞错了郑玄和郑樵。郑玄是东汉末年人，字康成，又称郑北海。东汉初年又有经学家郑众，字仲师，又称郑司农。因年代先后，郑众又称"先郑"，郑玄又称"后郑"。郑樵字渔仲，是宋时人。前面提到的《诗辨妄》即为郑樵作品。《四库总目提要》说："南宋诸儒大抵崇义理而疏考证。故樵以博洽傲睨一时，遂至肆作聪明，诋諆毛郑。其《诗辨妄》一书，开数百年杜撰说经之捷径。惟作是书（《尔雅注》）乃通其所可通，阙其所不可通。文似简略，而绝无穿凿附会之失。于说尔雅家为善本。"郑樵此书多有与旧说不同之处，如说"苹"即萎蒿，"蓄"即商陆，"薹"即薹菜，"卷耳"非苍耳，而是"卷菜"，"叶如钱，细蔓，被地生"。樵注颇具己见，但多寥寥数字，难知其结论之依据。

4.《埤雅》［宋］陆佃 撰

"埤雅"，是为《尔雅》辅助之意。陆佃师从王安石，《四库总目提要》说："其说诸物大抵略于形状而详于名义。寻究偏旁，比附形音，务求其得名之所以然。"佃书"多引王安石《字说》"，时有牵强荒谬之处。如说"兔口有缺，吐而生子，故谓之兔。兔，吐也""猫能捕鼠，去苗之害，故猫字从苗。""熊胆春在首、夏在腹、秋在左足、冬在右"等，但陆佃书征引亦广，不失为参考。

5.《尔雅翼》［宋］罗愿 撰

"尔雅翼"，是为《尔雅》辅翼之意。罗愿《自序》中说"观实于秋，玩花于春，俯瞰渊鱼，仰察鸟云……有不解者，谋及刍荛农圃以为师"。《四库总目提要》说"其书考据精博而体例谨严，在陆佃《埤雅》之上"。此书征引既博，考据亦精，不乏亲观亲历，是《诗》学名物的重要参考之一。

6.《骈雅》［明］朱谋㙔 撰

《四库总目提要》曰："此书皆刺取古书文句典奥者，依《尔雅》体例分章训释……征引详博，颇具条理。"此书释词为主，亦可参考。

7.《彙雅》［明］张萱 撰

《四库总目提要》称"此书每篇皆

《诗经》植物名物研究的方法与示例　69

列《尔雅》，次以《小尔雅》《广雅》《方言》之属，下载注疏，附以萱所自释，亦颇有发明……然明人不尚确据而好出新论，其流弊往往如此也"。虽曰"颇有发明"，其实此书仍是以辑录他人文字为主，亦可作为参考。

8.《尔雅正义》［清］邵晋涵 撰

邵晋涵认为前人对于《尔雅》的注、疏中，邢昺所作并不可信。他在其《自序》中说："邢氏疏成于宋初，多掇拾《毛诗正义》掩为己说，间采《尚书》《礼记正义》，复多阙略，南宋人已不满其书。后取列诸经之疏，聊取备数而已。"故而，他"以郭氏为主，无妨兼采诸家"以作此书。而"草木鸟兽之名，古今异称"，"今就灼知副实者，详其形状之殊，辨其沿袭之误，其未得实验者择从旧说，以近古为征，不感为臆必之说。"是阅读《尔雅》的重要参考。

9.《尔雅义疏》［清］郝懿行 撰

《尔雅义疏》与《尔雅正义》属于性质相同的著作，但《尔雅义疏》晚于《尔雅正义》，故在前者基础上，又有一定进步。黄侃批注《尔雅义疏》，称其有"驾邢轶邵之势"。郝懿行注疏草木鸟兽时，十分注重"目验"，很多条目的解释颇为精到。郝氏还著有《蜂衙小记》《燕子春秋》《记海错》等博物学著作，体现了他对自然之物的细致观察。但应当注意的是，"目验"易受见闻范围的限制。郝懿行为山东栖霞人，一生大半在家乡度过。在解释荇菜时，他说"荇与茆二物相似而异……莼菜叶如马蹄，荇叶圆如莲钱"，这恰是搞反了荇菜和莼菜的叶形特征；"俱夏月开黄花，亦有白花者"，荇菜开黄花，所谓"白花者"，可能是指与荇菜同属的金银莲花（学名 Nymphoides indica，又称白花莕菜），莼菜花则为暗紫色；"俱结实如指，顶中有细子"，荇菜果实椭圆形，内有种子数十粒，但算不上细小，莼菜果实中则只有1—2粒种子。他对荇菜、莼菜认识的误差，正源于对荇菜、莼菜及类似水生植物"目验"的不足。

四、农书类

《诗经》一百三十七种植物中，桑、麻、谷物、蔬菜、瓜果及其他可食用植物共有五十六种，占比近百分之五十。历代"农书"能为我们了解这些植物提供宝贵的资料。

1.《氾胜之书》［西汉］氾胜之 撰

《氾胜之书》是我国现存最早的农书。《汉书·艺文志》有农九家，皆已亡佚。《氾胜之书》的主要内容则因《齐民要术》等书的征引而得以保存。清代洪颐煊、宋葆淳、马国翰，近代石声汉均有辑佚本。《汉书·艺文志》中说氾胜之"成帝时为议郎"（汉成帝，西汉第十二位皇帝，公元前32年至公元前7年在位），故《氾胜之书》应成于西汉末年。该书中记录了粟、黍、稻、稗、大小麦、大小豆、桑、麻、瓠、瓜、芋、胡麻等十七种作物，而小麦已区分冬小麦（宿麦）和春小麦（旋麦）；稻区分秔稻（粳稻）和糯稻（秫稻）；麻分为收取麻子的雌麻（麻）和收取茎秆纤维的雄麻（枲）。

2.《四民月令》[东汉]崔寔 撰

《四民月令》按照一年十二个月的顺序记录农家一年的活动。原书大约在宋代亡佚，其内容保存于《玉烛宝典》《齐民要术》中。清代任兆麟、王谟、严可均、唐鸿学，近代石声汉均有辑佚本。《四民月令》中记录的植物有七十余种，除《氾胜之书》中提到的，还有胡豆、苜蓿等引进植物，芥、葵、蓼、葱、蒜、韭、姜、芜菁、蘘荷、苏子等菜蔬，栝楼、乌头、天雄、艾草、天门冬等药材，地黄、茜草、蓝、柘实等染料植物。

3.《齐民要术》[后魏]贾思勰 撰

《齐民要术》全书十卷、九十二篇，约十二万字。内容涵盖谷物、蔬菜、瓜果种植，蚕桑、养畜、养鱼及加工、制造等各方面，第十卷还记录橘、柚、甘蔗、枇杷、荔枝、龙眼等"非中国物产"

一百五十多种。《四库简明目录》说"农家诸书，无更能出其上者"；王毓瑚《中国农学书录》说它是"完整地保存到今天的综合性古代农书中最早的一部，并且也是最好的一部"。

4.《农书》[宋]陈旉 撰

陈旉《农书》有洪兴祖所撰"后序"，其中说陈旉"平生读书，不求仕进。所至即种药、治圃以自给"。其书"自序"中说"旉躬耕西山""此书非胜口空言，夸张盗名"等，可见陈氏此书，当多有出于亲身劳作体验者。（日）天野元之助《中国古农书考》中认为，陈旉"躬耕"的西山，在今江苏仪征县境内。此书三卷，上卷讲耕种，以水田为主；中卷讲养耕牛；下卷讲蚕桑，大体是一部以宋代江南地区农业为对象的农书。陈旉"自序"中说《齐民要术》《四时纂要》"迂疏不适用"，是"胜口空言、夸张盗名"之书；《四库总目提要》则说陈旉"自命殊高"，其书不过"泛陈大要，引经史以证明之。虚论多而实事少"，双方皆不甚客观。

5.《农桑辑要》[元]司农司 撰

《农桑辑要》是元世祖忽必烈诏命司农司"遍求古今农家之书，批阅参考，删其繁重，撮其切要"（王磐《农桑辑要》原序）编成的一部官撰农书。《四库总目提要》说："有元一代，以是书为经国要务也",并说此书"详而不芜,简而有要,于农家书中最为善本"。此书编成于元与南宋对峙之时,大体上是一本以黄河流域农业为对象的农书。

6.《农书》[元]王祯 撰

王祯《农书》含《农桑通诀》《谷谱》《农器图谱》三部分,这三部分原本当是三部独立的著作。其《谷谱》内分谷属、蔬属、果属、竹木、杂类五类。占城稻、蜀黍(高粱)、西瓜、波棱(菠菜)、胡荽(香菜)、莴苣等均有介绍;"杂类"中则收录了苎麻、木棉(棉花)、茶、紫草、红花等植物。《农器图谱》中有图两百多幅,绘制颇为精美。

7.《农政全书》[明]徐光启 撰

《农政全书》分为农本(重农理论)、田制、农事(耕作方法)、水利、农器(辑入了王祯的《农器图谱》)、树艺(谷物及瓜果蔬菜类)、蚕桑、蚕桑广类(棉、葛、麻等纤维作物)、种植(树木及红花、紫草、枸杞、薏苡、莼、苇、蒲等其他经济作物)、牧养、制造(农产品加工)、荒政(辑入了朱橚的《救荒本草》和王磐的《野菜谱》)共十二门,有栽培植物159种、野菜473种(《救荒本草》及《野菜谱》)。《四库总目提要》说"是编总括农家诸书汇为一集……本末咸该、常变有备……虽采自诸书,而较诸书各举一偏者特为完备"。书的主要内容虽然是前人著述的摘录,但均经过精心注、评,甘薯、木棉等内容更是徐氏亲身农耕经验的总结,绝非简单辑录而已。

8.《救荒本草》[明]朱橚 撰

朱橚是明太祖第五子,封为周王,封地在河南开封。原书序(周王府左长史卞同撰)中说:"周王殿下……购田夫野老得甲坼勾萌(萌发的种子和幼苗)者四百余种,植于一圃,躬自阅视,俟其滋长成熟,犹召画工绘之为图,仍疏其花实根干皮之可食者,彚次为书。"本书内容谨严,绘图精准,是了解中原地区植物的重要参考。

9.《野菜博录》[明]鲍山 撰

《四库总目提要》中说:"山……婺源人,尝入黄山筑室白龙潭上七年,备尝野蔬诸味。因次其品彙、别其性味、详其调制,著为是编。"书分草、木二部,435种,每种绘图,虽不及《救荒本草》,亦较为精准。

五、本草类

历代"本草"类书中,记录动植物最为丰富。《神农本草经》中收录365种药物,312种都来自动植物;《本草纲目》收录的1895种药材中,植物类药材1096种，动物类药材409种，合计1505种，约占全部药材种数的80%。而《诗经》中的植物，绝大部分都能在本草类书中找到。

1.《神农本草经》

《神农本草经》是我国现存最早的本草书，收药物365种。本书相传为神农所作，然其中药物所出郡县有为汉时制度者，故成书应在东汉；其作者亦非一人，应为递相增补而成。原书唐宋时已亡佚，其内容保存于《证类本草》《本草纲目》等书中，清孙星衍、顾观光等人有辑佚本。

2.《吴普本草》［魏］吴普　撰

吴普相传为华佗的弟子。原书约宋时佚，内容散见《证类本草》《本草纲目》《太平御览》等书中。清焦循、近代尚志钧有辑复本。

3.《本草经集注》［梁］陶弘景　撰

陶弘景"以神农本经三品合三百六十五为主，又进名医副品亦三百六十五，合七百三十种"而成。原书已佚，近代尚志钧有辑复本。

4.《唐本草》［唐］苏敬　等撰

《唐本草》又名《新修本草》《英公本草》，初由唐高宗命英国公李勣等增补陶弘景的《本草经集注》，而后又由苏敬（宋时避讳，被改称苏恭）等22人再加修订而成。《唐本草》在《本草经集注》的基础上增加药物114种，共计正文二十卷、目录一卷，又有药图二十五卷、图经七卷。药图、图经已亡佚，正文部分内容主要保存于《证类本草》中。

5.《本草拾遗》［唐］陈藏器　撰

唐开元中，三原县尉陈藏器认为《神农本草经》虽然已有《神农本草经集注》《唐本草》等增补、修订，但"遗沉尚多"，所以作"拾遗"三卷（收《唐本草》遗漏未收者692种）、"解纷"三卷（收《唐本草》中须审辨者259种），合"序例"一卷，总名《本草拾遗》。李时珍称"其所著述博及群书、精核物类、订绳谬误、搜罗幽隐，自本草以来一人而已"。原书已佚，内容保存于《证类本草》《本草纲目》等书中。

6.《蜀本草》［后蜀］韩宝升　撰

又称《重广英公本草》，为后蜀主孟昶命其翰林学士韩宝升等取《唐本草》增补注释而成。原书已佚，内容散见于《证类本草》《本草纲目》等。

7.《开宝重定本草》［宋］刘翰、马志　等撰

宋太祖开宝六年，因距《唐本草》编定已逾四百多年，故命刘翰、马志等九人汇同《唐本草》《蜀本草》，又以陈藏器《本草拾遗》等为参照，增新药133种，增订而成。原书已佚，内容保存于《证类本草》《本草纲目》等书中。

8.《嘉祐补注本草》［宋］掌禹锡、林忆、苏颂　等撰

嘉祐二年命掌禹锡、林忆、苏颂等人，以《开宝本草》为本校订而成。新增药物99种，共1082种。李时珍说"其书虽有校修，无大发明"。

9.《本草图经》［宋］苏颂　撰

《本草图经序》中说，诸《本草》书"言药之良毒、性之寒温、味之甘苦可谓备且详矣。然而五方物产，风气异宜，名类既多，赝伪难别"。而"今医师所用，皆出于市贾，市贾所得，盖自山野之人随时采获，无复究其所从来。以此为疗，欲其中病，不亦远乎"。《唐本草》在"本草"之外，又有图经相辅而行，颇有裨益。故而在《补注本草》编成之后，又下诏命天下各郡县将其所产药物绘成图像，注明开花、结实、采收等时间，随样品一同报送京师，由苏颂等统一辨别考订、编辑成书，即为《本草图经》。植物供药用者，往往只是其植株之某一部分，常易混淆。故各地药材同名异物，甚至真伪掺杂等情况，其实屡见不鲜。《图经》绘图精准，于辨别药材原植物等参考价值甚高。

10.《证类本草》［宋］唐慎微　撰

《证类本草》，是宋及之前本草的集大成之作。艾晟《序》中说："本朝开宝嘉祐之间，尝诏儒臣论撰收拾（指《开宝重定本草》和《嘉祐补注本草》）……其药之增多遂至千有余种，庶几无遗也。而世之医师方家，下至田父里妪，犹时有以单方异品效见奇捷，而前书不载，世所未知者……故谨（慎字避讳）微因其见闻之所迨博采而备载之，于《本草图经》之外又得药数百种……（其书）名曰《经史证类备急本草》。"李时珍《本草纲目·历代诸家本草》说："宋徽宗大观二年，蜀医唐慎微取《嘉祐补注本草》及《图经本草》合为一书，复拾《唐本草》《陈藏器本草》、孟诜《食疗本草》旧本所遗者五百余种……又采古今单方并经史百家之书有关药物者亦附之，共三十一卷，名《证类本草》。"《证类本草》的意义不仅在于新药、单方的增补，更在于它保存了自《神农本草经》以下的历代本草作品。李时珍说："慎微……使诸家本草及各药单方垂之千古不至沦没者，皆其功也。"

11.《本草衍义》［宋］寇宗奭　撰

政和六年寇宗奭自序中说，《嘉祐本草》《图经本草》二书，"其间撰著之人或执用己私失于商较，致使学者检据之间不得无惑。今则并考诸家之说，参之事实"，著为此书。光绪十三年重刻此书时，杨守敬认为，唐慎微的《本草》大观二年初刻，至政和六年时曹孝忠方

奉命校刊，其书方广为流传。其时寇宗奭之书已成，故寇书乃就《嘉祐本草》所作的"衍义"。李时珍说，寇宗奭书"以补注及图经二书参考事实，穷其情理，援引辨证，发明良多"。

12.《履巉岩本草》［宋］王介　撰

王介，字默庵，是一位画家。他居住于杭州慈云岭山中时，见"其间草可药者极多，能辨其名与用者仅二百件，因拟图经，编次成集"，因"山中有堂曰履巉岩，因以名之"。可见此书是一本专论杭州慈云岭一带植物的地方性本草书。本书于药材、植物形态文字描述甚少，但彩绘图片颇为精美准确。

13.《本草纲目》［明］李时珍　撰

《本草纲目》无疑是最重要的古代本草书之一。《四库总目提要》说它"取神农以下诸家本草荟萃而成……搜罗群籍、贯穿百氏……盖集本草之大成者无过于此矣"。李时珍自序则说其书"搜罗百氏、访采四方，始于嘉靖壬子（1552），终于万历戊寅（1578），稿凡三易"方成。《本草纲目》较《证类本草》等新增药物374种，对于药物产地、形态、生长等描述多极精准；书前又有药图三卷，不过其绘制水平远不及《图经本草》。

14.《本草原始》［明］李中立　撰

马应龙撰《本草原始序》中说："李君穷其名是、考其性味、辨其形容、定其施治，运新意于法度之中，标奇趣于寻常之外，皆手自书而手自图之，抑勤且工矣。"收药物502条，图417幅。其所绘草木虫鸟等，皆逼真而生动。

15.《本草纲目拾遗》［清］赵学敏　撰

赵氏"自序"中说："夫濒湖之书诚博矣，然物生既久则种类愈繁……此而不书，过时罔识。"故"是书专为拾李氏之遗而作"。赵学敏将自己的十二种著作合为一辑，称《利济十二种》，其"总序"中说："先君尝欲以一子业儒，一子业医（赵父共二子），故……贮甲乙卷于养素园，区地一畦为栽药圃。予弟兄春秋辄寝食其中。"《本草纲目拾遗》中记载了七百多种未见于《本草纲目》的药材，征引博而考订精，是《本草纲目》之后一部极重要的本草著作。

六、谱录、杂记类及其他

研究《诗经》中的植物，诗类、训诂、农书、本草等诸类古籍是主要的参考对象，但仍有不少重要作品，未能列入以上各类。如《大戴礼记》中的"夏小正"篇，《吕氏春秋》中的"上农""任地""辨土""审时"四篇，《礼记》中的"月令"篇，都属于广义上的"农书"。明代王世懋《学圃杂疏》、王象晋《群芳谱》均见于《明史·艺文志》的"农家类",在《四库全书》中,则与清代汪灏等的《广群芳谱》、明代陈正学《灌园草木识》、清代陈淏子《秘传花镜》等编入子部"谱录类"。而史部"杂记"类中,晋代嵇含《南方草木状》、梁代宗懔《荆楚岁时记》、宋代范成大《桂海虞衡志》等,亦均可为参考。清代吴其濬的《植物名实图考长编》在《清史稿·艺文志》中归于"谱录类",本书和吴其濬的《植物名实图考》一书,均为研究中国古代植物学极其重要的著作。清代程瑶田《通艺录》中的"九谷考""释草小记""释虫小记"等篇,均应一读。

下篇 植物辨析实例

一、贝母是什么

清代顾观光辑佚《神农本草经》时说:"大率考古者不知医,业医者不知古。"古时研究《诗经》名物,属于儒家经学、训诂学范畴,而治经学者,大多少及于农家、医家。今天,我们要明白《诗经》中植物的真相,除《诗经》名物学资料外,更须广泛参考本草、农家等资料。《诗经》中提到的植物"贝母"(蝱),就是一个这样的例子。

《本草图经》贝母(摹)

《鄘风·载驰》中说:"陟彼阿丘,言采其蝱。""蝱"字读"萌",与"莔"同音。《说文解字》里,"蝱"在蚰部,意为"啮人飞虫";"莔"在艸部,"贝母也"。《载驰》诗中的"蝱"是"莔"的假借字。

"毛传"曰:"蝱,贝母也⋯⋯采其蝱者,将以疗疾";《尔雅》曰:"莔,贝母";陆玑《诗疏》中说:"蝱,今药草贝母也。"由上可见,所谓"蝱",即药材"贝母",应明确无疑。其后的《诗》类著作中,关于"蝱"多照录"毛

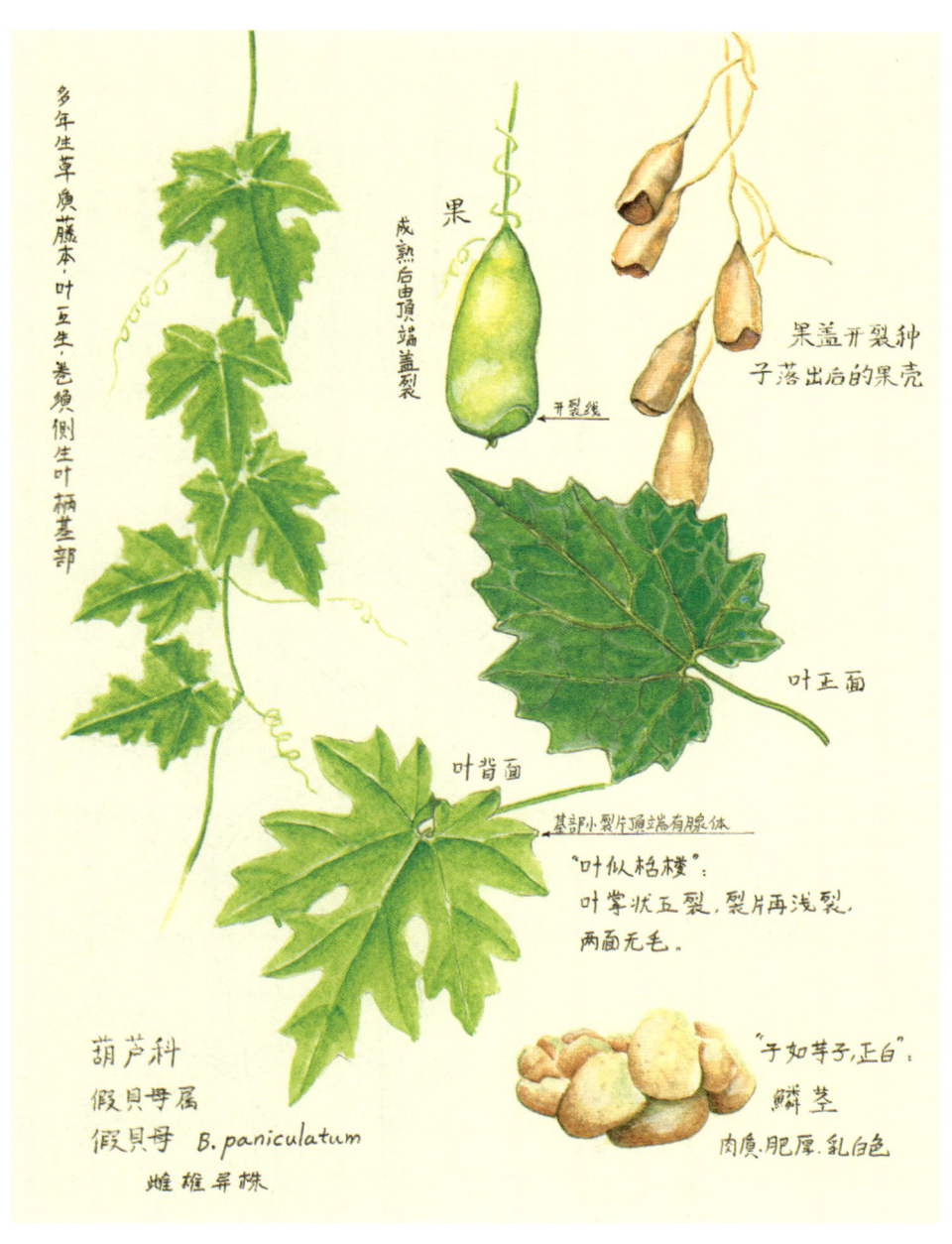

假贝母

传""郑笺""陆疏"及《尔雅》内容。朱熹《诗集传》曰："莔，贝母也，主疗郁结之病。"陆文郁《诗草木今释》（天津人民出版社，1957年）中指"莔"为百合科贝母属植物浙贝母（*Fritillaria thunbergii* Mig），还说："以山西产者

《诗经》植物名物研究的方法与示例　　77

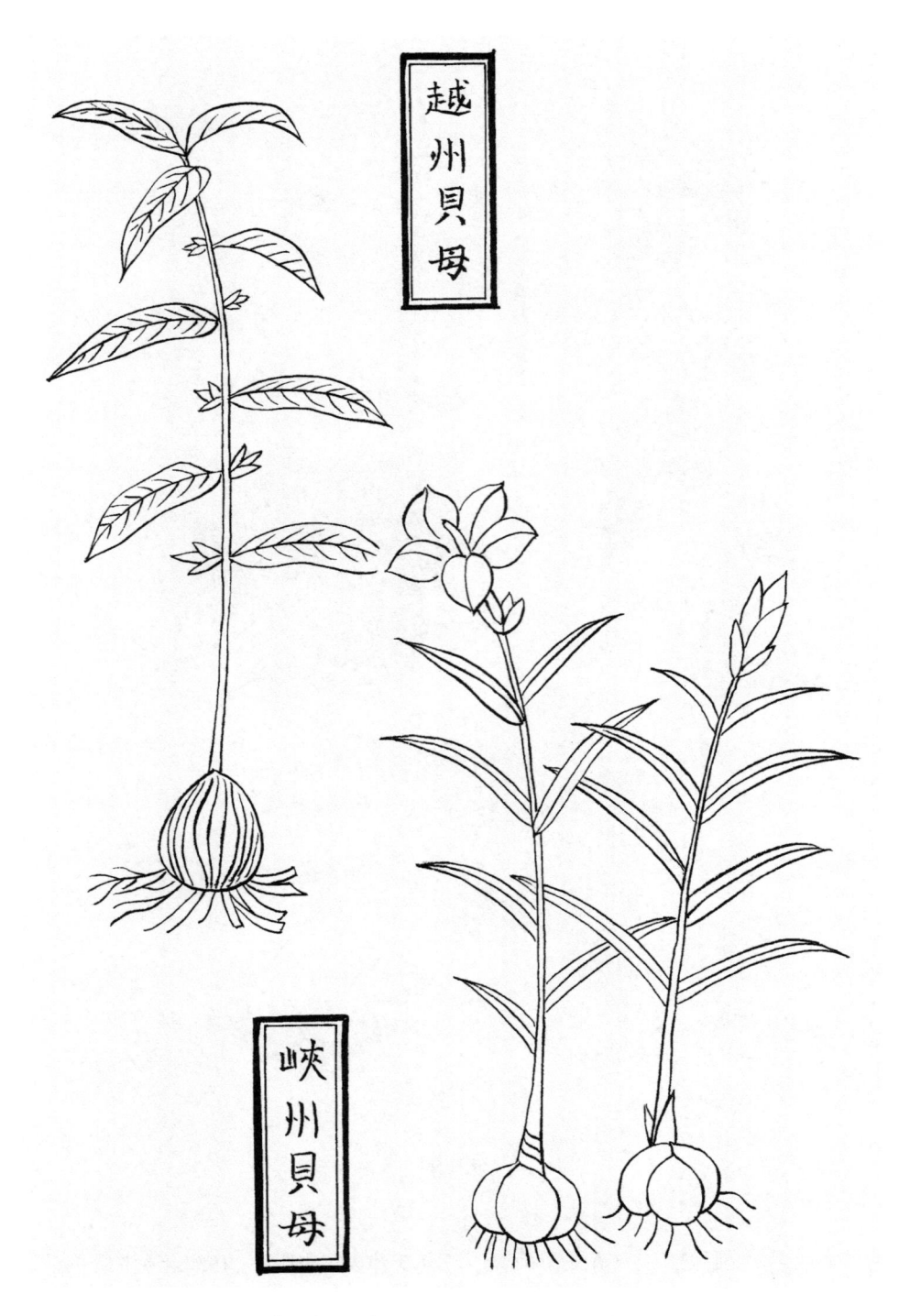

《本草图经》越州贝母和峡州贝母（摹）

著名，其他江苏、浙江、陕西、四川、云南等省皆产。"潘富俊《诗经植物图鉴》（猫头鹰出版社，2001年）中则指"蝱"为百合科贝母属植物川贝母（Fritillaria cirrhosa D.Don），并说："川贝母主产于西南、西北地区，多系野生。《鄘风·载驰》所言之'蝱'，应为本种"，还进一步指出，百合科贝母属中的浙贝母、秦贝母、湖北贝母，"这些贝母均非《诗经》所言之种类"。

那么，两千六百多年前，《载驰》诗中所说的"蝱"，果真就是百合科植物贝母吗？

陆文郁书中并无引证资料而直指"蝱"即浙贝母。潘富俊书中，则引用了陆玑《诗疏》中的"蝱，今药草贝母也"。然而，这只是陆玑《诗疏》中关于"蝱"的第一句话，其全文为："蝱，今药草贝母也。其叶似栝楼而细小，其子在根下，如芋子，正白，四方连累相着，有分解也。"栝楼即《豳风·东山》中的"果臝"，是葫芦科栝楼属植物，其叶形似丝瓜、南瓜等，近圆形，掌状5—7裂，裂片常再浅裂。陆玑所说的"贝母"，显然不是百合科贝母属的植物。

其实，古人关于"贝母"的描述，本来就不一致。

陆玑说贝母"叶似栝楼而细小"；郭注《尔雅》则说："根如小贝，圆而白花，叶似韭"；《神农本草经》中说："贝母，味辛，平。主伤寒烦热"，并无其形态、产地描述；《名医别录》曰："生晋地，十月采根"；陶弘景《本草经集注》则说："今出近道，形似聚贝子，故名贝母"；《唐本草》则说"叶似大蒜"。

至宋，《本草图经》中说："贝母，生晋地，今河中、江陵府、郓、寿、随、郑、蔡、润、滁州皆有之。根有瓣，子黄白色，如聚贝子，故名贝母。二月生苗，青色，叶亦青，似荞麦叶，随苗出。七月开花，碧绿色，形如鼓子花。"还说，（贝母）"有数种"，陆玑所说的贝母，"今近道出者，正类此"；"郭璞注《尔雅》云白花叶似韭，此种罕复见之"。

《本草图经》是由各郡县将其所产药物绘成图像，注明开花、结实、采收等时间，并随样品一同报送京师，由苏颂等统一辨别考订、编辑成书的。《图经》中"贝母"一条附有绘图三幅，分别为"贝母""越州贝母""峡州贝母"。其中标名为"贝母"的，正是所谓"叶似栝楼"者。

今所用之中药材贝母，又分为浙贝、川贝、炉贝、伊贝、平贝等，皆来自百合科贝母属植物。20世纪80年代，为编写《中国植物志》《中国药典》，我国植物学家与药学家对中药材贝母及其原植物进行了调查研究。确定药材浙贝

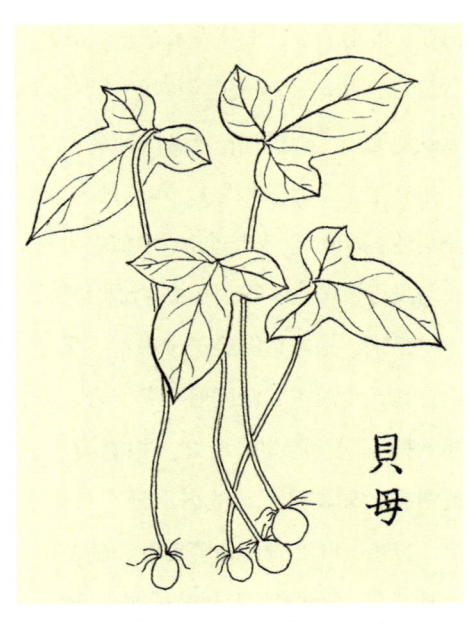

吴其濬《植物名实图考》贝母（摹）

的原植物为浙贝母，川贝的原植物为川贝母、暗紫贝母、太白贝母等，药材炉贝、伊贝、平贝则来自梭砂贝母、砂贝母、伊贝母、平贝母、湖北贝母、新疆贝母、甘肃贝母等其他贝母属植物。而在实际使用的药材中，又有称为"土贝母"者，有时会被用来冒充贝母。这种药材，则为葫芦科植物 Bolbostemma paniculatum 的块茎，《中国植物志》定中文名为"假贝母"，属葫芦科假贝母属。河南、山西、陕西各地均为假贝母的主要分布地，其形态亦与《本草图经》中所绘制的"贝母"一图相符。而郭璞所言"白花，叶似韭"者，有人推测为百合科植物老鸦瓣或山慈菇。《图经》中所说"似荞麦叶"的，则有人推测为天南星科植物犁头尖，这与《植物名实图考》中所绘制的"贝母"较为一致。

《载驰》一诗"小序"曰："载驰，许穆夫人作也。闵其宗国颠覆，自伤不能救也。卫懿公为狄人所灭。国人分散，露于漕邑。许穆夫人闵卫之亡，伤许之小，力不能救。思归唁其兄，又义不得，故赋是诗也。"《春秋》经"闵公二年"曰："十有二月，狄入卫。"《左氏传》曰："冬十二月，狄人伐卫……许穆夫人赋《载驰》。"许穆夫人是卫公子顽和宣姜的女儿，生于卫国，嫁与许国。卫国、许国，皆在今河南省。我国的贝母属植物，多分布于川藏、新疆地区，在浙江、湖北宜昌等地也有栽培。而在先秦时代的中原地区，即使有分布，也应并不常见。许穆夫人诗中的"蝱"，即《诗疏》中"叶似栝楼"者，无疑应为葫芦科、假贝母属之假贝母。

实际上，我国古代最早应用的药材"贝母"来自葫芦科的假贝母，而非今天的百合科贝母属植物，大抵已有定论。即使不去查阅《本草图经》等古籍，在不少植物分类学、中药学资料中也可见到这一结论。由此可见，掌握资料是研究的基础，仅凭"蝱，今药草贝母也"一句话得出蝱即贝母的结论，是轻率的。

二、芄兰之叶

欲知古人名物，首先自然要以古人典籍为根本。但历史总在进步，近代自然科学、考古学等之成果，较之古人，大大进步。考证《诗经》植物，须在立足古籍的基础上结合现代科学成果，再证之以亲身观察体验，互相参证，方可不至于妄下断言。

《卫风·芄兰》中说："芄兰之支，童子佩觿……芄兰之叶，童子佩韘。"关于诗中"芄兰"，"毛传"解释为"草也"，"郑笺"曰："芄兰柔弱，恒蔓延于地，有所依缘则起。"《尔雅》曰："萑，芄兰"，郭璞注曰："蔓生，断之有白汁，可啖。"陆玑《诗疏》中说："芄兰，一名萝藦，幽州谓之雀瓢。蔓生，叶青绿色而厚，断之有白汁，鬻为茹，滑美。其子长数寸，似匏子。"

李时珍《本草纲目》描述更为详尽："萝藦……三月生苗，蔓延篱垣，极易繁衍。其根白软，其叶长而后大前尖。根与茎叶断之皆有白乳如构汁。六七月开小长花，如铃状，紫白色。结实长二三寸，大如马兜铃，一头尖。其壳青软，中有白绒及浆。霜后枯裂则子飞，其子轻薄，亦如兜铃子。商人取其绒作坐褥，代绵，云甚轻暖。"

由上可知，《诗》中"芄兰"，当为今萝藦科萝藦属植物萝藦（*Metaplexis japonica*）无疑。而历代学者中，除王夫之因《说文解字》"芄，芄兰，莞也""莞，草也，可以作席"两条而认为"芄兰"当为芦、荻类植物（焦循《毛诗草木鸟兽虫鱼释》："莞与萑音相近，故通用。乃蘴、莞自有本物。此芄兰为正名，故传止训草耳。"故《说文》"芄，芄兰，莞也"中的"莞"字当为"萑"，段玉裁、程瑶田等也与焦循的观点一致），程瑶田认同芄兰即萝藦，但将夹竹桃科植物络石误认为萝藦以外，其他人也都认为芄兰即萝藦。

芄兰虽即萝藦无疑，但王夫之、程瑶田的疑问不是没有原因的。

《诗》曰"芄兰之支，童子佩觿""芄兰之叶，童子佩韘"。"毛传"曰"觿，所以解结，成人之所佩也"；朱熹《集传》曰"觿，锥也，以象骨为之，可以解结"。觿是古人用角、骨、玉等材料制成的解结工具，呈锥形，萝藦的荚果正与之相似。韘，"毛传"曰："韘，玦也，能射御则佩韘。""郑笺"曰："韘之言沓，所以彄沓手指。"朱熹《集传》："韘，决也，以象骨为之，着右手大指，所以钩弦阖体。"王夫之《诗经稗疏》中专门考证了佩觿、佩韘的问题。他说，"毛传"中的"从玉之玦，半环也"，乃是古人束腰革带上的带钩；朱熹《集传》里"从水之决"，才是"射以彄弦者也"；

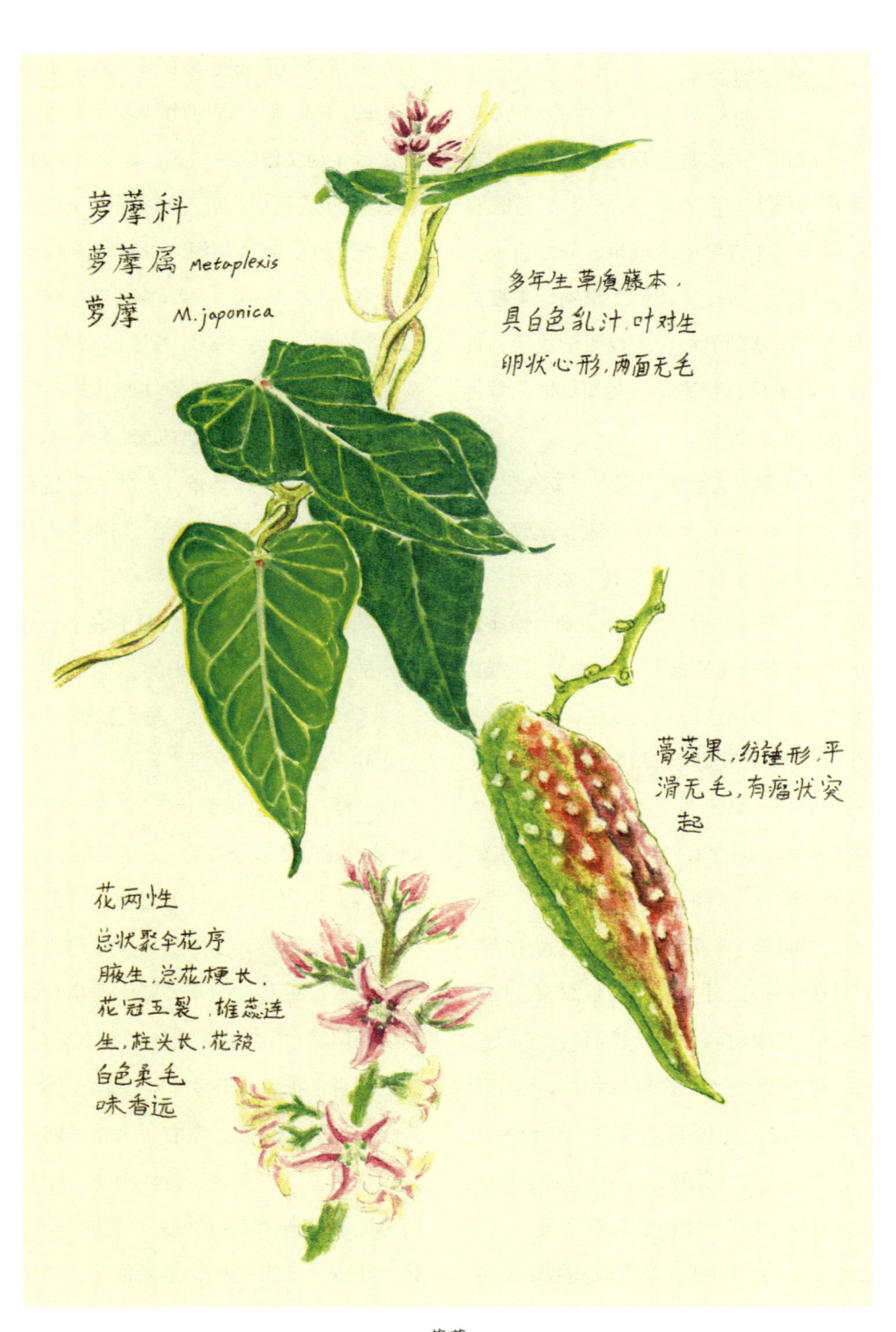

萝藦科
萝藦属 Metaplexis
萝藦 M. japonica

多年生草质藤本，具白色乳汁，叶对生，卵状心形，两面无毛

蓇葖果，纺锤形，平滑无毛，有瘤状突起

花两性
总状聚伞花序腋生，总花梗长，花冠五裂，雄蕊连生，柱头长，花被白色柔毛，味香远

萝藦

而"郑笺"所说的"彄沓手指"者,则是"大射礼"中所说的"朱极"。玦、决、朱极,"显分三物,韘非决、非朱极,而况玦乎?"那么韘到底为何物?王夫之自己也不清楚。芄兰之支(荚果)似觿,而芄兰之叶与韘却不知有何关系,未免使人生疑。

潘富俊《诗经植物图鉴》中说:"'芄兰之叶,童子佩韘',意为其叶如佩韘之状,是以萝藦后弯的叶形来形容射箭时套在手指上的玉扳指(韘),也是取其外形相似。"在此,潘先生虽未表明依据,但其实这种说法并非其自创,而是来自《本草纲目》。《本草纲目》在准确描述了萝藦的形态后,说道:"《诗》云:芄兰之支,童子佩觿。芄兰之叶,童子佩韘。觿音畦,解结角锥也。此物实尖,垂于支间似之。韘音涉,张弓指彄也。此叶后弯似之。故以比兴也。"然而,萝藦并不少见,其叶何曾"后弯"?其外形与扳指又何来相似之处?

1976年,我国考古工作者在河南安阳殷墟发掘商王武丁妻子妇好的墓葬,出土了许多重要的文物。其中有一件玉韘,是一端齐平、一端为斜面的桶形。将其套入右手拇指时,斜面一端高的一侧贴近拇指指肚,其下外侧有一凹槽用于扣弦,槽内还有弓弦摩擦过的痕迹。

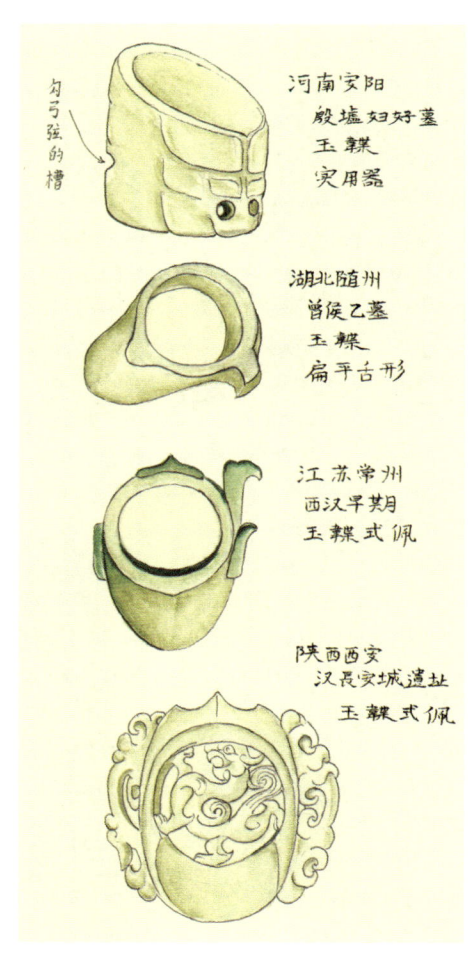

汉韘

这是我国目前发现最早的一件玉韘,随后越来越多的玉韘经由考古发现,人们也终于基本摸清了"韘"的历史和演变。

原来,韘在商代晚期,还是以实用为主的器物。周时,韘逐渐由实用器向配饰转化。到战国时,韘整体外形已经变得扁平,近似心形,原来紧贴拇指肚的高侧,变成了伸出的舌状斜坡。1978

《诗经》植物名物研究的方法与示例　　83

挂绳系在手腕处　妇好韘的用法

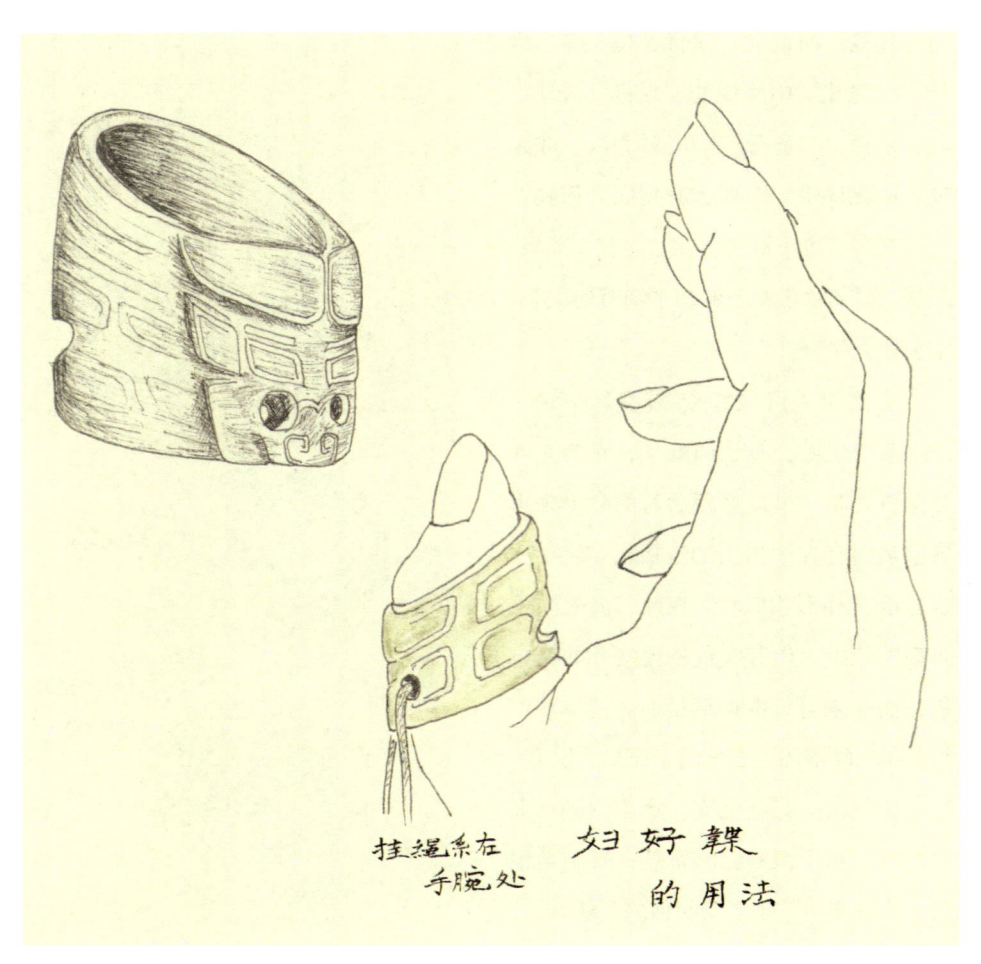

妇好韘

年发掘的湖北随州战国早期曾侯乙墓和2003年发掘的无锡鸿山战国早期越王墓中出土的玉韘，均为此类形状。这些玉韘的形状已经不适合扣弦，其表面也都没有使用过的痕迹。

西汉时，韘完全变成了配饰，不再具有实用功能。其形状也变成了大的片状。如2011年开始发掘的南昌西汉海昏侯墓出土的韘形佩、陕西汉长安城遗址出土的韘形佩，都是如此。其中陕西汉长安城遗址出土的韘形佩，虽然还带有战国玉韘舌状坡面的痕迹，但原本的中孔内装饰以透雕的螭龙，手指已不能穿过了。

西汉以后，东汉至魏晋南北朝时期的韘形佩数量大大减少。而唐至元，至今仍无玉韘或韘形佩实物出土。到了宋时，人们大都已不知"韘"为何物了。

吕大临所编《考古图》中，有一件"琱玉蟠螭"，颇似汉代之韘形佩。吕大临说其"不知所从得"，亦不知其为何物。沈括《梦溪笔谈》中说："觿，解结锥也。芄兰生荚支，出于叶间，垂之正如解结锥。所谓佩韘者，疑古人为韘之制，亦与芄兰之叶相似，但今不复见耳。"到了明朝，李时珍说萝藦叶后弯似韘，虽属臆测，也不奇怪了。

明清时，在所谓"复古"风气的影响下，有不少模仿汉韘形佩的玉雕作品，被称为"螭玦"或"鸡心玦"，但已无人知晓其与《诗》中"韘"的关系了。清代，满人崇尚骑射，扳指成为盛行的配饰和文玩。但清代的扳指乃仿自蒙古人射箭时用的骨、角、木、革所制的扳指，其形制仍与实用器物十分接近，而非春秋古韘的"后代"。

《芄兰》小序曰："芄兰，刺惠公也。骄而无礼，大夫刺之。"春秋战国正是韘由实用器转变为配饰的时代。萝藦"叶长而后大前尖"，呈心形。诗人作《芄兰》诗的时代，玉韘的轮廓很可能正是心形的叶状。由此可见，芄兰之叶虽然似韘，但并非是因什么"后弯的叶形"，而"似扳指"者，更是无稽之谈。征引古籍而不求甚解，难免出错。

值得注意的是，冷兵器时代虽然早已过去，但射箭仍是一项许多人喜爱的体育运动。在民间，也有许多射艺，甚至弓箭制作的爱好者。参考他们的实践经验，能大大帮助我们更好地理解韘、扳指的形制和用法。

小结

认识《诗经》中的草木鸟兽，不仅是承袭传统文化里的优秀部分，更是联系古今的重要桥梁，对现代人的生活也具有重要的意义。认识《诗经》里的动植物，首先要了解古人的认识。这就要求研究者首先做到"博古"。对相关古籍掌握不足，想当然妄下论断，就会犯"贝母"那样的错误，从而对历史文化做出不符合历史的解释。其次，人类的文明处于不断进步之中。考古学、自然科学、信息科学等方面的发展，使得现代人获取知识具有古人难以企及的便利。这就要求研究者在"博古"的基础上，更要"通今"。例如，由宋至清的学者，大多不知"韘"为何物。而近代的考古学发现和研究，却向我们揭示了它从实用到配饰的形制、功能演变。清代学者程瑶田作《九谷考》，论证《诗》中的"粱"即为高粱。直到20世纪四五十年代，许多学者还赞同程瑶田的这一观点。但随着现代分子生物学研究借助DNA测序技术向我们揭示高粱的起源与传播历史，我们才清楚地知道在《诗经》的时代，我国尚无高粱种植。最后，也是最为重要的是：《诗》中草木，承载的是关于人与自然"共同体"的认识。一个"人"要获得这一认识，必须亲身体验，面对自然，融入自然。古代的许多学者，考证名物都十分重视"目验"的作用。王夫之认芄兰为芦荻，程瑶田将络石误为萝藦，郝懿行混淆荇菜、莼菜，非为"目验"之过，而恰恰是由于目验之不足。

深入掌握古籍资料，做到"博古"；广泛学习现代科学，力求"通今"；走进山川田野，亲身观察、认识自然万物。循此以求《诗》中草木，庶几可以得知。

维度：意象、隐喻与认知

张冀峰（山西大学科学技术哲学研究中心，山西太原 030006）

Dimension: Image, Metaphor and Cognition

ZHANG Jifeng (Shanxi University, Taiyuan 030006, China)

摘要：澄清"维度"究竟意味着什么，对社会科学来说具有重要意义。本文在汉语哲学的问题意识下，通过对"维"字的文字学分析，说明了"维"字的意象，并结合考古学的研究，揭示了"维"字背后隐藏的原始生活形式，凸显了"绳"的科技史意义和"幺"的根隐喻意义，并进一步通过阐发象、数、言、意"同源互比"的认知机制解释了为什么"规范场正是纤维丛上的联络"在字面上符合"幺"隐喻，最终指出了一种"维即谓述"的社会科学维度观。

关键词：维度，汉语哲学，汉字原子主义，隐喻，比

Abstract: It is of great significance for social science to clarify what "dimension" means. Under the question consciousness of philosophy in Chinese, this paper analyzes the features of Chinese characters "维（dimension）" from the perspective of philology, illustrates the imagery of "dimension", and combining the archaeological studies, reveals the primitive forms of life hidden behind "dimension", highlights the importance of ropes in the history of science and technology, and the root-metaphorical meaning of "幺（Yao）". Then, by further elucidating the cognitive mechanism of "homology and reciprocal *Bi*" of image, number, language and meaning, the author explains why "gauge field is isomorphic to the connection on fiber bundle" literally conforms to the metaphor of "Yao", and finally points out the social science dimensional view of "dimension is predication".

Key Words: dimension, philosophy in Chinese, Chinese character atomism, metaphor, *Bi*

一、问题的提出和回答的方式

分形理论指出自然世界、社会世界和思维世界普遍存在着分维的特征，从"分形"的角度看，我们不难理解社会实在局部与整体的相似性，但从"分维"的角度看，我们却难以理解社会实在的维数怎能是分数呢？这意味着什么呢？考察这个问题可以分两部分，一是社会实在的量化问题，一是社会实在的维度问题，本文主要处理后者。在社会科学研究中存在"多维视角""多维分析"等说法，显然社会世界中是存在"维度"的，但"维"是什么？这个问题不问还清楚，一问反而糊涂了，因此，社会科学需要一个自觉而清晰的"维度观"或"维度理论"。社会实在的维度问题，对社会科学来说具有重要的本体论、认识论和方法论意义。为了处理这一重要问题，我们需要首先澄清"维"的指称和语义。

一个最为直接的方式就是把数学和自然科学中的"定义"移植过来，但这个方案并不可行。一方面，在数学和自然科学中，定义"维"的方式并不固定，更非唯一，但它们都是基于数与形来定义的，将之移植进社会科学中都不太合适；另一方面，定义关乎理解，但又不同于理解，"概念的定义被认为具有概念本身内部属性的特征"，但概念的定义并不直接阐发我们是如何掌握概念的——如何理解概念并以此行事。（乔治·莱考夫，马克·约翰逊，2015：109）出于有助于理解的目的，笔者在此不问"'维'是什么"，而问"'维'者何谓"——"'维'意味着什么"。在这样的问题意识下，笔者不打算给"维"寻找一个普遍的定义，而是阐发我们对"维"的理解方式，以及凝结在这个概念下的生活形式。在此有必要做出限制性说明，即我们这里处理的是汉语哲学视域下的"维者何谓"的问题，这个问题思考的是汉语语境中"维"意味着什么，而非"dimension"意味着什么。追问"dimension"意味着什么是另一个问题，本文先不作处理，在此只需点明两个问题的关系和问题的最终指向：结合两个问题的考察，从中西**符号的差异性**中揭示**概念的统一性**，最终才能更普遍地理解"维/dimension"这一概念意味着什么。

在汉语哲学的视域下，我们用汉语来思想，最根本的要求是用汉字来思想，我们需要在汉字的水平上理解"维"。汉字是一个服务于汉语表达的书面符号系统。这个系统由于基本上始终保持着它的表意功能，以及形、音、义合一的特点，具有超越时间和空间的神奇效用，因而成为中国社会，尤其是汉族社会发展的见证。从某种程度上说，汉字是中国社会多姿多彩的投影，汉字可以反映汉族人民从心理、礼俗到生活习惯的许多情况，提供了解中国社会和文化发展的许多线索，以至于有不少专门研究汉字的学者认为："解释一个汉字常常就是做一部中国文化史。"（黄琨，2017：122）

诚如孔多塞所言，"在语言的起源时，几乎每个字都是一个比喻，而每个短语都是一个隐喻。人类的精神同时既掌握着象征的意义，又掌握着其实际的意义；一个字在提供观念的同时，也提供了人们用它来表现的那种相似的形象。然而由于这一在象征的意义上使用一个字的习惯，人类精神通过对最初的意义进行抽象作用的结果，终于就此止步；而那种原来是象征的意义的，就一步一步地变成为同一个字的通常的、实际的意义了。"（孔多塞，1998：35）从"汉子原子主义"的观点看，汉字作为一种象形文字，每个汉字的意义都是隐喻式的，每个汉字都表征了一种关于世界的"原始图像"。（张冀峰，2018：79）关于汉字的象形特征，洪堡（Wilhelm von Humboldt）指出，"每种图像文字（Bilderschrift）都激起现实事物的直观形象，而这样做肯定会干扰而不是支持语言的作用……倘若让图像成为文字符号，它就会不自觉地排斥它本应表达的东西……文字本来只是符号的符号，现在却成了事物的符号；它把事物的直接表现引入了思维，从而削弱了词作为唯一符号在这方面所起的作用。语言并不能通过图像获得生动性，因为图像的生动性不符合语言的本性；人们本想借图像文字同时激发心灵的两种不同的活动，结果非但没有加强，反而分散了作用的力量。"（洪堡，2011：93—94）洪堡所批评的汉字的"劣势"，在概念史研究上恰是我们可用的优势。

早在古希腊，亚里士多德曾主张："说出的词是心灵经验的符号，而写下的词是说出的词的符号。"（Aristotle，1971：16a3-5，转引自王路，2016：13）李泽厚先生敏锐地指出，从语言学的角度，西方的传统是"太上有言"，而中国的传统是"太上有为"。西方人根本没法看懂10世纪的英文，因为语言变了，它的文字是跟着语言走的，而

维度：意象、隐喻与认知　　89

中国相反，中国文字一直统治着语言。中国文字的源头是"结绳记事"，文字不是把语言写下来，而是记录事情。最初的文字，就是把发生的事情（也就是历史经验）记下来的符号，如绳结，慢慢才演变为文字，最后才和语言结合，中国文字作为符号系统，始终不是语言的复写。中国的文字就是历史，文字代表历史、经验。文字是为总结历史经验而存在的。（李泽厚，2011：81—82）此外，需要注意的是，"结绳记事"与"结绳记物"有些不同。物在事中，事中有物。[1] 象形文字不仅是物的图像化，更是事的图像化。文字不仅对应性地指称世界，而且整体性地隐喻世界。

汉字是世界的图像，而非语言的符号。汉字承载着物，也记载着事。这就使我们有可能从解释汉字入手来理解汉字凝结的历史经验，进而理解汉字植根的概念系统。因此笔者试图通过对"维"字的文字学分析，从隐喻的角度去阐发"维"字的整体意象，解读"维"字的相关历史文化信息，进而牵带出其所嵌入的语义网络，最终以史为镜，鉴古知来，历史性地把握或建构"维者何谓"这个问题。

二、"维"字的形与意

我们今天所使用的"维"字，如图1所示，其字形在三千年前的金文中就已基本定型。三千年来，其字形虽有流变然基本稳定，字义虽有延伸但基本相关。在《汉语大字典》中"维"字的解释如下：

①系物的大绳。②纲纪；纲要。③系，连结。④维持；维护。⑤网；络。⑥角落。⑦通"惟"。考虑；计度。⑧表示判断，相当于"乃""是""为"。⑨副词。1表示范围，相当于"只""仅"。2表示反问，相当于"岂"。⑩介词。相当于"以""于""於"。⑪连词。相当于"与"。⑫语气词。用于句首或句中。⑬星名。⑭地名。⑮数学名词。几何学即空间理论的基本概念。直线是一维的，平面是二维的，普通空间是三维的。⑯姓。[2]

金文　战国文字　篆文　隶书　楷书　简体

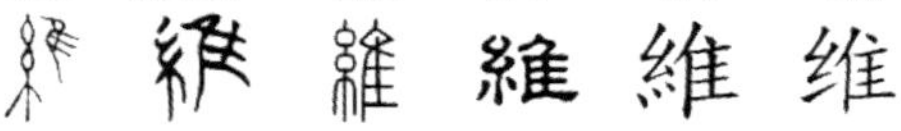

图1

---

[1] 在现代汉语的用法中，"事"包含着"物"，而在古代汉语中"物"是最大的范畴，"物"包含着"事"。笔者曾提出"物"与"物质"的区分，中国"物"的观念是需要进一步深入研究的重要问题。

[2] 参见《汉语大字典》缩印本，四川辞书出版社、湖北辞书出版社，1993年版，第1423页。其中⑮"数学名词"解释，是当代解释，古代并无此用法。

汉字作为象形文字，在造字之初具有物象化的特征，"维"字的本义正如其绞丝旁所表示的，指的是系物的绳子，"隹"是短尾鸟的总称，表示对象。[1]《玉篇》云："维，紘也。"《说文解字》云："维，车盖系也。"这种具体指物的名词含义同时也蕴含着其动词含义，表用绳之类的东西拴、系的动作。《广雅》云："维，系也。"堪称国之重器的西周虢季子白盘铭文上就有"经维四方"之句，如图2所示，其"维"字写作"𦅾"，生动体现了手捉绳的动作。"维"字的所有含义都是从"用绳系物"这个原始意象中衍生出来的。

图2

从名词引申出动词的含义后，其动词用法又从用于具体物拓展出用于抽象物，用于看不见的东西，这就具有了隐喻的意义。如《易经》解卦云："君子维有解，吉，有孚于小人。"此处"维"表"系""缚"，但未必是真的把人绑起来，而是在隐喻意义上表示"被困"之意。又如坎卦云"习坎。有孚，维心，亨。行有尚"，此处"维"仍表"维系"，但所系的是看不见摸不着的"心"。"维心"有"劝慰人心"的含义。又如随卦云："拘系之，乃从，维之。王用亨于西山。"这里用"拘系之"这种强制性手段实现"维之"，这种"维持"具有某种暴力维稳的味道。

古代"维"字已具有空间意象，但古代的"四维"不同于今天特指长宽高加时间的四维，中国古代"四维"是狭义的方位，并且"四维"与"四方"不同，"四维处四方之间"（《礼记正义》卷三十九，乐记第十九）。四方为东、西、南、北，四维为东南、东北、西南、西北，四方和四维实则构成了今天我们所说的二维平面。在古代早期方位系统和易学体系中，维与方是不容混淆的。"四维"与"四方"表八卦之位，杭辛斋曰："先天八卦，以乾、坤、坎、离为四正，震、巽、艮、兑为四维，四正者所以立体。故河图之位，只列四方。"（汪忠长，2005：22）后天八卦虽然在八卦与四方（正）和四维的对应上不同于先天八卦，但四方（四正）与四维仍是区别开的。

考古证据表明，四正与四维是中国早期的两大方位系统。大体正方向的第

---

[1] 古人造字时用鸟的意象来指代认知或实践对象，"隹"字的对象性关系反映了古人观鸟或捕鸟实践，观察的"观"繁体作"觀"，捕获的"获"繁体作"獲"，都含有"隹"字。"维"也可释为用网捕鸟。

一方位系统可以称为"**统领四方**"系统，第二方位系统可以称为"**提挈纲维**"系统。前者强调了建筑的面向，后者注重建筑的角向，方与维的区别相当明确。（王仁湘，2011：36—46）方与维的区别也体现在边与角的区别上。东南西北四方，可称边而不可称角，例如，"东方"可称"东边"，但不能称"东角"。东南、西北、东北、西南这四维，虽有时也可称边，但习惯上更倾向于称角。例如，有时"东南边"就不如"东南角"更符合空间认知的表达。设想四个人合作提一张巨大的网子，若四人各站一边，同时提起四边，则四个角就掉下去了，若四人各守一角，同时提起四角，则四个边也跟着提起来了。"把一角"意味着"守两边"，抓住"维"也就有了抓住事物之要领的含义。[1] 在此之外，"维"与"方"的区别就不太严格，存在将"四维"与"四方"并称为"八方"或"八面"的用法。西汉司马相如有言"六合之内，八方之外，浸浔衍溢，怀生之物有不浸润于泽者，贤君耻之"，唐代颜师古注此"八方"曰："四方四维谓之八方也。"

"维"字延伸出空间含义，反映了绳在远古生活实践和技术实践中的重要作用——绳是一种重要的空间工具和概念。《荀子·劝学》云："木受绳则直。"《管子·乘马》云："因天材，就地利，故城郭不必中规矩，道路不必中准绳。"《管子·形势》云："方圜曲直，皆中规矩钩绳。""规矩钩绳"都是标准化的几何器具。绳充当标准化器具是由直线的空间特征和绳自身的质料特性共同决定的。两点成线，把两个点（事物）用绳子系起来，就创造了一种几何关系，绳本身的线性特征，使绳可充当"墨线"，借此就获得了"方向感"。"辨方正位"[2]在古代是一件十分重要的事，绳子是辨方正位的必备工具。冯时指出："古人以十二地支平分地平方位，也可分配八方，其中子午、卯酉为二绳，丑寅、辰巳、未申、戌亥为四钩，也即四维，二绳的互交，构成东西南北四正方向，四维互交并叠合于'二绳'之上，便构成

---

[1] 与"维"高度相关的另一字是"纲"，两者都是指用以系物和提网的绳，"纲"尤其指提网的粗绳、总绳。对于笔者关注的维度理论而言，维与纲是两个极其重要的概念，维与纲都对应着英文"dimension"，"dimension analysis"的汉译有两种："维度分析"或"量纲分析"。这种翻译状况很有趣也很有启发性，关于维度与量纲的问题见笔者《维度与量纲——从自然科学到社会科学》一文，此处不再赘述。

[2] 《周礼》云："惟王建国，辨方正位，体国经野，设官分职，以为民极。"这句话在《周礼》六篇起首被反复重申，由此可见其重要性。

东北、西北、东南和西南四维。"（冯时，2006：19）

由于这种空间特性，衍生出了更为抽象的"标准性""法度性""规范性"的意象。如《管子·牧民》云："国有四维，一维绝则倾，二维绝则危，三维绝则覆，四维绝则灭。倾可正也，危可安也，覆可起也，灭不可复错也。何谓四维？一曰礼，二曰义，三曰廉，四曰耻。"

三、重估"绳"的价值

上文关于"维"的考察，让我们看到了绳的重要性，这是一个比较新颖的视角，值得更进一步论述。我们知道，科技史对人类科技的叙事通常是从石器开始，从遗迹开始。"有些权威认为，人类手工品的遗迹最先见于近代生物的堆积物中，这些堆积物或许是在一百万年至一千万年前形成的。这些遗物就是一些用火石和其他硬石粗糙地敲碎形成的工具。最早的叫原始石器，同受到流动的土壤或水流的侵蚀作用而形成的天然物没有多大区别。后来的一批叫作粗制石器，显然是人工制成的。"（丹皮尔，2010：12—13）"根据目前的考古发现判断，猿群约在380万年前学会了用打制方法加工石英石、黑曜石、燧石或其他坚硬石块。这种打制的产品是粗糙的、不规则的砍砸器、尖状器、刀片和多功能手斧。这对猿来说是一次工具革命，对人类来说是历史的开始。这些经过制作的石器能更有效地砍伐，而且能切割植物块茎和肉类。于是人类就操着它们进入了旧石器时代。"（王鸿生，2008：8）

我们需要注意的是："遗迹""史迹"与"历史"是三个不同层面。遗迹是遗留下来的史迹，是史迹中残留的一部分，而史迹是历史留下的痕迹，是历史中凸显的一部分。遗迹是史迹的冰山一角，史迹是历史的冰山一角。史迹包括可观察性实物，但不全是可观察性实物，它还包含着推理性的事实。遗迹具有实物载体，史迹具有推理成分，历史则具有本体意义。笔者在此之所以要区分"遗迹""史迹"与"历史"，是为了凸显"发现"与"真相"之间的张力，强调考古学叙事中存在的可见与不可见的不对称问题。由于骨针比绳线保存得更久，故从考古发现的实物来看，确实存在"只见其针不见其线"的发掘状况，这就造成了通常的科技史作品在讲述"原始人将兽皮缝在一起"的故事时，仅指出骨针的发明和使用，而不重视穿针所需的材料，绳被想当然地作为背景、作为陪衬出现在一系列技术中，绳的科技史意义被远远低估了。[1]

如果说在"石器时代"之前存在着可称作"木器时代"的阶段，那么也可以说在"木器时代"之前还存在着可称作"绳器时代"的阶段。在原始环境下，材质越坚硬越不利于改造加工，于是我们不难想象，人（猿）的技术物是从易于塑形的质料开始的，在能够制造石器之前，已经能够制造木器，在能够制造木器之前，已经能够制造丝绳。绳的特性使它可以将形式赋予质料并将形式固定下来，绳的出现为用工具造工具尤其是组合工具提供了技术基础。这种既轻柔又坚韧的"神器"，易于制造、携带、使用，应用非常广泛。例如编织渔网，缝合兽皮制造衣服，串起贝壳制造首饰，将打磨锋利的石头与木头手柄绑在一起制成武器，等等。**"偶然地将几根头发搓成一缕"或"偶然地将几根草拧成一股绳"，这看似简单的举动，实则有着惊人的技术意义！** 从此，人（猿）与绳开始了相互塑造。人（猿）学会了"凝聚力量""固定形式"，掌握了"联系

事物""把握事物""记录事物""衡量事物"的新方式。

"绳"的重要性尤其体现在对人类空间观念和标准观念的塑造方面。前文在讲"维"字时已经揭示了人类的空间观念。上—下、东—西、南—北、东南—西北、东北—西南这些方向的表示都是以直线为基础的，并且是垂直相交的关系。最早关于"直"的观念可能有两个来源：光和线。光是直的，线绳则可以拉直。从技术角度，最早得到的人工的标准"直"，很可能是从"丝—绳"类事物中得到的。汉字"直"本义为正视、直视，《说文》："直，正见也。"如图3所示，"直"字的甲骨文、金文等虽然字形有所变异，但组成部件都未离开"目"和"十"。"十"字形表眼睛所瞄准的悬锤。"十"中的横笔（早期文字写作一个横点），表示所悬物体，"十"中的竖笔即表示用来悬物的"丝—绳"。"直"这一属性虽然独立于人的视觉，但"直"概念的获得和理解主要是通过视觉形成的。[2] 绳使直线和垂直

---

[1] 陈明远和金岷珊《结绳记事·木石复合工具的绳索和穿孔技术》一文应该引起重视，从笔者掌握的有限资料来看，该文首次论证了绳索和穿孔系结技术在木石复合工具和乐器中的重要地位。载《社会科学论坛》2014年第6期。

[2] "直面"与"正视"的隐喻，如鲁迅先生名言"真的猛士，敢于直面惨淡的人生，敢于正视淋漓的鲜血"。

变得可操作化。于是从"绳直生准"[1]中衍生出了"准绳"的"标准化"或"规范性"意义。

| 甲骨文 | 金文 | 战国文字 | 篆文 | 隶书 | 楷书 |

图 3

绳与数学文化有很深的渊源。在计数法上，很多古老的文明中都存在"结绳计数"的现象。绳也在数学测量上扮演重要角色，如印度吠陀时代的《绳法经》正是因需要利用线绳等工具给出固定的测量法则而得名，《绳法经》中给出了正方形、直角三角形等直线形的做法等几何知识。（徐品方，张红，2006：59）绳的标准化作用除了体现在计数和测量上，还体现在计量上，即绳还可以直接充当单位量。著名科学史作家丹皮尔在其《科学史》一书中指出，常识性的知识和工艺的规范化与标准化，应该说是实用科学的起源最可靠的基础。这种规范化的早期迹象可以在公元前2500年巴比伦国王的敕令中找到。当时他们已经认识到固定的度量衡单位的重要性，于是就用王室的权威，公布了长度、重量和容积的标准。巴比伦的长度单位是"指"，它等于1.65厘米或2/3英寸左右；1尺等于20指，1腕等于30指；1竿等于12腕，而测量者所用的单位"绳"则等于120腕；1里是180绳，等于6.65英里。（丹皮尔，2010：18）我国古代也存在类似的情况，如《孙子算经》载："度之所起，起于忽，欲知其忽，蚕吐丝为忽，十忽为一丝，十丝为一毫，十毫为一牦，十牦为一分，十分为一寸，十寸为一尺，十尺为一丈，十丈为一引，五十引为一端，四十尺为一匹，六尺为一步，二百四十步为一亩，三百步为一里。"[2]

绳在原始教育中具有重要地位，学和教是教育的一体两面。许进雄先生指出，甲骨文的学（ ）和教（ ）字都有一个共同的部分"爻"。爻字在后代的意义是卦爻，因此有人以为是交错的算筹形状。但是以算筹演算数学是很进步的事，其发展应不早于春秋时代。（陈良佐，1978：283）至于更为高深复杂的卦爻神道，更非孩童所能懂得的学问。原始教育的特点是与生活和生产的需要关系密切，因此爻所表现的应该是

---

[1] 《汉书·律历志》："权与物钧而生衡，衡运生规，规圜生矩，矩方生绳，绳直生准，准生则平衡而钧权矣，是为五则……绳者，上下端直，经纬四通也。准绳连体，衡权合德，百工繇焉，以定法式，辅弼执玉，以冀天子。"

[2] 我国至今仍存在将"丝"作为计量单位的情况，在机械尺寸计量中，我国南方习惯于用"丝"（而北方习惯用"道"）来俗称0.01毫米。当然，"丝"并非规范的长度单位。

一种一般入学儿童所能学和做的事，而非专职人员的专门知识。金文的樊字作手将木桩捆缚成一排的藩篱形（🌿）。爻的部分为绳结的交叉形。一个交叉的绳结与数目字"五"容易混淆，而且捆缚东西要绕捆多次才能牢固，故使用两个并列的绳结表示。这都反映了结绳是古代生活的一个重要技能，是古人面对大自然最基本的生活技能。（许进雄，2008：412）

需要指出的是，许进雄先生所谓的"原始教育"是一种笼统的说法，我们无法也没必要给"原始"划定时间上的分期。我们只需注意，原始教育会逐渐走向更复杂更高级的教育。"教""学"中的"爻"指绳索无疑，但也可能反映的是更复杂的"结绳记事"。教育作为传授、传播、传递知识技能的过程，甲骨文中的"传"字反映的是人手持绳结将事传递给他人的情形。（靳青万，2002：124—127）在原始教育中所教授的绳子的用法无论是侧重狩猎捕鱼等生活技能，还是侧重记录符号等思维技能，无可否认的是：绳子是古代文明中的重要工具，教授绳子的使用方法是教育的重要内容。

随着历史的发展，绳虽逐渐退出了教育，但仍以其他形式保留了下来。例如，在现代人的户外运动、野外生存和博物学实践中，使用绳索仍是一门"必修课程"。幼童有很多跟"绳"相关的游戏，其中常见的有翻花绳、编绳（草）、跳绳、跳皮筋、拔河等等。美国心理学家霍尔（G. Stanley Hall）认为，幼童在成长过程中慢慢形成的活动与行为模式，和一代又一代的祖先完全一样，只不过在程度上可能会有些差别。通过游戏，我们重演了遥远祖先的行为活动。故"每一种游戏都是了解从前某种行为活动的钥匙"（霍尔，2015：78）。从霍尔的游戏复演论来看，对绳或其类似物的使用，凝结着原始人类使用绳子的生活形式。今天人们不再那么依赖实物的绳，但却越来越依赖抽象的"绳"。

四、"维"的隐喻基质

近现代文明的一些重要技术和科学观念，在隐喻意义上仍是"绳"的延续。如力线之"綫"，网络之"網""絡"，磁场之"磁"，超弦之"弦"，这些科技加深了我们对世界之联系性和统一性的认识，并进一步强化了世界之联系性和统一性。例如，在全球化的今天，"互联网或许是最能表现全球化的一种技术，它使我们每一个个人都能以非常便宜的价格与地球任一角落的某个人进行直线的交流。把镜头拉开，从太空观看我们生存的世界,如果把互联网上任何正在连线的两个人之间真的连上一条红线,我们会看到,这个地球已经被密密麻麻的红线包围,这个图景很容易让人联想到大脑的神经网络。"(田松,2007:149)我们现在生活的这个世界乃至自身到处都是"线",到处都是"网",到处都是"系统""结构""组织"等等,几乎所有表征"联系"的语词都与"绳"相关。这难道仅仅是一种巧合吗?

笔者的解释是:人类(猿)原始的经验形式在漫长的演化中积淀[1]为一种先验形式,这种先验形式反过来塑造了此后的认知方式。当代认知科学已经有力表明了认知的具身性,假如"人类"没有"进化"出手,很难想象人类会拥有"把握""维持"等等与"手"相关的隐喻和观念,而没有手的"人类"发展出的"科学"极可能是另一种模式的"科学"。如霍金"模型实在论(Model Dependent Realism, MDR)"所追问的,金鱼眼中的世界是怎样的呢?金鱼眼中的实在图像与人类是不同的,不存在与图像或理论无关的实在概念。(霍金,2011:31—49)"思想"基于"概念","概念"源自经验或者说身体与外界的刺激关联。当然,我们也可以设想,在金鱼或其他物种那里,"思想""概念"与"经验"是无二无别的。简而言之,无论是经验论还是唯理论,都必须承认一点:经验(刺激关联)一旦产生,便会对此后的经验和认知产生作用,经验具有积累性,认知具有路径依赖性。路径依赖既发生在生物学层面上,也发生在文化层面上。面对人类上万年的演化史,我们应该惊叹,更应该谦卑。我们今天虽已远离原始人的"愚昧",但不能妄自尊大,须知,我们仅仅是抛弃了原始的经验、生活和概念,而并未彻底摆脱原始的经验形式、生活形式和概念形式。

一方面,经验、生活和概念,与经验形式、生活形式和概念形式是有区别的。以日常语言中的"改善生活"为例,下馆子打牙祭,可谓改善生活,但并没有改变"吃"本身,吃的形式没有根本改变,依旧是口含之,齿咬之,舌味之,腹纳之,倘若"进化"出"用鼻子吃饭""输液吃饭"或"电信号刺激大脑模拟吃饭感"此类的"花样吃饭",那倒可谓根本改变了吃的形式!笔者对现代化曾做出如下判断:"我们**改变**了生活世界,但没有**改善**世界生活。"这正是就生活

---

[1] "积淀说"来自李泽厚先生,先验认知形式是"经验变先验"的过程,见李泽厚《批判哲学批判》。李泽厚先生提出了很好的思想,但并未给出更具体一些的论证,本文尝试从认知的具身性来说明"经验变先验"的过程是怎样发生的,指出"变"存在生物—生理和文化—心理两套遗传形式。

形式而言的。而人类的经验呢？恰似在画板上一层一层地涂画，当然，时常需要不断擦掉重新画，反复画。有人觉得今天画的和一万年前的不一样，但大体上，画作虽大为不同，但画画这件事却是一致的，且画板仍起着画板的功能。故在此意义上，浅显地化用一句偈语，可谓"譬如工画师，分布诸彩色。虚妄取异相，大种无差别"。望远镜和显微镜虽辅助性地拓宽了人类的视野，但没有从人身体内部改变人类视觉，"视"本身没有改变。人类的经验虽可以无限多样无限丰富，但仍逃不出眼耳鼻舌身意的功用，根本的经验形式没有改变。[1] 类似地，虽然我们的概念系统发生了变化，但语形、语义、语用、语汇等语境变化是渐进式的而非革命性的。概念形式并未发生根本性改变，语词与世界的关联方式仍是意向性的、指称性的、隐喻性的。[2] 正是概念演化的连续性和概念形式的相对稳定性，为跨越时空的理解提供了可能，否则概念史、观念史、思想史就无从谈起。另一方面，经验、生活和概念，会在一定程度上影响经验形式、生活形式和概念形式。从更大尺度来看，经验形式、生活形式和概念形式恰是在经验、生活和概念的演化中发展起来的。眼耳鼻舌身意是人类的根本经验形式，是先天性的，但这种先天性仍是漫长演化的结果。

正如哈金所言，"人类制造了钥匙——或许还制造了与钥匙配套的锁"（哈金，2010：182），锁与钥、问与答、结与解都是相应配套的，后者由人提供，前者也并非纯粹天然。由此来看，如果"联系"的观念本来就是从"绳"中产生的，那么此后对世界之联系图景的刻画打上"绳"之烙印也就不难理解了！概念史、观念史和思想史研究具有特殊性，它们几乎无法通过外物得到证实或证伪，而只能通过存世的语词、图像和文本来透露些"蛛丝马迹"。因此，我们再次回到汉语语境中，通过考察相关语词和字形，我们发现："幺"是一种根隐喻[3]，以"幺"为根隐喻，形成了

---

[1] 需要注意的是：大尺度来看，人类的经验并非一味地拓展，而是在拓展一部分经验的同时丢掉一部分经验。

[2] 人工语言是个例外，但计算机语言毕竟不是人脑的语言，人类还没"进化"到用二进制将认知、情感和意志通通计算化的地步。

[3] 根隐喻体现了人类对世界的原始看法，根隐喻理论（the root-mataphor theory）由美国哲学家斯蒂芬·佩珀（Stephen C. Pepper）提出，他在其《世界假设：对证据的研究》中提炼了四种根隐喻，其中"contextualism（脉络主义/语境主义）"的根隐喻正是我们所谓的"幺"。佩珀在表述"contextualism"时使用了一系列隐喻性的术语，最核心的三个术语分别是strand（线/组分）、texture（纹理/结构）、context（脉络/语境）。

"丝—线—绳—维—网/絲—綫—繩—維—網"这一"隐喻基质",在此基质上进一步生发出了表征"关联"的"隐喻簇"。这一"隐喻簇"包括:"歸納""演繹""綜合""求索""綫索""分條縷析""絕對""統一""因緣""機緣""機器""連續""相繼""斷裂""相關""關聯""聯結""紐結""總結""結合""結構""織構""關系""系統""複雜""簡約""紛繁""凝練""純粹""纖維""維度""量綱""綱領""組織""網絡""聯絡""脈絡""經絡""神經""元素""糾纏""糾紛""牽絆""束縛""蘊含""蘊集"等等,它们都和"幺"有着千丝万缕的"聯系"。

汉字部首[1]常带有根隐喻的色彩,以"幺"为基本构件形成的汉字具有与"丝"隐喻相关联的原始意象。《说文》:"幺,小也。""幺"本义为成束的丝,是"糸"的本字。丝较细微,故引申为细小、幼小等。(魏励,2015:52)如"兹"

字,甲骨文作"8"或"88",表一束丝和两束丝的形状,小篆作"𢆯",加上了草字头,表示草木兹长,表累小积微的过程。"糸"部的字大致可分为五类:(1)丝、麻或绳索,如"线、经、纬、缕、绳、索、纫、纲、缆";(2)丝织品、麻织品和衣物等,如"素、绢、绸、絮、缯、缟、绡、绶、绅、缨";(3)丝、麻等的加工,如"纺、织、绩、练、综、纠";(4)以绳、线等为工具从事的劳作,如"编、绾、缀、缝、结、绞、约、系";(5)与丝、麻有关的性状、颜色等,如"纯、细、纷、红、紫、绯、绿"。(魏励,2015:102)

董琨先生在其《中国汉字源流》一书中对"幺"字有专门论述,在"从'幺'体现的思维方式"小节中,董琨先生指出,"幺"字有两条孳乳路线,一条是具体的,如"丝"是两束丝的合并,"系"是用手抓两束丝的会意,用以表示事物之间的联系。另一条是抽象的,由于"幺"作为丝是细小的,所以"幺"有小的意思,加"力"成为"幼儿""幼小"的"幼"。在"幺"上加个盖子就成了"玄",细小的东西又被遮盖,就黑暗无光了,同时也显得神秘,于是"玄"有"黑色""昏暗""玄妙"等意思。从"幺"孳乳出"幽",是小小的两根丝掉落在大山里边,自然更看不见了,所以"幽"有"隐蔽""深

---

[1] "偏旁""部首"在常识语境中通常被混为一谈,其实部首与偏旁不同,这一点需要专门指出。大致上讲,偏旁是汉字的构件,是字形的组成部分;部首则是偏旁的类目,是根据偏旁做出的分类。"部""首"是指在字典编纂中,将具有字形归类作用的偏旁当作各部的首字冠于诸字之前。笔者这里强调部首而非偏旁,因为部首揭示了偏旁作为"类"的意义,就此而言,如果说偏旁是隐喻,那么部首更接近于根隐喻。

维度:意象、隐喻与认知　99

藏"的意思。中国人用"幽默"一词翻译英语的 humour，除了语音相近外，还因为我们认为这种令人觉得有趣或可笑而又含有深刻意义的言谈或举动，必须是含蓄深沉而非肤浅外露的。（黄琨，2017：131—133）"幺"字的这两条孳乳路线，前者侧重于物，后者侧重于性。

"丝—线—绳—维—网"这一隐喻基质在知识论中具有重要启发价值。在日常语言中，我们常使用"脑子里一团乱**麻**""没有头**绪**""没有**条**理"这样的修辞来形容一个人思维混乱不清晰。

进而言之，"思**维**""思**绪**""思**索**"以及现代学术研究中最常用的"**梳理**"一词，同样植根于这一隐喻基质。在众多思维形式当中，逻辑思维是非常重要的一种。逻辑[1]中的"归**纳**""演**绎**""综合""分条**缕析**"（分析）在隐喻意义上都含有对"**丝**""**维**"的操作。而现代非常流行的"思维导图"更是形象地重现了"结绳记事"的隐喻：思维就是"打结"，建立一个个结点（概念/对象），并将它们联系起来。点连成线，线连成网。丝绳越细，网眼越小，结点越密，系统越复杂，捕获的对象越小，漏网的

---

[1] 关于逻辑是什么，这个问题无需笔者解释，但关于逻辑为什么叫作或写作"逻辑"，"逻辑"与"思维"共享怎样的根隐喻，这个问题值得在此略作说明。"逻辑"是由英文"logos/logic"音译过来的，这是毫无争议的，但笔者有一个大胆的设想："逻辑"并非纯粹音译，为"luoji"这个语音安排"逻辑"这两个汉字并非无缘无故，其中还有一层意译的考虑值得注意。我国古代虽无"逻辑"一词，但有"逻缉"一词。"逻"字繁体为"邏"，"羅"字上"网"下"维"，本义指用网捕鸟，如"门可羅雀"，"邏"有"巡逻""逻捕"之意。"辑"通"缉"，本义是把麻析成缕连起来，搓起来，合起来，抓起来，因此也有"搜捕""捉拿"之意，如"通缉""缉拿"等。严复先生言："逻各斯名义最为奥衍，而本学所以称逻辑者，以如贝根言，是学为一切法之法，一切学之学。明其为体之尊，为用之广，则变逻各斯为逻辑以名之。"（见严复译《穆勒名学》引论第二节"辨逻辑之为学为术"，北京时代华文书局，2014年）"逻缉"隐喻蕴含着"系缚""提摄""把握""统领"的原始意象。由于"逻缉"常与法律事务关联在一起使用，故又有了"缜密""严谨"的意象，如《明实录·世宗实录》有"严法逻缉"的用法，晚清王韬（1828—1897）所著《淞隐漫录》中有"逻缉綦严"的用法，"缜密""严谨"正反映了"logos/logic"的特点。从总的意象上看，以合乎"logos/logic"的方式用语言"把握"对象，就像用网"捕获"对象一样，作为"一切法之法，一切学之学"的逻辑学具有统摄诸学的重要性。从具体意象上看，"归纳"之"纳"字，"演绎"之"绎"字，"综合"之"综"字，都体现了与"丝"部的意象关联，因此，可以说，逻辑与思维都植根于"丝"隐喻。故笔者认为音译"逻辑"的意译成分至少指向或反映了"logos/logic"的一些特点，这是一种以音译为主但同时考虑所用汉字含义的翻译方式，是以汉字为载体表现"隐喻相关性"的音译方式。

对象也越小。网孔的尺度，就是其把握世界的尺度。正如列宁的那句名言——范畴是帮助我们认识和掌握自然现象之网的网上纽结。在科学哲学中，波普尔《科学发现的逻辑》的开篇引语就是诺瓦利斯（Novalis）的名句："假说是网，只有撒网的人才能捕获。"更著名的"网"有劳丹构造的科学合理性的网状模型（The Reticulated Model of Scientific Rationality）、奎因的"信念之网（The Web of Belief）"，拉图尔的"行动者网络（Actor-Network）"，等等。更普遍地讲，"网"[1]隐喻具有跨学科的横贯性。"语词之网""概念之网""命题之网""意义之网""信念之网"等等更大量充斥着哲学社会科学。对于社会实在的模型化来说，很多非数学化的图式模型都可以处理为"某某之网"，而被广泛使用的树状结构、交叉结构、多维结构本身就直接是网状结构的亚型。在隐喻意义上，可谓是"悉引万事归绳衡"（曾巩语）。

田松教授曾深刻揭示语言与世界的网绳隐喻："如果世界是一堆装在网袋里的青菜，人类就是青菜上的蚂蚁。人类想研究世界的规律，发现了网袋，人类顺着网袋的网格向上爬，发现了网袋绳结的排列。人类中的聪明者爬到了上边，他发现，最后的所有网绳都会聚集在一起，成为一根绳。那根绳，决定着下面所有的绳。这根绳就是绝对真理，如果这根绳还握在一只手里，这只手就是上帝。这网绳就是语言。"（田松，1998：25）当然，田松教授这则隐喻的指向是破斥对绳网这一工具的执着："现在，另有一些蚂蚁，它们爬了一段，感到腻了，就停下来研究网绳本身。不小心，它们咬断了网绳，网袋里的青菜撒了一地。于是这些蚂蚁发现，青菜不一定要装在网袋里。如果要装，也可以装在任意一种网袋里面。""如果我们的世界真的有一个深藏其中的奥秘，我想必须超越文字才能做到。"（田松，1998：26）人类知识的"进步"恰在于不断重组绳结，建立更新、更大、更密的网。除非"言语道断心行处灭"，否则永远逃不出网，即便逃出，也会不知不觉地落入另一张网，这就是语言和思维的先验规定性。由此来看"道"与"名"，

---

[1] 英语中与"网"对应的词除 reticulate、net 外，还有 mesh、web、matrix 等词，此处不再辨析其中差异。

"道"真可谓"绳绳兮不可名"。[1]

五、象数言意之同源性

上文我们看到了由"幺"编织的世界图景，我们已经指出这是一种认识世界的根隐喻，下面我们从规范场与纤维丛联络的暗合入手来审视这种隐喻的世界图景。[2]1975年杨振宁先生拜访陈省身先生时二人有过一段经典的对话。让杨振宁先生惊异不止的是，规范场正是纤维丛上的联络，而数学家是在不涉及物理世界的情况下搞出来的。杨振宁告诉陈先生："这令人又激动又迷惑，因为不知道你们数学家从什么地方想象出这些概念来。"但陈省身先生立即反对说："不，不，这些概念不是想象出来的，它们是自然的和实在的。"（杨振宁，2002：182）

关于物理与几何的关系，陈省身先生和杨振宁先生皆有诗为证。杨振宁先生于20世纪70年代写下《赞陈氏级》："天衣岂无缝，匠心剪接成。浑然归一体，广邃妙绝伦。造化爱几何，四力纤维能。千古寸心事，欧高黎嘉陈。"[3]陈省身先生于1980年在中国科学院的座谈会上即席赋诗："物理几何是一家，一同携手到天涯。黑洞单极穷奥秘，纤维联络织锦霞。进化方程孤立异，曲率对偶瞬息空。筹算竟得千秋用，尽在拈花一笑中。"杨先生"天衣"之妙喻与陈先生的"织"字之精炼可谓相得益彰，共同揭示了"幺"的世界图景。两位先生的诗作既反映了物理几何的互通，也反映了文理的交融。

---

[1] 通行本（王弼）《老子》第十四章："视之不见名曰夷，听之不闻名曰希，搏之不得名曰微。此三者不可致诘，故混而为一。其上不皦，其下不昧，绳绳兮不可名，复归于无物。是谓无状之状，无物之象，是谓惚恍。迎之不见其首，随之不见其后。执古之道，以御今之有。能知古始，是谓道纪。"（参见楼宇烈《老子道德经注校释》，中华书局，2010年，第31页）"绳绳兮不可名"在帛书甲本中作"寻寻呵不可名也"，在帛书乙本中作"寻寻呵不可命"，（参见高明《帛书老子校注》，中华书局，2010年，第184页）在北大汉简中作"台台微微不可名"。（参见北京大学出土文献研究所编《北京大学藏西汉竹书·二》，上海古籍出版社，2012年，第150页）此处不做过多版本考释，诚非我注"绳绳"，实乃"绳绳"注我。语词的原始语境不应成为当下表达之障碍，此处澄清特殊语境和用法，需读者体察其中异同。

[2] "规范场与纤维丛联络"是刘华杰教授为笔者指出的，感谢刘华杰教授提供的真知灼见和宝贵资料。

[3] 杨振宁先生将陈省身先生列为欧几里得、高斯、黎曼、嘉当之后几何学的第五位大师。笔者和诗一首以敬之。《陈杨二先生赞》：欧高黎后数嘉陈，规范杨公亦绝伦。参赞乾坤张四力，织成锦绣报三春。纤维光耀如毫相，联络交辉映本真。物理几何超世界，中华儿女长精神。

"规范场正是纤维丛上的联络"这种数学与物理的"暗合"并非孤例,数学与物理还有很多共同且重要的基本观念,如微分方程、偏微分方程、希尔伯特空间、黎曼几何等。之所以说它们是"暗合",是因为首先达到这些观念的物理学家和数学家遵守完全不同的路径,完全不同的传统。为什么会殊途同归呢?对于这个问题,杨振宁先生持一种"同源说",他将两者关系表现在一张"二叶图"上,如图4所示,两个叶片重叠的地方同时是"两者之根""两者之源"。这张二叶图中的1表示实验,2表示唯象理论,3表示理论架构,4表示数学。杨振宁先生将物理学分为实验、唯象理论和理论架构三个部门或三个领域,1和2合起来是实验物理,2和3合起来是理论物理,而理论物理的语言是数学。(杨振宁,2002:283)"在基本概念的层面上,它们令人惊异地共用一些概念,即使在这里,每个学科的生命力也是按照各自的脉络行进。"(杨振宁,2002:170)杨振宁先生强调的是数学和物理学各自脉络的差异性,但耐人寻味的是,这恰恰可从斯蒂芬·佩珀的根隐喻来解读,两个学科都贡献着"脉络"的世界图景,"幺"隐喻是数学与物理学共享的。

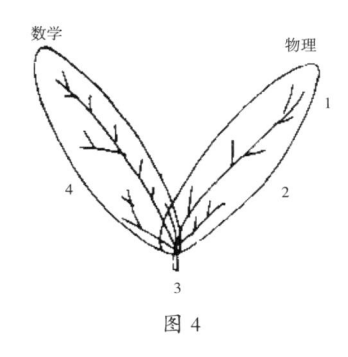

图 4

曹则贤教授指出,人类文化对"连接、联系"的格外关注,说明对世间万物的联系曾付出过深入、系统的考虑。而这广义的联系,正是物理学之最普遍的内容。知道微分几何纤维丛就是规范场中的联络,曾让科学家们莫名诧异了一会儿,不过就算仅从字面来看,类似概念指向的不同事物有些内在瓜葛,也是容易理解的。(曹则贤,2019:10)如果以"求证"的心态,笔者已经可以说,"规范场正是纤维丛上的联络"这则科学公案"证明"了"幺"隐喻的普适性或根本性乃至"正确性"。如果以"求索"的心态,笔者就必须进一步阐释物理学、数学、语词和意义为什么会出现这样的暗合。在人类知识生产或发现过程中有太多偶然和暗合,如果只把暗合当暗合,就无助于更进一步的认知,只有探索暗合背后的内在联系才会使暗合变得更有意义、更可理解。因此,笔者选择了第二种态度,即把这个案例当作问题而不是当作证据。我们先来解释物理学与几何学的暗合，再来解释两者与"幺"隐喻的暗合。

对于第一个暗合，即物理与数学的暗合，我们可以从"象数同源"来解释。"象数同源"的第一层含义是外化符号上的图像与数字的同源。数字最初是用图形来表示的，数的符号化在其早期经历过一个"物数不分"的阶段，在这个阶段数还没有完全从物中抽离出来，数的符号与物的图像是统一的。"象数同源"的第二层含义是数学中几何与代数的同源。图形和数量是一体的，形中包含数的关系，数中包含形的关系。数学中的"数形结合"思想正体现了数与形的相互转化。"象数同源"的第三层含义是物理学与数学的同源。物理学和数学最初是不分的，都是经验性的，现象和数量都是大自然之秩序与规律的体现。

杨振宁先生将3（理论架构）列在根部与4（数学）重叠起来，其前提是对数学做一种先验的理解。但在笔者看来，数学也是从经验而来的，是"经验变先验"的事物。我们不可能彻底搞清楚数字起源的问题，但我们从数字人类学的角度可以主张以下观点：数是从自然中抽象出来的，它不是一次性的抽象，而是层层抽象，以至于人类无法理清这种抽象到底是如何一步步发生的，并最终遗忘了符号与世界是如何关联起来的。因此，物理学与数学真正的共同之源不是某种数学或理论的理念世界，而是经验世界本身。故我们可将杨振宁先生的图4改写成图5。象和数是人类把握经验世界的不同方向，人类沿着这两个方向抽象出越来越复杂的物理学世界和数学世界。正如理论（theory）的词源所呈现的那样，在希腊语里，theorein的意思是"去看"，theoreia表示"已经看到的事物"（Ivar Ekeland，2012：4），理论本身也就是一种世界图像，是一种以视觉为核心的建构。[1] 物理学理论是对自然现象的说明，是对对象之"象"的理论表征，用杨振宁先生的话来说，"唯象理论"是物理学的一个重要组成部分。"形"在中国哲学中属于"象"的范畴，可以说"形是狭义的象，象是广义的形"，形在一定程度上反映象，但大象无形，大象超出了形的表述，更超出了几何学理想的抽象形式。具象和

---

[1] 在此意义上，西方科学哲学中的"观察负载理论"或"观察渗透理论"，无异于"数典忘祖"式的同义反复，但其理论意义恰在于对"数典忘祖"的批判。

抽象都是"象"的表征,"象"不能被还原为几何图形。[1] 成熟的物理理论用数学结构表示,这种由数字和符号书写的理论最终反映的是自然的图景,反过来,人们也通过物理理论理解了数学结构的自然意义。物理与数学的互通,简言之可理解为在象与数的相互诠释中观照自然。

对于第二个暗合,即物理和数学与"幺"隐喻的暗合,需要我们进一步将"象数同源"扩充至"象、数、言、意"四位一体的经验同源性。象形的汉字符号沟通着物理学概念和数学概念,这并非个例,也并非巧合。象形文字忠实于自然,是事物的符号而非符号的符号,因此它本身在一定程度上表现了自然的特征。象形汉字是对世界的"直观",物理几何是对世界的"透视"。正如人的简笔画、白描、照片、CT 影像之间具有相似性那样,我们不能简单地将它们之间的相似性仅当作巧合后置之不理,而应将这种相似性视为一种有内在联系的巧合,是有意义的巧合,或者干脆用更强势的语气来说,是一种必然,进而探索其背后的联系机制。物理、几何与汉字之间意义的联通,是象、数、言、意四位一体的联通,四者都以经验世界为根源,即便它们发展出的抽象世界看上去与经验世界毫无关联。如图 6 所示,经验同源性解释了不同认知方式之间的"殊途同归""道通为一"。

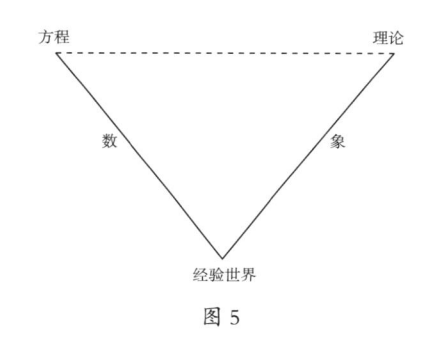

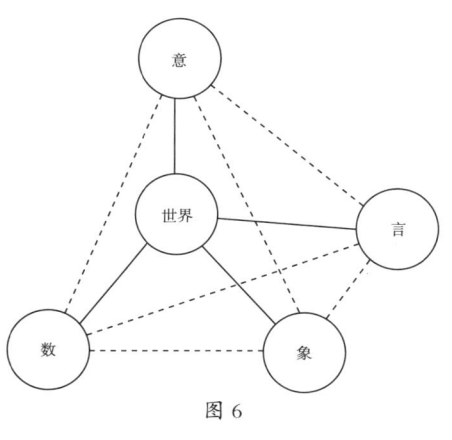

图 5

图 6

---

[1] 数学中的数形结合的思维,从宽泛的意义上讲,正是一种"象数思维",只不过我国易医体系和传统哲学中的"象数思维"具有独特的意蕴——象乃物象,数乃气数。中国古代医学、易学和哲学中的数,与算学中的数具有不同的含义。前者中的数不只反映事物的量,更是事物的属性的标记。在前者那里,数与事物的属性和类别(如阴阳五行干支)没有完全脱离,没有纯粹的数也就不可能进行代数运算,而只能进行一种独特的推算或推演。后者中的数则是纯粹的数,可进行机械运算。

六、世界之比

进而言之，象、数、言、意四位一体背后的认知机制又是怎样发生的呢？笔者的回答是"同源互比"——象、数、言、意都源于经验世界且比于经验世界。"比"是人与世界关联起来的根本方式，"比"既是人的思维形式也是人的存在形式。在我们的汉语语汇中，"比物""比事""比象""比类""比量""比喻""比如""比拟""比况""比附""比较"这些双音节词，以及"比物属事""比物假事""比物连类""连类比事""属词比事""比类从事""比类合宜"或"比类合义"等成语都反映了"比"在认知中的重要地位。[1] 刘华杰教授指出，"赋比兴"不只是文学手法，更是重要的认知方式。（刘华杰，2011：206—217）且三者不是孤立断裂的，而是具有分形结构，彼此相互渗透。（刘华杰，2014：520）"比"居"赋""兴"之间而连接二者，因此可将"比"看作这个分形结构的中心。

"比"的本质是基于相似性在不同事物间建立对应性关系。"比"与"对"是联系在一起的，没有对照物，不能将对象纳入一种参照之中，就无法形成"对比"或"比对"，也就无法形成对事物的深入认识。[2] 知识在根源上都是"比之而如"，如法依兴格尔《"如是"哲学》（The Philosophy of 'As if'）所阐发的，是一种"如是"的知识，"比"是连接"as（如）"与"is（是）"之间的桥梁。"比"思维是人类认知中的一种核心思维，其中最重要的也最为人重视的"比"是比类或类比，如侯世达所言，类比是"范畴化发动机"，是"思考之源和思维之火"。（侯世达，桑德尔，2018）当然，"比"也并不局限于对类的操作，笔者在此要侧重强调一点："比量"与"比类"同样重要，这尤其体现在人类的数学文化中。"一一对应"是人们认识事物数量关系的最基本的办法，也是最古老的办法。（张景中，彭翕成，2017：53）在集合理论中，康托正是使用了"比应"的思维，才解决了"所有数字的数量更大还是一条线上的数量更大"这个问题。

---

[1] "比"部的"皆"字，表统括，即两者相互比附而成为一个统一的整体。在"皆"字的基础上衍生出了"偕""谐"和"阶（阶）"等字，后两个概念尤其重要。"谐"是音声相比而应，和谐乃差异性事物的某种特殊形式之比。西方毕达哥拉斯主义也有类似的观念，和谐取决于数量之间的比例或比率。"阶（阶）"表层层上升，一级更比一级高，反映了重要的层级位阶思维，这在数字起源和计数法中起到了重要作用。

[2] 对应性与相似性也可反过来看。无相似不对应，无对应不相似，"比应"与"比似"分形互轭。

其结论是惊人的：在无穷的世界里，部分与整体一样多，一对应着一切。数学中的"比例"和"相似"思想正是一种"比之而等"，是"降维"处理或"变维"处理。不同维上的两条线虽长短不同，但在第三条维上可能体性无异。如图7（乔治·伽莫夫，2019：16）所示：从BC维来观察，线段AC与线段AB确实是"一样"长的。无穷集的"整分等比"性有助于我们理解后文"维数互释"的论题。

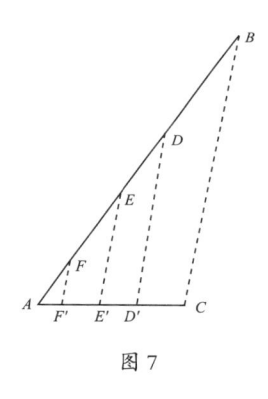

图7

一般说来，认识是对规律的把握，规律是对秩序的反映，那么"秩序"的观念从何处来呢？恰是由"比"而来。"序列"之"列"的本义是"分解"，如成语"列土封疆"，由"分解"本义引申出的第一重含义就是"对立"，如《管子·法禁》言"下与官列法，而上与君分威，国家之危必自此始矣"。"列"的这种"分解""相对"义在"序"字中也有共鸣和互文。"序"本义指东西墙，序也是相对而立的。如花序的序，在花轴两侧相对排列开来，更形象地呈现了序的这种特点。因此，我们说，有序化或秩序化的最初来源是比对。从关于数字起源的历史学和人类学中，我们可以看到数源于序，序源于列，数是将自然分开比对进而有序化的方式。锡兰的维达人数一些物品只能采用把这些物品一个接一个地与某些其他物品结成对子的方式。（托马斯·科伦普，2007：57）而赛登伯格（Abraham Seidenberg）在其《古希腊几何学中的钉和绳》一书中猜想计数起源于一种原始的仪式，这种仪式要求人们成双成对地参加连续的舞蹈。（赛登伯格，1959：107—122）

从	比	北	化

图8

如图8所示甲骨文字形，两人相附为"比"，相随为"从"，相背为"北"，相转为"化"。"比附""随从""背北""转化"这些双音节词最初都从人与人的关系中隐喻出来。可见"比"带有属人性，"比"是加入人类主观因素的对事物关系的提取。"比"对于人与人之间的相互理解尤其具有重要作用，如"将心比心"，是人类相互理解和交往行为的有效方式，甚至是知识和伦理的主体际性

维度：意象、隐喻与认知　　107

之重要基础。所谓的伦理学黄金法则"己所不欲，勿施于人"也正是通过"比"建立起来的。类似于人与人之间的理解，"比"对于人类理解世界也有重要作用，这种认识过程是将对象的世界纳入属人的世界，将世界人化，带上人的认知色彩。从这个角度来重构康德的先验哲学，可以说，范畴是从物自体之比中获得的，范畴又被反过来加于物自体，这里"加"在本质上是一种"比"，范畴比自于物，又反比于物。人类的思想可以将任何事物"放在一起""联系起来"，解释一个对象常常需要诉诸另一个对象，知识不是对世界的反映，而是对世界的比兴。"似"和"拟"的汉字结构也反映了这个属性，"似"字表"人以为是"，"拟"字表"把……当作/视为"，这都体现了认知的属人性和建构性，法依兴格尔的"as if"本体论和塞尔"X count as Y in C"的社会本体论都发扬了"as（如/似/像/类）"的本体论灵魂。这种"人化"相对于个人来说是主观的，但相对于人类来说是客观的。科学哲学中讨论的"知识客观性"不是无条件的客观性，而是仅限于人类的客观性，对于人类来说，知识具有不以个人意志为转移的客观性。但对于非人类的生命而言，"知识"与"客观性"是否存在以及二者是何关系就不得而知了。因此我们对"客观知识"不能过于自负，而应从其客观性中，认识到人类作为"类"的主观性和局限性。

"比"之要义也可从文化之源群经之首的《易》中得到参详。"比"是《易》中的重要一课，从《周易·水地比》卦象中，我们可以提炼出关于经验与真理的"水地之喻"：水行地上，是先有河流呢，还是先有河道呢？如果说"先有河流后有河道"，那么问题在于"地之不存，水将焉附？"为什么水往这里流不往那里流？为什么在此处分汊不在彼处分汊？如果说"先有河道后有河流"，那么河流决口的"改道"或洪水恣肆而行"无道之道"又如何解释呢？认为"河流决定河道"或"河道决定河流"都有其合理性但都有失偏颇。我们应拒斥这种二边之见而采取一种圆融视角，其实，水与地是相互塑造的。[1] 水流改变着地貌，地貌也改变着河流。大尺度视域下"水文地质"的互动图景可看作"水地系统"整体的"自我"改变。在这种纯自然的图景中加入人的因素，可以说"大禹治水"的高妙之处就在于既不是让河

---

[1] 由河流与河道也可进一步阐发"道物不二"的命题，使用"河道"比使用"道路"更能直观地阐释"道"之"无道"和"失道"，也更合乎"道可导（导），非常道"的原始文本。此处不再详述。

流完全决定河道，也不是让河道完全决定河流，而是充分考虑水与地的相互塑造，因势利导地调节"水地系统"趋向宜乎人类生存的和谐状态。

"水地之喻"的知识论启示在于：知识之流奔腾于经验的大地之上，即便巨浪滔天，最终不过是"在地的知识"。知识比附于经验，正如水比附于地，两者是相互塑造的。这个比喻有助于启发为什么"真理"似乎总带有某种先验性。一切看似先验的事物最终都有其经验的根据，今人和前哲所谓的"先验"，不过是历史的经验，是被遗忘了来源的经验，故"先验"之"先"不是"先于"而是"先前"。"先验"的事物不是"先于"人类经验的存在，而是人类先前的经验存在。从上亿年的演化尺度来看，人类"带着但不记得"曾经的巨量演化信息，"带着"是因为人类正是巨量演化信息的结果，"不记得"是由于受到种种限制，如头脑的存储容量、记录的方式、代际之间的传递等等。遗忘是必然的，很多神秘事物都来自遗忘，例如，人们所谓的鬼怪可能是之前祭司们眼中的天文现象，是一种历史事实。（孔多塞，1998：35）因此柏拉图理念论中的回忆说倒确实有几分道理。当然，我们无法"回忆"他人的经验，而只能通过如汉字这样相对稳定的象形符号系统来进行一种知识考古，去推测前人的理念和经验。从发生学的角度看，文明是生命的偶然，知识是生活的馈赠，真理是经验的升华。奎因的"自然主义认识论"和波普尔"科学知识进化论"都立足于这种发生学，这种来源有自的发生学胜过凌空蹈虚的先验论。

结语

在上文中，笔者从"维"字的文字学分析入手，通过把握"绳"的意象提出了"维"背后的根隐喻和隐喻基质，并进一步通过阐发象、数、言、意"同源互比"的认知机制解释了为什么"规范场正是纤维丛上的联络"在字面上符合"幺"隐喻，这也在某种程度上例证了"幺"的世界图景之合法性，即这个由"幺"编织的世界图景不是神秘主义的，也不是先验主义的，而是经验主义的。回到"维者何谓"这一问题，隐喻地讲，"维"是联系概念并把握意义之网的"线索"，是织构对象、锚定对象并描述对象的"准绳"。"维"者何谓？"维"者，"谓"也！[1]"维"是主词的谓述，但它是一种特殊的谓述，是贯

---

[1] "维"字本来就有表判断的含义，如梁启超《新史学》："史之精神何维？曰理想而已。""维"相当于"是"。

穿统摄其他谓述的谓述，于是它就从谓述性或描述性中浮现出了一种"提纲挈领"的规范性含义。

最后我们还要再提一下"维数"的问题。"维数"本身包含着"维"和"数"两个语义要素，表面上看，"维数"就是通常所谓的"维之数"，表示"维"的个数。但从"汉字原子主义"的角度来看，"维数"中"维"和"数"两者的关系并非简单的单向限制修饰关系。"维—数"具有一种内在结构，"维"与"数"是互文的，两者彼此嵌套互补交构——"维"不离"数"，"数"不离"维"；"维"中有"数"，"数"中有"维"。因此，"维数"的要义需我们从两个互逆互补的方式来理解，一是从"数"理解"维"，一是从"维"理解"数"。分形学侧重于前者，数学哲学侧重于后者。后者比前者更难，因为"数"比"维"更抽象。"数是什么"（整数是什么？分数是什么？等等）的数学哲学问题超出了本文的范围，更超出了笔者的能力，笔者只能笼统地指出一种"维数互释"的阐发方式。[1] 数字

的依托是概念，统计的基础是分类。正如弗雷格的经典论述，"数"是对"类"的限定，数直接表达的不是对象的性质，而是概念的性质。

对于社会科学来说，"维"[2] 有独特的本体论意义。社会实在（social reality）不同于物理实在，社会实在也不可还原为物理实在，社会实在更是意义的交织，是一种语境实在（contextual reality），或更隐喻而形象地讲，是一种脉络实在（contextual reality），如同大自然中真实存在的树根、树枝、树叶的脉络那样，实际上是分数维的实在，具有分形的结构。这种你中有我、我中有你的分形在斯蒂芬·佩珀看来就是融合和新奇。从维到数，从数到维，用这一互逆互补的思维来考察分数维，最终揭示的是语词和概念的不充分性。"完整谓词"是理想的，"非完整谓词"才是普遍的。就世界之无限性而言，实在之维数是无限的，就语词之有限性[3] 而言，语词谓述的实在之维数是有限的。从语形上看，语词是单个单个的，它们是完整的，故它们谓述的实在是整数维

---

[1] 例如，豪斯道夫维度是从自相似性定义的，即将整体分为成比例的相似部分，"n 维物体包含 m^n 个大小为原来 1/m 的小号复本"。我们也可以仍然使用这句话，反过来从 n 维理解（分）数 1/m。

[2] "维"与"维度"有所不同，"维度"是个复合概念，"度"反映了观察和测量，也反映了"维"的尺度性。

[3] 语词的有限性体现在两方面：数量的有限性和能力的有限性。

的。但从语义、语用、语境上看，语词所表达的意谓是不完整的，概念与概念相互渗透，边界模糊，它们也不能完全刻画整个对象，因此它们谓述的实在是分数维的，分数维反映的正是未被概念化的范畴或未被语词化的概念。前者是未知的未知，后者是已知的未知。（细谷功，2018：30—39）分数维启发我们重新理解概念，突破"理想型"的概念附着，回归事物本身，将一个个收敛的"概念点"拓展为一片片弥散的"相空间"。从这个角度，"分数维"将促使社会科学大厦进行一场"砖瓦革命"——重铸概念砖瓦就是重建理论大厦。

参考文献

曹则贤（2019）. 物理学咬文嚼字卷四. 北京：中国科学技术大学出版社.

〔英〕丹皮尔（2010）. 科学史. 李珩译. 北京：中国人民大学出版社.

冯时（2006）. 中国古代的天文与人文. 北京：中国社会科学出版社.

〔加〕哈金（2010）. 表征与干预——自然科学哲学主题导论. 王巍等译. 北京：科学出版社.

〔德〕洪堡特（2011）. 语言哲学文集. 姚小平编译. 北京：商务印书馆.

〔美〕侯世达，〔法〕桑德尔（2018）. 表象与本质——类比，思考之源和思维之火. 刘健等译. 杭州：浙江人民出版社.

〔美〕霍尔（2015）. 青春期——青少年的教育、养成和健康. 凌春秀译. 北京：人民邮电出版社.

黄琨（2017）. 中国汉字源流. 北京：商务印书馆.

〔法〕Ivar Ekeland（2012）. 最佳可能的世界——数学与命运. 冯国苹，张端智译. 北京：科学出版社.

靳青万（2002）. 释"传说"——兼探结绳记事的内部运作机制. 文史哲 .5：124—127.

〔法〕孔多塞（1998）. 人类精神进步史表纲要. 何兆武等译. 北京：三联书店.

李泽厚，刘绪源（2011）. 该中国哲学登场了. 上海：上海译文出版社.

刘华杰（2011）. 博物人生. 北京：北京大学出版社.

刘华杰（2014）. 檀岛花事——夏威夷植物日记. 北京：中国科学技术出版社.

〔美〕乔治·伽莫夫（2019）. 从一到无穷大. 刘小君等译，北京：文化发展出版社.

〔美〕乔治·莱考夫，马克·约翰逊（2015）. 我们赖以生存的隐喻. 何文忠译. 杭州：浙江大学出版社.

〔英〕史蒂芬·霍金，列纳德·蒙洛迪诺（2011）. 大设计. 吴忠超译. 长沙：湖南科学技术出版社.

田松（1998）．血液与土壤．厦门：鹭江出版社．

田松（2007）．有限地球时代的怀疑论．北京：科学出版社．

〔英〕托马斯·科伦普（2007）．数字人类学．郑元者译．北京：中央编译出版社．

王鸿生（2008）．世界科学技术史．北京：中国人民大学出版社．

王仁湘（2011）．四正与四维：考古所见中国古代两大方位系统．四川文物．5：36—46.

汪忠长（2005）．周易六十四卦浅解．北京：当代世界出版社．

魏励（2015）．汉字部首解说．北京：商务印书馆．

〔日〕细谷功（2018）．高维度思考法——如何从解决问题进化到发现问题．程亮译．北京：中国华侨出版社．

许进雄（2008）．中国古代社会——文字与人类学的透视．北京：中国人民大学出版社．

徐品方，张红（2006）．数学符号史．北京：科学出版社．

杨振宁（2002）．杨振宁文录．海口：海南出版社．

张冀峰（2018）．汉子原子主义思维方式浅析．邯郸学院学报．3：75—81.

张景中，彭禽成（2017）．数学哲学．北京：北京师范大学出版社．

Abraham Seidenberg（1959）．*Peg and Cord in the Ancient Greek Geometry*：107–122. 转引自保罗·费耶阿本德（2018）．科学的专横．郭元林译．北京：中国科学技术出版社：75.

Aristotle（1971）．*The Works of Aristotle*, vol.I. ed.by Ross, W.D. Oxford University Press: 16a3–5. 转引自王路（2016）．语言与世界．北京：北京大学出版社：13.

Pepper, Stephen C.（1942）．*World Hypotheses: A Study in Evidence*. Berkeley, University of California Press.

"博物学史"与"物质史":澄清一个误区

周金泰(湖南大学岳麓书院,长沙,410082)

"History of Natural History" and "Material History": To Clarify a Misunderstanding

ZHOU Jintai (Hunan University, Changsha 410082, China)

摘要：博物学史常被理解为物质史研究中新出现的分支。这一误解的形成，或与混淆"博物"一词古今语境有关。博物学史与物质史在问题域上虽有重合，但二者分属不同研究理路。物质史关注的"物"，广泛参与人类生活，它的兴起本质上是扩充了人类之外的历史研究对象。而博物学史所关注的"物"，则是被限定了的动物、植物、矿物、人体等自然界物种。特别是，博物学史关注的重点不是自然物种本身，而是人类对于外部世界的认知方式及心理范式。故此，博物学史本质上仍是人类史。辨析博物学史与物质史概念异同，对于厘清博物学史研究边界、明确博物学史研究方法，具有积极意义。

关键词：博物学，博物学史，物，物质文化史

Abstract: The history of natural history is often interpreted as a new branch of material history. This misunderstanding may be related to the confusion of the ancient and modern context of the term "natural history". Although the history of natural history and material history overlap in the problem domain, the two belong to different research theories. The object concerned by material history are widely involved in human life, and it expands historical research objects. The object concerned by the history of natural history are the animals, plants, minerals, human bodies and other natural species. In particular, the history of natural history does not focus on nature species, but on human cognition and psychological paradigm towards the outside world. Therefore, the history of natural history is essentially human history. Discriminating the similarities and differences between the history of natural history and material history has positive significance for clarifying the boundary of history of natural history and clarifying the research methods of it.

Key Words: natural history, the history of natural history, object, material cultural history

当下，从学界到公众，博物学的复兴都是一个引人关注的现象。这股热潮扩展至史学界，撰写博物学史的工作也已起步（刘华杰，2012：168—176）。在历史学内部，博物学史尚属新鲜史域，研究范式尚未明晰。依笔者观察，首要问题是，对于博物学史的研究对象尚有认知不清之处。由于"博物"一词字面解释为"博识万物"，不少人误以为博物学史就是针对历史上林林总总的"物质"的研究，并将其同历史学内部已有一定学术积累的物质史，特别是物质文化史等同起来。事实上，"博物"一词源出中国典籍，用以对译 natural history 时，其历史语境便已消失。而问题的复杂性在于，"博物"古今语境又有纠葛之处。那么，博物学史与物质史有多大关系？在界定博物学史研究对象时应做出何种取舍？小文旨在解决这些疑惑。

一、"博物"古今语境辨析

博物学（natural history）本质上是西方学科概念，可上溯至古希腊老普林尼（Gaius Plinius Secundus，23-79）所谓"自然志"传统。约18世纪，经林奈（Carl von Linné，1707-1778）、布丰（Georges Louis Leclere de Buffon，1707-1788）等人推动，其学科范式基本确立。关于现代西方博物学，争议并不大，大致是指对自然界物种（主要包括动物、植物、矿物和人体）进行辨识、命名、分类、描述、搜集及展示的一类学问。而关于历史上的博物学，特别是中国历史上的博物学，则面临一个问题——如何界定中国古代博物学史研究对象？说得更直白些，中国古代存在博物学吗？

上述困惑，毋宁说是中国近代学科形成过程中普遍存在的。"学科"是近代西方学术分工的产物，因此严格意义上，中国古代没有任何"学科"可言。

但文学、哲学、政治学、经济学等学科史写作早已司空见惯，普遍做法是，以现代学科作为框架，划定出一些古代知识以作为撰写该学科史的基本素材，这种以今律古的做法尽管存在争议，但似乎已经约定俗成。

笔者认为，中国古代博物学史写作亦应采取类似做法，这并非"历史的辉格解释"，相反却是相关研究得以展开的必要取舍。但目前这种做法面临不小争议，依拙见，争议产生根源有二。

首先，"博物"古今语境互有纠葛，极易发生混淆。 审视中国近代学科形成过程，可有如下粗线条概括：第一步，约17、18世纪，现代学科普遍于西方率先形成；第二步，约19世纪60年代，"东亚文化圈"内部日本率先"西化"并大规模引进西学，一般做法是，在中国传统典籍中找到意义相近的语词与西学对译；第三步，约甲午之后，西学经由日本而输入中国，中国接受了日本译法；第四步，西学与本土学术进一步融合，约清季民初，中国现代学科纷纷成立。

中国近代博物学科的形成也遵循了上述轨迹，据吴国盛研究，日本人最早将"natural history"译成"博物学"。1897年，康有为《日本书目志》载有以"博物学"为题的日本著作七种，并特别加注，认为博物学有"开发民智"效果，这可视为现代学科意义上的"博物学"进入中国之开端（吴国盛，2016）。此后，很多民国学者都对"博物学"下过定义，比较有代表性的，如曾"留日学博物"的吴冰心（吴家煦）1914年创办《博物学杂志》撰写发刊词阐述博物学内涵，1917年杜亚泉撰写《博物学初步讲义》时亦为博物学下过定义。吴、杜等人均认为博物学就是研究动物、植物、矿物和人体的学问，这一看法在当时具有普遍性。可见近代博物学学科建立伊始，国人普遍接受了"博物学"就是西方natural history的观点，他们讨论中国历史上的博物学，讨论的其实也是中国历史上的natural history，在这一点上，中西学术"会通"过程格外顺利。

这一过程之所以顺利，关键在于，日本人的对译，也包括国人的直接移用，只是接受了源出中国古籍的作为"语词"的"博物"，此时"博物"就只是用以代指natural history的语词符号，并不具备其历史语境了。但问题的复杂性在于，古代历史语境中的"博物"与现代学科语境中的"博物"存在语义纠葛。

中国古代"博物"一词，以《左传·昭公元年》用例最为经典：子产为晋平公诊病，得出晋侯生病乃不祭祀鲧所致，晋侯病愈，即称子产"博物君子也"。

其后,"博物君子"这一表述不断出现,《汉书·楚元王传》论赞部分,班固甚至列出一个"博物君子"名单,认为孔子、孟子、荀子、董子、史迁等人,皆为"博物洽闻"之人。西晋张华《博物志》之"博物",也是这一语境下的"博物"。中国古代"博物"原指"博学多闻",应归入儒家"多识"传统,相较现代西方博物学,在内涵上具有三个特征:第一,识别对象不限于自然界物种(可能仍以"多识于鸟兽草木之名"为主,不过这纯属巧合);第二,并无辨识、命名、分类、描摹性状、搜集及展示等一系列严格的前后承接的工作步骤;第三,最主要的区别在于文化内涵,中国古代"博物"不仅是"知识素养",更是"人格修养",寄寓了儒家"君子"理想。

由此可见,中国古代"博物"与近代博物学有重合之处,范围却大得多,自然就会产生一个疑问:研究中国历史上的博物学,是研究那个被现代博物学限定了的博物学,还是那个范围大得多的博物学呢?

笔者的看法是,忽略"博物"古今语境纠葛,继续像民国学者那样,单纯视"博物"为代指 natural history 的语词符号,去研究那个被现代学科限定了的博物学。这是学科史研究中的常见逻辑,我们可以举一个易于理解的例子,例如经济学(economics),由于不存在古今语境纠葛,便很少造成研究混淆。因为古代语境中,"经济"指一套"经邦济世"的"治国平天下"理想,现代学科语境中,众所周知,"经济"与之关系不大。因此,提到中国经济史,大家都觉得是研究历史上与金钱、财产、价值有关的一系列满足人类物质生活的活动,而没有人认为是研究一种"治国平天下"理想。中国古代语境中的"博物"当然也可以作为研究对象,但最终只能是研究作为儒家理想的"博物多识"观念,这种观念史研究缺乏延展性。只有将中国博物学史理解为研究历史上人类认知及利用自然界的一系列活动,这样的学科史研究才是有延展性、有活力的。

其次,近代"博物学"学科刚刚引入中国不久,便不幸"夭折",缺少被人接受并固化为常识的完整历史过程。上文提到,经济史等学科史研究较少面临概念争议,是因为其古今语境不存在纠葛。此外或有另一个重要原因:经济学等现代学科传入中国后,已历经百余年发展,如此长的历史过程,足以使之被人接受并固化为常识,以致不少人忽略了其历史本意。约1920年前后,中国大学多设博物系科,各种博物学教材、杂志及博物学协会、机构等,亦层出不穷。依照华勒斯坦(Immanuel

Wallerstein）现代学科理论，这些现象大约表明中国现代博物学学科已经建立，但不幸的是，博物学学科存在仅数年，在1930年前后，便"夭折"了，或者说得更严格些，它"进化"成了所谓高阶学术形态：研究方法"进化"至数理科学层面，这就是生物学；研究范围"进化"至精确分工层面，这就是专业化的动物学、植物学、矿物学和生理学。

问题是，由于现代博物学学科存在时间短，它缺少像现代经济学等学科那样近百年的"常识化"过程，以致时隔七十余年博物学再度复兴之时，很多人误以为这是一个新学科，需界定其概念，并讨论其学科合法性，殊不知此等工作，民国学者其实早已完成。不妨设想，如果当初"博物学"传统没有中断，可能早就变成了同"经济学"一样被人接受的"常识"，那么就没有人困惑"中国博物学史"到底该研究些什么。事实上，可视为中国博物学史分支的中国动物学史，几乎被公认研究的是历史上的禽兽（animal），而不是古代语境中的"动物"——雷电等可移动之物。

二、中国博物学史的研究对象

认识及利用自然界物种，即处理人与自然关系，此话题是超越时间及文明单元的，言外之意，现代西方博物学所关注的问题，中国近代同样关注过。因此，研究中国博物学的历史就是研究中国历史上的 natural history，这样的思路完全可行。但完全照搬现代西方博物学学科规范显然存在问题，笔者根据个人研究经验（周金泰，2019），认为有两点调整格外必要：

第一，中国博物学史研究对象不限于动、植、矿、生，还需结合历史语境补入"精怪""祥瑞"等异物。现代博物学的研究对象是"动、植、矿、生"这"经典四重奏"，只是因为18世纪现代博物学概念确立之时，对自然的理解就以这"经典四重奏"为主。我们基于现代博物学学科范式去定义中国历史上的博物学，不等于直接移植这"经典四重奏"，而要看古人心目中自然界的构成是什么。笔者认为还应当包括"异物"，特别是"精怪"和"祥瑞"。古人认为这些"异物"真实存在，而且在"气化宇宙论"思维模式下，认为它们由自然之气发变幻而成，因此也是一种"自然物"。特别是，这些"异物"由于稀见，往往需要做一些辨识、命名、分类等工作，而且还经常书于图谱供人辨识，上述活动完全可以归入博物学。

第二，中国历史上虽存在近似现代博物学的博物行为及博物知识，但博

物观念迥异于现代。 18世纪最终确立的现代博物学，本身是知识科学化的产物，林奈所开创的双名命名法（binomial nomenclature）便是重要表现。在福柯（Michel Foucault）对西方近代博物学史的三分法中，17、18世纪，正是林奈、布丰等人对"结构"及"秩序"的关注，才促使严格意义上的现代博物学形成（福柯，2016：138—144）。因此，现代博物学本质上是一项科学事业，而且在19世纪博物学的"黄金时代"，这项科学事业又配合了帝国主义的殖民行径。上述事实，构成了作为学科的博物学的"现代性"特征。显然，这些特征不存在于古代中国。从这一角度而言，古代中国的确不存在现代意义上的博物学，根源在于支配古代博物行为的博物观念并不具备现代性特征。但是，不能因此简单认为，古代博物学是现代博物学的"前学科"形态。业师余欣教授的观点值得重视，他指出中国古代博物学不是科学的简陋形态，而是自成体系的知识传统，而且不仅是一个知识体系，更是理解世界的基本方式，是镕铄"天道""人事"与"物象"的直面自身生存世界的理解方式、人生实践和情感体验。（余欣，2013：1—13）从这一视角出发，中国历史上的博物观念虽有异于现代，但亦有自身历史价值。探索相似知识在"异时空"下的呈现形态及存在逻辑，正是进行历史学研究的魅力所在。

至此，我们可以总结何谓中国博物学史研究对象：首先，它是基于现代博物学学科范式划定的一类知识，即对自然界动物、植物、矿物、人体等物种进行辨识、命名、分类、描摹性状、搜集及展示的知识，上述知识作为人类与自然相处过程中的经验性总结，同样存在于中国历史时期。其次，结合中国历史语境，对上述定义做出两点微调：第一，在研究对象上，补入以"精怪"和"祥瑞"为代表的"异物"，因为在古人眼中，它们是真实存在的同需被辨识、命名、分类及描摹性状的自然界物种；第二，中国历史上虽存在类似现代博物学的行为，但支配博物行为的博物观念却迥异于现代，特别是，没有展现出现代博物学的科学主义色彩，而是根植于历史知识背景的古人认识及理解世界的一套基本范式。

以上是对中国博物学史研究对象清晰的概念界定。笔者不否认，这一定义可能牺牲了历史复杂性，甚至已经完全消解了古代"博物"一词的历史语境。对"中国博物学史"下一个所谓接近历史"真相"的模糊定义，无疑更加讨巧，但笔者认为这样做对于学术发展无益，只会导致：第一，展开具体研究时，出现概念指称混乱而陷入前后矛盾；第二，无法彰显"博物学史"作为新的"专门史"的"个性"，包罗过多内容，难免不使博物学史写作沦为披着博物学外衣的自然史、科学史、生物史、环境史、名物史的重复写作。

三、"博物学史"与"物质史"之比较

上文已指出，中国博物学史研究对象应以 natural history 为主，而不能被其译词"博物"所迷惑。以"博物"对译 natural history 并非明智之举，不仅如上文所示，两者语义存在纠葛，以致产生博物学史到底研究历史语境中的"博物"，还是研究 natural history 的困惑，而且，"博物"一词中"物"的迷惑性更大，致使不少人以为博物学史就是物质史，并将其同历史学内部已有一定学术积累的物质文化史等同起来。经由上述论证，我们已经可以看出，博物学与"物"关系并不大，因此有必要对物质文化史与博物学史研究理路做出区分。

作为新文化史重要分支的物质文化史，其核心研究旨趣就是透过对具体物的考察，揭示一个时代的经济、政治、社会之变迁，从而使物不再是经济史家的专利。它自 20 世纪中叶兴起以来，无论是在彼得·伯克（Peter Burke）所谓经典三重奏"衣、食、住"领域，还是在生活必需品特别是书籍与药物领域，均积累了大量成果。（彼得·伯克，2009）物质文化史与博物学史是存在一定关联，但不能因此将二者等同起来，更不能视博物学史为物质文化史中新出现的分支。确认两者区别，有助于进一步厘清博物学概念，也有助于进一步理解中国古代博物学史研究特色。

彼得·伯克在一篇概述西方新文化史的文章中将新文化史分出七个子课题，首先就是物质文化史。他定义道："物质文化史，亦即饮食、服装、居所、家具及其他消费品如书的历史。"由伯克的定义可知，物质文化史关切的物集中见于衣、食、住等与人类生活密切相关的领域（正如上文提到伯克"经典三重奏"理论），尤以日用品和消费品居多，它们大多呈现如下特征：常见性、经过人类加工、广泛参与人类活动（特别是经济活动）。一些耳熟能详的物质文化史论著，如《时装生活史》《厕神》《启蒙运动的生意》等，取材莫不如此。从学术渊源来看，这类物的选题偏好可上溯至马克思（Karl Heinrich Marx）与布罗代尔（Fernand Braudel）：众所周知，马克思经典的"拜物教"理论即以商品为中心展开论述，布罗代尔名著《15 至

18世纪的物质文明、经济和资本主义》所关注的物质文明亦侧重经济领域。只不过在物质文化史家那里，物跳出经济范畴而进入更广阔的文化范畴，易言之，是在继承研究对象的基础上做出了研究取向的调整。

博物学虽然也关注到了"物"，但精确地讲，并非笼统的物质、物体、物品等，而是被限定了的动物、植物、矿物等自然界物种，相比物质文化史，侧重点明显不同：第一，它关注的"物"不怎么常见，而多是需要进行辨识、命名、分类等工作的"异物"；第二，它关注的"物"很"天然"，一般很少被人类动过"手脚"；第三，它关注的"物"一般不具备商品属性，很少凝结人与人的关系，而更多凝结人与自然的关系。

由于"物"的类属与侧重不同，我们也可略窥两者学科脉络间的差异。物质文化史与经济社会史、艺术史及考古学表现出渊源：物质文化史延续了经济社会史的选题兴趣并做出发挥，如罗什（Daniel Roche）《平常事情的历史》虽探讨了法国大革命中林林总总的日用品，但问题意识已不局限于物之生产与消费，而是将其嵌入民众日常生活特别是精神生活中，从而凸显物之"符号性（symbol）"；物质文化史也延续了艺术史特别是鉴赏学的学术传统，如在英国，物质文化史起初便归入设计史（design history）专业，学者通过探讨一些高品位的物质，如家具、服饰、陶瓷等，探讨其背后的审美趣向；此外，物质文化史还钟情于考古发现的宫殿、墓葬、生产生活工具等古代物质遗存，从而承担了缅怀逝去文明的功能，如最近开明出版社推出多卷本《中国古代物质文化史》，以秦汉卷为例，全书用大量篇幅介绍了聚落、丧葬、农业、手工业等秦汉考古领域取得的成就。而博物学史，与之关系最近的学科当推自然史和生物史，此外，环境史、科技史也与之渊源颇深。

不同的物类侧重与学科背景，也导致两者研究取向差异。应当承认，物质文化史与博物学史都不是就物论物的，但扩展开去，它们的问题关怀不尽相同：物质文化史与对人类消费行为（consumerism）的研究密切相关。物质文化史虽不囿于物之消费的纯经济学视角，但仍热衷于消费行为背后的文化与符号象征意义，包括消费观念、身份认同、消费所联结的人际关系等，这使得物质文化史在研究取向上近乎人类学，就像马赛尔·莫斯（Marcel Mauss）那本名满天下的《礼物》所呈现的那样。同时，由于物质文化史关注的物大多深入参与人类活动,研究者就顺势讨论了物与技术在文明进程中的意义,如"某物改变历史"是常见的分析模式。博物学史的外延远未如此丰富,目前博物学史研究的大宗其实是学术史,特别是人类体认自然世界的方式与经验。

四、"博物学史"本质上仍是"人类史"

上文指出,"博物学史"与"物质史"的重要区别在于所关注的"物"各有侧重,"博物学史"所关注的"物"是被限定了的自然界物种。但是,一项以自然界物种为主要研究对象的史学研究就足以称为博物学史研究了吗?笔者认为还需满足其他条件。

例如某项动物史研究,如果只是探讨历史时期该动物的体态特征、地域分布等,本质上可能仍是科技史研究;如果只是探讨该动物在某一历史时期的文化象征意义,甚至可以说,它可能与物质文化史关系更大。

因此,博物学史的"个性"不仅体现在研究对象上,更体现在研究视角上。在笔者看来,"某物的博物学史研究"应将考察重点放在历史时期人类如何观察、辨识、利用、搜集及展示该物种,特别是在这一过程中如何处理人与自然的互动关系。从这一角度而言,"博物学史"本质上仍是"人类史",研究落脚点在于揭示历史时期人类的知识经验。

对于中国博物学史研究而言,上述认识尤其必要。传统中国的重要特点是讲求天人合一,在此背景下,自然社会与人类社会紧密缔结在一起。古人的博物学实践,并无多少科研色彩,最终多服务于信仰禁忌、生命礼仪、道德伦理乃至政治运作。余欣教授曾指出,中国传统博物之学是指关于物象(外部事物)以及人与物的关系的整体认知、研究范式和心智体验的集合,不仅是一个知识体系,而且是理解世界的基本方式。中国博物之学的关切点并不在"物",不是一堆关于自然物的知识,而是镕铄"天道""人事"与"物象"的直面自身生存世界的理解方式、人生实践和情感体验。(余欣,2011:10)上述观察,对于理解"博物学史"本质上仍是"人类史",具有参考意义。

参考文献

〔英〕伯克，彼得（2009）.什么是文化史.蔡玉辉译.北京：北京大学出版社.

〔法〕福柯，米歇尔（2016）.词与物：人文科学的考古学.莫伟民译.上海：上海三联书店.

刘华杰（2012）.博物人生.北京：北京大学出版社.

吴国盛（2016）.自然史还是博物学？读书 1：89—95.

余欣（2011）.中古异相：写本时代的学术、信仰与社会.上海：上海古籍出版社.

余欣（2013）.敦煌的博物学世界.兰州：甘肃教育出版社.

周金泰（2019）.汉代博物学研究.复旦大学博士学位论文.

由神圣到诱惑的历史：古代香料博物志

王钊（四川大学文化科技协同创新研发中心，成都，610065）

From Holy to Lure: Natural History of Spice in Ancient

WANG Zhao (Sichuan University, Chengdu 610065, China)

摘要：香料是香味的物质载体，通过焚烧、溶解或浸提的方式，其中的香味物质可以挥发到空气中而为人类的嗅觉器官所感受。这种美妙的芬芳气息最早被古人用于祭祀神灵，随着人类对自然资源的开发，越来越多的香料进入人们的日常生活之中，以往只有神灵享用的珍稀之物逐渐为人所用。无论是防治瘟疫、整洁仪容，还是满足口腹、助力性事，越来越多的香料进入人间世界，通过芬芳气息诱惑人类进行感官的享受。

关键词：香料，祭祀，防疫，味觉享受

Abstract: Spice, conveying the fragrance, releases it into air by burning, dissolving and extracting, so human smelling organ can feel it. Originally this wonderful fragrance was used for sacrificing gods, however, with the exploitation of natural resources, a number of spices are introduced into human daily life. In the past the precious spice was for gods, but now it is for human, not only preventing epidemic or cleaning appearance, but also satisfying appetite or assisting coitus. With an increasing number of spices in man's world, more lure for enjoyment of taste by fragrance.

Key Words: spice, sacrifice, epidemic prevention, enjoyment of taste

香味是一种看不见也摸不着的东西，但是仅仅通过刺激分布在人类鼻子内部的嗅觉系统，它就可以使我们产生一种美妙的享受，人们或是陶醉在其营造的芬芳馥郁之中，或是被其诱惑得垂涎三尺，食欲大增，而所有这些妙不可言的香味都有一个物质载体——香料。香料在我们今天的日常生活中似乎特别微不足道，仅仅是我们生活的小小点缀，尤其随着现代化学工业的进步，我们可以随意地合成各种人工香料，廉价而种类丰富的香料满足着我们各种各样的香味需求。而在古代我们的祖先可就没有那么幸运，很难随时随地享受各种香料的芳香之气。古人生活中的香料几乎都要从大自然中去寻找，香料资源在大自然中的相对稀缺性，导致了人们对它的珍视。千百年来不同地域的民族在与自然打交道的过程中发现了种类繁多的香料，它们或是产于热带的植物果实和花蕾，或是产于温带的具有挥发物质的芳香草本植物，甚至也可能是一些动植物机体的分泌物。各种形形色色的香料中蕴含的芳香成分最初不过是植物防御病虫害或动物吸引异性的次级代谢产物，但一经人类发现就被应用于各种活动中，在氤氲的芳香之气中传递着每个民族特有的文化基因。

在近代工业还没有诞生的时期，中国人的日常生活都要仰仗农耕生产供给，许多生活必备物品或是来自辛苦耕种的土地，或是采集于广袤的大自然。作为在人们生活中必不可少的香料，最早的时候多是直接取自身边的自然界。当我们翻阅《诗经》和《楚辞》时，就可以发现古人生活中最重要一件事就是采集野生植物，而其中不乏富含香味的香料植物。再往后随着人们对香料用量的增加，开始出现专业的香料植物种植园，不过这时所种的香料主要还是一些生长在温带和亚热带的草本植物，更多难以种植的香料还需要从野外采集。以上这些采集或种植的香料仅仅产自华夏民族聚居的中原地区，随着人们对南中国地区的不断探索以及与周边国家的贸易联络，生长在异域的各种香料也逐渐进入中国人的生活，这些来自异域的香料最终与中国本土所产的香料共同构成了中国人悠久的用香文化史。深处现代社会的人们早已摆脱了对这些自然香料的依赖，很难理解它们在古人生活中到底起到了什么样的作用。种类繁多的香料都有哪些？它们是如何被古人应用的？带着这些问题，我们将开启古人香料文化的博物之旅。

一、众神飨香

古人使用香料，最初可能起源于祭

祀活动。古老的儒学经典《尚书》中就说过"至治馨香，感于神明"，古人使用香料是与天神交流的一种方式：香料在焚烧的过程中，高温使其中的挥发性物质释放出来，伴随着这种不充分燃烧产生的小颗粒物质一起飞散到空气中，袅袅上升的青烟直通天际，馥郁的芳香弥散四野。这正是神明受用馨香的过程，神明既然接受了子民的飨物，自然会降福于人间。这就是早期香料主要的功能，它以焚烧的形式用于祭祀，这在许多民族都有据可查，而且因为每个地域香料物产的不同，祭祀用香也有很大的变化。

古代中国人最初用的祭祀香料是身边所产的各种香木，最常见到的就是松柏枝。这类裸子植物因为富含芳香的挥发性物质，产量也巨大，经常会被用于祭祀神明。明清时代皇帝用于祭祀上天的天坛专门建有焚烧这类松柏木的琉璃砖燔炉，在燔炉前还会设八座铁质鼎炉，又叫铁燎炉，在祭祀的时候向炉内投放松柏枝，炉内青烟氤氲，松香弥漫整个祭坛，这正是对古老焚香祭祀活动的一种继承。

中国古人除了采用原始的焚烧香木祭祀神明之外，随着香料种类的增加，焚香采用的种类和方式也发生了很大的变化。祭祀中焚烧的逐渐出现粉香、线香、块香等经过加工的香料，这样的焚香形式不仅便于使用香料，也适于祭祀活动仪式化的要求。在诸多用于祭祀的香料中"降真香"可谓最受推崇的一种，古时也称其为紫藤香、鸡骨香，唐代李珣在其所著《海药本草》中说"拌和诸香，烧烟直上，感引鹤降。醮星辰，烧此香为第一，度功力极验。降真之名以此"。（谭启龙，2016：168）看来降真香焚烧时具有烟气笔直、直通青霄的特点，由此而适合用于祭祀和宗教活动。降真香的主要成分实际是由豆科黄檀属两种木本植物两粤黄檀（*Dalbergia benthamii*）和藤黄檀（*Dalbergia hancei*）所产出的，这两种植物的木质部受到损害后机体分泌具有香味的次级代谢产物，这些产物填塞郁结在木质部而形成降真香。两粤黄檀也被称为大叶降真香，而藤黄檀则被称为小叶降真香。还有一种叫作斜叶黄檀（*Dalbergia pinnata*）的植物被称为缅甸小叶降真香，它常常被用来冒充真正的降真香。除了降真香，广大汉族区域内，人们还会使用其他一些香料来祭祀神灵，比如檀香、沉香，它们共同的特点就是原产热带地区，是木本植物木质部分分泌的芳香代谢产物，可以研磨成粉制成使用便捷的线香。

处于边疆的少数民族也拥有历史久远的神灵祭祀活动，最为著名的就是北半球横跨亚欧大陆的萨满祭祀。在这些原始的宗教仪式上，处于温带地区的少数民族很少有机会获得产自热带的上述香料，所以大多数地区都是在周边的自然环境中寻找适合于祭祀的香料。满族人是生活在东北亚温带森林至草原过渡生态环境中的游猎民族，他们在长久的历史进程中保留下了丰富的萨满祭祀文化，其中就有祭祀使用香料的记录。今天的满族群众在萨满祭祀过程中会使用一种称为安春香的香料，这实际上来自东北地区特有的一种杜鹃花科植物兴安杜鹃（*Rhododendron dauricum*）。兴安杜鹃是东北高海拔林地常见的一种美丽花卉，朝鲜人称之为"金达莱"，它的叶子富含香豆素等芳香油类物质，所以东北地区称其为达达香、达子香。满族人很早就发现这种植物的香料价值，所以在进行萨满祭祀时将其作为祭祀香料来使用。满族萨满祭祀使用的方法是将叶片采集阴干、研磨成粉末，在祭祀的时候将香粉放置在须弥座形式的木碟内焚烧，香粉需要在碟内撒成线形。在袅袅的香烟中，萨玛妈妈开始对天神进行赞颂邀请。除了兴安杜鹃，长白山地区还特产一种称为"安楚香"的香料植物，它是满族萨满祭祀最高级别的香料，因为产地面积较小，清代这些产地被皇室垄断，称为"贡山"，每年清帝都要派吉林将军在这些地区为皇家采集安楚香。长久以来并没有多少人知道这种神秘的祭祀香料是什么植物，不过乾隆年间绘制的一套《嘉产荐馨》图册解开了这个谜题：安楚香实际上就是产自长白山地区的另一种杜鹃花科植物宽叶杜香（*Ledum palustre*）。（王钊，2017：66）这种植物富含二十多种挥发性芳香油，具有浓郁的芳香气味，是一种产自北温带珍贵的香料植物，生活于此的满族人很早就加以利用，只是因为记载较少，至今知道的人也不是很多。但它具有重要的实用价值和民族植物学研究价值，值得人们重视。

二、除疫药香

早期人们焚烧香料用于祭祀神明的同时，似乎也发现了香料的另一个重要用途——驱除疫气。早在上古时代，人们穴居野处，在恶劣的生存环境中需要驱逐蚊虫，焚烧产生的烟雾就是一种很好的驱虫方法。《周礼·秋官下》中就记载："翦氏掌除蠹物，以攻禜攻之。以莽草熏之，凡庶蛊之事。"那时有专门掌管防治害虫的官吏，他们灭虫害的重要方法就是焚烧一种叫"莽草"的植物，用烟熏除虫害，这可以看作一种早期的卫生预防活动。李珣在《海药本草》中也记载迷迭香："……合羌活为丸散，夜烧之,辟蚊蚋,此外别无用矣。"(谭启龙,2016:128)古人用香料不充分燃烧产生的烟尘颗粒和氧化反应生成的气体物质驱除蚊虫,实际上香料在焚烧时释放出芬芳的气味更被人们视为改善环境、预防病害的有效手段,尤其是在瘟疫横行、人们束手无策的古代。

瘟疫是由致病微生物通过空气、水源等媒介传播的一种人类群体性传染病,但古人并无微生物学方面的知识,当时的人们认为瘟疫是天地间产生的一种不良的戾气,由人的口鼻进入体内导致疾病;欧洲中世纪的医学家也认为瘟疫是"空气失衡"产生的一种"腐气",当横行的瘟疫造成大量死亡时,空气中充满了这种腐气。与腐气相对的就是香气,清新的芳香之气可以改善空气的品质,这自然让人们想到香料可以预防瘟疫。清代的《本草经解要》中也提到降真香"烧之,能降天真气,所以辟天行时气、宅舍怪异",(姚球,2016:100)在中国古人看来焚烧降真香不仅可以引导神灵下凡,更能够将天上的真气引入人间,从而驱除不良的疫气,由此看来中西方古代都将香料释放芬芳视作抵御瘟疫的法宝。一方面许多香料发挥作用的次级代谢产物实际上具有杀菌的作用,这是它们应用于瘟疫防治的药物学根据;但另一方面这种可以通过嗅觉感受到的芳香之气,更能给人空气得到改善的直观感受。将引领神灵的芳香气息用于防疫,也在无形中提高了人们同瘟疫斗争的动力。

中国古代的各种香料正是通过这两方面的作用帮助人们抵抗瘟疫,李时珍所著的《本草纲目》中记载能直接用来治疗霍乱等瘟疫的香料就有藿香、丁子香、沉香、檀香等,《海药本草》中也颇为神秘地记载焚烧艾纳香可以避瘟疫,一些香料甚至具有神奇的辟邪能力,比如书中记载"兜纳香带之夜行,壮胆"。(谭启龙,2016:68)在香料的加持下,芳香笼罩着人的全身,使人们处于险境也可以得到保护而百邪不侵。在这种观念的影响下,中国古人利用香料的气味祛除瘟疫逐渐演变为一种民俗活动,唐代诗人王维写有"遥知兄弟登高处,遍插茱萸少一人"的千古名句,诗句中反映出中国古人重阳节登高、插茱萸的习俗,此处的茱萸实际上是芸香科的吴茱萸($Tetradium\ ruticarpum$)。《证类本草》"吴茱萸"条转引《风土记》曰:"俗尚九月九日谓为上九,茱萸到此日,气烈熟色赤,可折其房以插头,云辟恶气御冬。"(唐慎微,1993:376)吴茱萸叶片和果实均具有浓烈的气味,古人认为这种气味可以抵御瘟疫等邪气,因此在重阳节这天佩戴吴茱萸逐渐成为一种辟除灾异的节日活动，只是随着时间的流逝，人们已经逐渐遗忘佩戴吴茱萸是为了用它的气味驱除疫气，而改用分布更广、果实更好看的山茱萸（Cornus officinalis）来做节日装饰。

三、君子佩香

香料一方面具有改善空气品质的作用，另一方面因为具有药效而被用于辟除邪疫，所以香料在古代经常被应用于人们的清洁卫生活动，长久使用使得香料成为君子仪容的重要标志。在屈原的诗篇中大量出现香草的形象，作者以馥郁的香草来比喻君子高洁不阿的品行，而这些香草正是君子日常佩戴的香料，其中最著名的莫过于"泽兰"。

泽兰类的香料植物有多种，古时较为常用的有佩兰（Eupatorium fortunei）和山佩兰（Eupatorium japonicum），从它们的名字就可知道古人时常将其佩戴于身边，其颀长的茎秆也很适合佩戴于衣物上。泽兰是一类菊科芳香植物，因为叶子具有香味，所以古人多采集用于衣物熏香或杀虫辟邪。它们时常出现在屈原的《离骚》中，无论是"纫秋兰以为佩"，还是"滋兰之九畹"，指的都是这种菊科的泽兰类植物。后世人们更多以为屈原所说的"兰"是兰科的兰花，虽然这种植物开花也有香味，但是从分布范围以及古人的利用程度上来说，它都不及泽兰和佩兰普遍，直到后来文人画兴起，兰花成为君子之花，它才逐渐替代了这两者的位置。

佩兰可以直接佩戴在身边，但多数香料枝叶脆弱松散，随身携带并不方便，人们更多是将香料捣碎置于香囊内随身佩戴。王逸云："行清洁者佩芳，德仁明者佩玉，能解结者佩觿，能决疑者佩玦。故孔子无所不佩也。"（李贽，1990：216）由此可见古时君子佩香不仅仅是为了芳香身体，它是一种如同佩玉一样的仪表需要。孔子作为儒家礼仪的提倡者，在这方面必然是身先士卒。孔子当年佩戴的香料里就有一种称为白芷（Angelica dahurica），这是一种伞形科植物，古称"茝"，这也是《楚辞》中出现频率最高的一种香草。白芷与泽兰一样，都是常见于湿地的芳草，古人认为它与泽兰具有同样的美德，故君子文人多以兰茝为咏，随身携带也是对自身情操品德的一种认同。

四、芸阁书香

君子以香草自喻、以香料为佩，他们日常的文化生活更是离不开香料。古时君子除了品德高尚之外，学富五车更是必备的标准，如果君子之家有着很好的文化传统，人们会称其为"书香门第"，这个书香虽是书籍纸张在岁月中释放的历史气息，实质上是古代一种重要的香料防蠹技术。自从纸张作为书籍的承载体之后，文化的进步日新月异，但是书籍受到蠹虫危害的困扰就一直挥之不去，直到今天各大图书馆对书籍的防虫防蛀也不敢掉以轻心。中国古人就发明出了卓越的书籍防蠹技术，那就是用香料来防虫。其中应用最广的是两种香料植物，一种是黄檗，另一种是灵香草。

黄檗（*Phellodendron amurense*）是芸香科的一种木本植物。它的树皮中富含各种生物碱和芳香物质，古人常常在造纸过程中将黄檗汁液加入纸浆之中，这样造出的纸张发黄，故又称为"潢纸"。这种造纸工艺最早出现在贾思勰的《齐民要术》之中，被称为"染潢"（贾思勰，1996：110）。经过黄檗汁液处理过的纸张可以防虫防蠹、延长寿命，而且散发出淡淡的清香，这也就是其中一种"书香"。

另一种"书香"则是由报春花科的灵香草（*Lysimachia foenum-graecum*）释放的，它古称"薰草"，又称为零陵香，全株含有香豆素等芳香油。它在古代是书籍保护重要的防蠹香料植物，只是现在的图书保护已经多用樟脑来替代。香料应用于书籍，本是为了防蠹除虫，但

芬芳的香味一旦与书籍结合就使得这种气味成为一种文化传承的象征，以至于古人喜欢用一种模糊的香料"芸香"来为书阁命名，颐和园中就有乾隆年间建造的藏书馆"宜芸馆"，书籍也被雅称为"芸编"，这或许是古人在浩瀚书海中探索时萦绕在心间难以忘怀的芬芳，这绵绵的芬芳也喻示着文明的薪火相传。

五、闺阁柔香

中国古人认为妇女需要遵从三从四德，在这"四德"中有一项称为"妇容"，实质上就是古代社会对妇女仪容方面的要求，这项要求也是古时妇女特别重要的一门修身功课。古代的君子佩香以装仪表、以明志向，那么闺阁中的裙钗也少不了用香料装扮自己，正所谓"女为悦己者容"。数千年来，人类对香料的开发利用有一多半大概都是围绕着女性用香展开的，无论是用于香衣的熏香，还是匀面的香粉和香脂，各种各样的香料都在依照妇女的审美不断变化着花样和款识，香料成为增加女性魅力的催化剂，香味也变成了仙姝美人重要的标志。这种伴随女性而出现的香味到底源自哪些香料，它们是如何将女性塑造成为香艳可人的玉人儿，这些都是很值得探讨

的话题。

女性用香中有一大类可以归为化妆品，香料是混合在美容、美颜的胭脂水粉中出现的。在《红楼梦》中就出现过一种称为"茉莉粉"的美白香粉。《红楼梦》中茉莉粉出现过多次，第一次是在第四十四回，王熙凤的贴身丫鬟平儿无辜受到责罚，贾宝玉将她接到怡红院重新收拾妆容，当时给她补妆用的就是茉莉粉。书中讲到："平儿倒在掌上看时，果见轻白红香，四样俱美，扑在面上也容易匀净，且能润泽，不像别的粉涩滞。"（曹雪芹，2004：334）这种茉莉粉是使用紫茉莉科的紫茉莉（*Mirabilis jalapa*）种子制成的，紫茉莉的种子如豌豆大小，种子中富含胚乳，将这种白色粉状胚乳采集研磨、加入香料的确是很好的匀面香粉。除了将香料加入粉中，为了使香料中的挥发性芳香物质更好地富集，更多时候古人是采用浸提法提取芳香成分，另一种美颜化妆品"香脂"就是采用这种方法制成的。明代人周嘉胄的《香乘》中就记载了制作香脂的方法：首先将香料中的芳香成分溶入酒精中，然后再将酒精与油脂调和加热，待到酒精挥发，芳香成分就汇集到油脂中。香脂因为溶入更多芳香成分，香味更加浓郁，将其涂抹于肌肤，香味能够持久不散。

古时还有一种香发的化妆品——木樨香油，也叫桂花油，在戏曲《卖水记·表花》中，丫鬟梅香有一句念白就是："清早起来菱花镜子照，梳一个油头桂花香。"这种梳头用桂花油是古时妇女美发的一种时尚用品，与今日琳琅满目的美发用品不同，古时人们要打理一头长发可选择的美发剂少得可怜，一般都是在头发清洗完毕后，采用油脂类物质涂抹，使头发疏散不打结、保持乌亮蓬松。为了达到更好的美发效果也会在发油中添加香料，其中最为人们喜爱的就是桂花（*Osmanthus fragrans*）。周嘉胄的《香乘》中就详细记载了香发木樨香油的制作方法，制作的主要原理也是油脂浸提法，将桂花中的芳香物质汇集到油脂里。这种桂花香油算是一种奢侈品，一般人家的女孩是受用不起的。中国古来有句俗语"卖油的娘子水梳头"，这就是说普通劳动百姓即便是生产头油，她们也是消费不起的，只能用清水梳洗头发。这不免让我们想到宋代张俞那一句诗："遍身罗绮者，不是养蚕人。"

六、迷情春香

异性身上带有浓郁的芬芳，总会诱惑得人心神荡漾。人类天生会将香味与爱情、味道与性欲自然联系起来，但这并不是人类特有的生理现象，在地球上林林总总的生物之中，香味似乎总是与生殖和性欲有关：花朵释放香味吸引昆虫为其授粉，动物释放具有香味或特殊味道的信息激素来吸引异性完成生殖活动。在这种大的自然法则下，人类的情欲也与香味息息相关，许多种释放香味的香料是天然的助性春药。

作为春药的香料，名气最大的莫过于麝香。麝香是鹿科动物林麝（*Moschus berezovskii*）、原麝（*Moschus moschiferus*）等麝类雄性肛门与生殖器之间腺囊内分泌的一种物质，本是雄性麝类在发情期产生的一种吸引雌兽的信息素，它的主要成分是麝香酮。固态的麝香具有恶臭，当用水稀释之后就会散发出特别的香气，这种香气类似于男性激素睾丸素的味道，由此可对女性产生一定的刺激作用。千百年来麝香一直是著名的催欲剂，使一对对男女沉迷于云雨巫山的迷情之中，不过这种激素类的动物香料并不能过量使用，如果沉迷于它的香味，很有可能导致流产或中毒。

还有很多香料作为春药使用，并不是因为它们能够直接促进性生理反应，而更多是以嗅觉刺激的形式影响人的心理，从而作用于性活动。人类在性活动中使用香料作为催情剂更多是迷信它们的功能，用香味布置一个调情的氛围，在刺激嗅觉的同时使自身达到性兴奋，这或许就是香料这种春药最大的药效吧！

七、鼎簋馔香

香料释放的芳香会刺激人的嗅觉系统，这就产生了一个附加的影响——促进了人的食欲，实际上古人也讲"食色，性也"，香味可以增进性欲，那么它也能促进食欲。人类的舌头可以感触到酸甜苦辣咸等味道，但更加复杂的味觉感触就需要交给嗅觉系统。在我们鼻子内部分布着发达的嗅觉神经，专门负责对外界味道的辨识。当美食释放出诱人的香味时，嗅觉细胞首先感受到刺激并使大脑神经做出应激反应，下一个画面便是垂涎三尺了！香味就是这样诱惑人类不断地关注于美食，香料对人类食欲的促进作用简直可以算是一部人类饮食进化史，无论是西方人还是东方人，在历史的进程中无不为获得美味而在香料的发现之路上勇往直前，其中最具传奇色彩的是欧洲人为打通东西方香料之路而开创的海上新航道。

在这个香料贸易的黄金航道上，输入西方数量最多的就是产自东方的食用香料。很难想象几百年前的欧洲人会对这些小颗粒的香料如此痴狂，但在那个时代，为了获得更好的食物口感、更长久的食物保存，使用香料似乎是唯一有效的方法。香料因改善了人们饮食的品质而成为一种珍贵的调味剂，只有最富有的人才能享用来自东方的香料，胡椒、肉豆蔻、丁子香这些充满东方异域色彩的香料一直盘旋在西方人对财富追逐的梦想中，人类的口腹之欲造就了香料传奇的历史。

中国人因为处于香料丰富的区域，从没有过西方人那种对香料的渴求，但在博大精深的饮食文化中也是离不开各种香料辅助的。中国八大菜系之一的川菜就是以善用香料而著称的，而其中最具特色的风味就是"麻"味。"麻"味是川菜中使用本地特产花椒（*Zanthoxylum bungeanum*）果实而形成的，花椒是芸香科一种带有芳香气味的小灌木，几千年来一直都是中华饮食重要的香料调味剂。除此之外，中国北方菜系也喜欢在烹饪中加入产自热带地区的桂皮、八角茴香等香料，这样首先是为不够丰富、以肉食为主的食材增加风味，再者也可以驱散冬季的寒冷。

除了正餐需要加入香料，在西方人地理大发现的征途中，他们还发现了一种调配甜点的香味，这就是我们现在总说的"香草味"，香草味实际上是来自于兰科植物香荚兰（*Vanilla fragrans*）的荚果。这种产自热带美洲的香料和别的香料植物完全不同，当它的果实成熟收割时完全没有香味，它需要在收割后经历几个月的发酵才能够产生浓郁的香草味。这种特别的香味很适合与甜品搭配，所以就成就了我们今天可以品尝到的冰激凌、巧克力。

八、海错奇香

从茫茫的雨林到高寒的山巅，只要仔细寻找，人类总会发现香料的踪迹，但很少有人会知道在深邃的大海里也蕴藏着神奇的香料。大海里的香料来自于海洋生物，因为它们不像陆地上的动植物那样容易发现，所以获取这类香料带有很大的偶然性，而一旦为人发现必定是如同稀世珍宝般收藏，有关这类香料的来源也被渲染为神秘的传说。海洋中最神奇的香料莫过于龙涎香，只要一听这种香料的名称，人们就会想入非非，莫非这种香真是海中巨龙的涎水所化吗？明代文震亨的《长物志》载："苏门答腊国有龙涎屿，群龙交卧其上，遗沫入水，取以为香。浮水为上，渗沙者次之，鱼食腹中刺出如斗者又次之。彼国亦甚珍贵。"（文震亨，1985：81）实际上龙涎香的产生并没有这么传奇，它是海中巨兽抹香鲸（*Physeter* macrocephalus）在捕食章鱼等头足类软体动物后，那些难以消化的角质刺激抹香鲸的肠道分泌出一种蜡状物质，通过呕吐或排便的方式进入大海，经过长时间在海水中漂浮变异，最终形成顶级的香料龙涎香。可以说这是形成过程最神奇的一种香料，它需要经过大自然多个环节才能最终完成。龙涎香焚烧时气味如麝，香气浓郁，但其产量很少，可遇而不可求，在古代都是作为番邦国的贡品进入宫廷的，因此是难得一见的上等香料。

还有一种海中香料，它的知名度与龙涎香比起来就差了许多，这种香料被称作"甲香"，产自一类称为蝾螺（*Turbinidae* sp.）的腹足类软体动物。甲香就是这种香螺的掩厣，即螺口圆片状的护盖。据记载这种动物香料单独焚烧味道并不佳，需要与其他香料合在一起才能释放出芳香的气味。这种香料虽说没有陆上所产香料常见，但在唐代就已经作为南海地区的贡品进入宫廷，可见人们对它开发之早，今天在藏香合香中甲香仍是重要的一味香料。

九、幽庭花香

香料在古代是一种珍稀的奢侈品，许多香料都源自热带地区木本香料的创伤分泌物，产量少而珍稀。对普通人来说最容易接触的香料莫过于各种芳香的花卉，所以古人很早的时候就关注于花香的收集，这类香料分布广而获取方便，是古时比较常见的一类香料。之前我们已经提到古人用桂花制作头油，实际上古人经常利用花园里的芳香花卉制作香料，最出名的就是玫瑰（*Rosa rugosa*）。玫瑰是一种遍布欧亚大陆的多年生小灌木，每年春末夏初就会陆续开出白色或玫瑰红色的花朵，它的花瓣芬芳馥郁，富含玫瑰油。从古至今人类都设法从它的花瓣中提取这种宝贵的液体香料，一般都是采用蒸馏的办法，至今玫瑰油提取还是保加利亚的一个重要产业。提取的玫瑰油用途很广，除了调配香水外，还可以制作糕点及药用。

另一种知名的香料花卉是茉莉花（*Jasminum sambac*），这种洁白芳香的小花本产自国外，在汉魏时期就已经流入中国，因为其芳气浓郁，很早就被用于庭院栽植，净化空气。后来伴随着茶叶的产生，茉莉花被用于窨茶，将茉莉花加入绿茶中，可以增加茶叶香味的丰富度，现在茉莉花茶已经成为中国茶中一个重要的种类。除了直接利用整个花朵的香味，茉莉花也可以和玫瑰一样通过蒸馏或低温浸提法提取茉莉香油，不过从花瓣中提取香料需要耗费大量鲜花，每年到了盛花期人们都要在很短的时间内将鲜花采集下来提取极少量的香料，由此我们也可知这类香料在古代为何广为人知却又异常珍贵！

十、厅室果香

自然界中的许多果实在成熟之际会释放芳香的气味以引诱动物将其食用，其目的就是为了它们的种子可以通过动物的消化系统被携带并传播到各处。人类在这种互利的过程中培育出了许多美味的水果。人们发现水果除了可以食用外，许多果实在成熟过程中释放的芳香气味可以用来营造空间的芬芳气息。在室内陈设水果，不仅美观漂亮，而且可以起到熏香的作用。中国传统水果中就有一些不为食用而专为熏香的水果，比如硕大的香橼（*Citrus medica*）。这种水果果皮发达而果肉较少，果皮内丰富的油点里面包含了许多挥发性芳香油脂。人们将其采摘陈设于室内，果实在成熟的过程中源源不断地释放芳香气息，这个过程可以持续数月，尤其是在万物萧索的冬日，暖室中清供香橼数颗，绵绵的馨香可以伴随整个冬日。香橼的同种近亲佛手柑（*Citrus medica* var. *sarcodactylis* Swingle）也是一种闻香的果实。佛手柑果皮在发育过程中心皮分离，形成了如同双手聚合般的果实，这种奇异的果实因此成为中国著名的观果闻香植物。《诗经》中有"投我以木瓜，报之以琼琚"，这里提到的木瓜（*Chaenomeles sinensis*）成为古时男女相悦、女方赠给男方的一种信物，实际上木瓜也是一种闻香的水果。木瓜属于蔷薇科木瓜属，是我国特有的一种大型灌木，每年秋季都会结满树木瓜。不过木瓜看似丰硕美味，实际上口感并不佳，古人更多的时候将其作为一种闻香的果实。木瓜果肉较硬，可以长时间储存，在成熟的过程中也可以绵绵不断地释放柔和的果香。和香橼、佛手柑一样，木瓜也是传统居室陈设的熏香佳果。以上三种果实虽然都不适合食用，但果实耐储存，可以长期放置于室内作为装饰清供，释放的柔和果香也很适合用来使居室内空气清新。当然普通可食用的水果也可以成为熏香水果，只是多数水果成熟衰老的时间过短，如果用作室内熏香水果需要频繁更换，实在很不经济。

总结

香料本是自然界中动植物在生存过程中为适应外界环境而分泌的一种代谢产物，人类在第一次发现这类能够散发芬芳的物质时就已经为其所倾倒。这种美妙的味道是在其他地方找不到的，身处芳香之中人们如同进入另一个世界，这个世界正是古人想象中的神明居所，因此虔诚的古人首先用香料这种互通天人的神物来贡献神灵。稀有而美妙的香料是神圣的，只有神灵才可以享用。随着人性的逐渐觉醒，人们也开始享受这种芬芳的气息，在香味环绕的环境中，彰显着人类的特权，显示着仪容的儒雅。随着香料种类的增多，这种美妙的诱惑也逐渐增加，香料的神圣性越来越让位于人类对它诱惑力的追求。在香料馥郁芳香的挑逗下，人的原始本能也被激活，或是口腹之欲，或是床笫之欢。香料从神界回归到人间的过程正是人类不断发现世界、发现自我的过程，纷繁多样的香料曾经伴随着人类古老文明不断前进，今天它们似乎已经埋没在工业文明的基础之下，实质上香料仍然若隐若现地出现在我们每个人的生活之中。在此我们重新回味一下祖先感受过的馨香，铭记那份美妙的嗅觉诱惑！

参考文献

［北魏］贾思勰（1996）.齐民要术.北京：团结出版社.

［明］李贽（1990）.焚书.续焚书.长沙：岳麓书社.

［明］文震亨（1985）.长物志.北京：中华书局.

［清］曹雪芹（2004）.红楼梦.上海：上海古籍出版社.

［清］姚球（2016）.本草经解要.北京：中国中医药出版社.

［宋］唐慎微（1993）.证类本草.尚志钧等校点.北京：华夏出版社.

谭启龙（2016）.海药本草集解.武汉：湖北科学技术出版社.

王钊（2017）.帝乡清芬：《嘉产荐馨》中香料植物考.故宫文物月刊，408（3）：65—75.

学术纵横

卓尔不群的博物学家：
《宇宙之谜》中的海克尔

韩静怡（北京林业大学马克思主义学院，北京，100083）

An Outstanding Naturalist: Ernst Haeckel in *Die Welträtsel*

HAN Jingyi (Beijing Forestry University, Beijing 100083, China)

摘要：作为德国博物学家、哲学家、艺术家、生态学创始人、进化论的提倡者，恩斯特·海克尔在全世界范围内有一定的影响。在海克尔的观念中，进化论作为解释"宇宙之谜"的钥匙不只是一种理论假说，更是一种用来解释人类社会的理念，他不仅在自然科学领域有一定的建树，而且构建了自己的一元论哲学体系。这使他受到了唯心主义哲学家、受神学禁锢的科学家和教会势力的激烈抨击。在19世纪末20世纪初，面对"耶拿大学猴子教授"的污名和潮水般的诘难，海克尔依然在各个场合公开捍卫自己的主张。此外，通过对神学的分析，海克尔在对盛行的人类特殊说的批判之中也流露出博物学家的自然情怀。其代表作《宇宙之谜》便集中阐释了海克尔的观点。

关键词：恩斯特·海克尔，《宇宙之谜》，进化论，一元论

Abstract: Ernst Haeckel, known as the founder of ecology and German Darwin, has important influence in both the theory of evolution and ecology. As a German naturalist, philosopher and artist, he is famous around the world. As the key to the mysteries of the universe, the theory of evolution is not only a theoretical hypothesis, but also an idea to explain human society in Haeckel's view. Thus, besides the achievements in the field of natural science, he constructed his own monistic philosophy system, which made him fiercely attacked by idealist philosophers, scientists imprisoned by theology and the church. However, Haeckel still defended his claims publicly when faced the imputation of "the monkey professor at Jena University". In addition, the criticism of anthropocentrism reveals the naturalist's love of nature through his analysis of theology. The book *Die Welträtsel* represents Haeckel's views.

Key Words: Ernst Haeckel, *Die Welträtsel*, the theory of evolution, monism

恩斯特·海克尔（Ernst Haeckel, 1834-1919），德国博物学家、生态学家、哲学家、艺术家。作为达尔文在德国的"代言人"，海克尔对达尔文学说的解读成为一种范式，《宇宙之谜》作为代表海克尔毕生成果的总结性著作，成为德国史上最成功的大众科学著作。（Finkelstein, 2019: 105-112）《宇宙之谜》于1899年初版，到1918年已有24种不同文字的译本。这部著作分为人类学、心理学、宇宙学、神学四个部分，共20章，系统阐释了海克尔对人、灵魂、宇宙、上帝的看法。在《自然辩证法》中，恩格斯曾大量引用海克尔的研究成果来佐证自己的观点，但主要是其1866年发表的《自然创造史》的内容。同《自然辩证法》类似，恩格斯逝世4年之后出版的《宇宙之谜》也系统总结了天文学、地质学、物理学、化学、生物学等学科的发展进程，并致力于在此基础之上阐释一种哲学思想。海克尔与恩格斯的写作出发点不同，却不约而同地在19世纪末认识到了自然科学发展为自然观变革打开的缺口。

《宇宙之谜》中处处体现着海克尔为了捍卫进化论与一元论哲学所做出的努力。面对大量的攻击与诋毁，他仍坚持公开把罗马教皇称为"宗教所产生的最大的江湖骗子"。列宁高度评价了《宇宙之谜》中自然科学的唯物主义观点，称其"在一切文明国家中掀起了一场大风波""成了阶级斗争的武器""每一页都是给整个教授哲学和教授神学的'传统'学说一记耳光"，并将自然科学的唯物主义比作揭开教授哲学所力图隐瞒的事实的"巨大和坚固的磐石"："它把哲学唯心主义、实证论、实在论、经验批判主义和其他丢人学说的无数支派的一片苦心碰得粉碎。"（列宁，2015：368—372）

一、进化论的捍卫者：与旧科学的冲突

从星云假说开始，形而上学的自然观被打开了一个缺口，在海克尔的观念中，世界的起源和发展是最大的"宇宙之谜"，而解决这一问题的钥匙便是进化。他认为达尔文提出的自然选择论从自然选择法则中发现了拉马克所未能发现的变异的直接原因，解决了神秘的"创世问题"。通过遗传与适应的观点，海克尔进一步解决了达尔文未能回答的问题，提出了重演律（个体发生是种系发生的短暂而迅速的重演，由遗传和适应的生理功能决定）、系谱树等诸多观点，丰富了进化论的内容。

对生命起源的追溯是每个时代科学家的共同追求，海克尔的工作进一步挑战了神创论与物种不变论。通过对海绵、珊瑚、水母和管水母胚胎学的研究，以及依据生物发生基本律的推论，海克尔提出了著名的"原肠祖论"：第一，整个动物界分成单细胞的原生动物、多细胞的后生动物两个不同的大类；第二，与通过分裂进行繁殖的原生动物不同，后生动物通过受精卵进行有性繁殖；第三，胚层与组织是后生动物特有的；第四，后生动物的外部皮层发育成外皮和神经系统，内部肠层发育成肠道系统和其他器官；第五，原肠胚就是由受精卵发育并由这两种原始胚层构成的；第六，原肠胚是所有后生动物的共同祖先；第七，至今仍然存在个别原肠动物和其他动物祖先型的最原始状态；第八，由原肠胚产生的后生动物分化为古老的低级动物（腔肠动物或无体腔动物）和较为后期的高级动物（体腔动物或两侧对称动物）。（海克尔，1974：57—59）这一观点颠覆了神创论与物种不变论，不仅具有生物学上的变革意义，更成为后来海克尔反对二元论的重要依据。

海克尔的研究进一步确认了人与类人猿之间的亲缘关系，论证了人在解剖学意义上与其他物种相比并不存在特殊地位。人们将自身在自然界中的地位放在哪里，影响着他们对自身的认知与判断。海克尔提到："目光敏锐的林奈在其第一部著作《自然系统》一书（1735年）中明确地指出了人类在哺乳动物中的位置，而且把狐猴、猿猴和人三类归为一个灵长类，这确是一个意义重大的进步。"（海克尔，1974：25）将人归为灵长类动物，首先便把人类本身置于自然界的演变过程之中。海克尔认为："林奈采用了众所周知的双重命名法，这是认识天然物体最好最实用的手段。"（海克尔，1974：69）分类的基础通常建立在物种的相似性之上，这一做法突出了简洁与高效（徐保军，2019：1—8），也为后人提供了清晰的方向，通过弗里德里希·梅克尔（Friedrich Meckel, 1781–1883）、约翰内斯·弥勒（Johannes Müller, 1801–1858）等人得到了发展。

通过回顾这个历程，海克尔从解剖学的角度论证了人类在由大到小各个方面都具有脊椎动物、四足动物、哺乳动物、有胎盘动物、灵长动物、猿猴、狭鼻猴的特征，指出人与类人猿是最近的亲属。由此，他甚至被称为"耶拿大学的猴子教授"，攻击与谩骂的信件纷至沓来。

海克尔的诸多观点在当时作为一个理论假设，尚无实验室验证，必然会存在被修正甚至被推翻的部分。时至今日，他有关个体发育和系统发育之间的平行关系的思想在科学中得到了可靠的证实，关于细胞有机体由前细胞组织发展而来这一总的思想，以及把原始生物划分为植物和动物的思想也已为科学界所公认。而当下有些人把海克尔绘制的胚胎图扣上"进化论大骗局"的帽子时，海克尔似乎在一百多年前就给出了回应："万有引力论和天体演化学中的'重力'，对物质关系中的'能'本身，光学和电学中的'以太'，化学中的'原子'，细胞论中的活的'原生质'，物种起源说中的'遗传'——以及其他伟大理论中诸如此类的基本概念，可能会被思辨哲学看作是'纯粹的假说'，是科学信仰的产物，然而它们对我们是不可缺少的，除非另外有更好的假说来取代它们。"（海克尔，1974：284）被推翻的旧理论不应被钉在历史的耻辱柱上，相反，应当看到它们曾经划时代的进步意义与对新理论的启发意义。

每一个时代都有自己的要求和任务，海克尔的主张有超越时代的部分，也有受时代限制的部分。不可否认，他的理论中存在一些大胆而激进的修正，虽然引起了争议纷纷，但也为后世得出了一个重要结论：人的生命从受精卵开始，这种新的个体不可能提出"不死"的要求。

二、一元论的提倡者：与旧哲学的对立

海克尔将19世纪称为"自然科学世纪"，而当时大学里讲授的哲学却"把自然科学新近获得的财富拒之千里之外"，众多科学家也认为对观察到的现象的普遍联系作更深入的认识是多余的。面对这个情况，海克尔认为，唯一能通向真理的道路是"经验的自然研究以及在这个基础上建立起来的一元论哲学的道路"。（海克尔，1974：2—4）自然科学迅速发展所带来的新事实和新理论驱使着海克尔对以往既定的观念进行修改，其自发的唯物主义倾向集中体现在他对灵魂的阐释中，朴素的辩证法思想则包含在他对遗传与适应关系的解

读中。

1. 自发的唯物主义倾向

海克尔自发的唯物主义倾向来自他对科学本身的探索与思考。他认为，完全独立于物质世界之外的假想的精神世界是不存在的，因为"自然科学的经验告诉我们，没有哪一种力量不是以物质为基础的，没有什么'精神世界'是处于自然之外或自然之上的"。（海克尔，1974：86—87）这一观点与二元论的世界观彻底划清了界限。而"物质和精神是包罗万象的神圣的世界本体（或宇宙实体）的两种基本属性或基本特性"（海克尔，1974：19）则显示他看到了物质和精神的作用及其相互关系。

不可否认，海克尔对意识的看法是有可取之处的。通过咖啡、葡萄酒对人思维能力和情感的改变，他证明了意识需要生理基础的参与。在海克尔的观念里，意识包括在灵魂中："我认为意识仅是灵魂现象的一部分，这是我们在人和高级动物身上观察到的；而灵魂现象的绝大部分则是无意识的。"（海克尔，1974：166）通过总结6种"灵魂的意识"（图1），海克尔阐明了自己持有的观点是神经意识论，即只有人类和具有中枢神经系统和感官的高级动物才有意识。

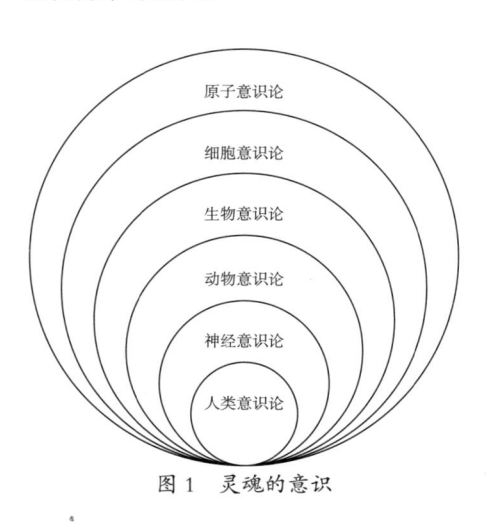

图1 灵魂的意识（原子意识论、细胞意识论、生物意识论、动物意识论、神经意识论、人类意识论）

然而，对二元论哲学的否定并不意味着海克尔是一个彻底的唯物主义者。他提出："任何一个人像任何一个动物一样都有个体存在的开端，两个性细胞核完全融合也正是新的种细胞的躯体及灵魂产生之时。这一事实本身就可以把灵魂不死的古老神话完全驳倒。"（海克尔，1974：131）这虽然否定了"灵魂不死"的观点，却只是认为灵魂还是存在的，只不过"灵魂必死"，灵魂有物质器官，其活动随着个体的死亡而停止。

此外，海克尔本人并不承认自己坚持唯物主义。他认为自己提出的一元论与唯物主义有本质上的区别："我们纯粹的一元论在理论上既不同于唯物主义，又不同于唯心主义。前者否定精神，把世界看成是一堆僵死的原子；后者则否定物质,把世界看成是在空间排列有序的能的组合,或者是非物质的自然力。"(海克尔,1974:19)他敏锐地看到了旧唯物主义在当时存在的缺陷,如果说从唯心主义到唯物主义中间有一段路的话,海克尔已经走了大半。

2. 朴素的辩证法思想

海克尔的辩证思维集中表现在他对遗传与适应相互关系的探讨之中。他十分赞同歌德(Johann Wolfgang von Goethe, 1749—1832)提出的生物变化论中"人的骨骼按照一个原型成形,大体固定,稍有变化,通过繁殖,不断变异和转化"的观点,并将歌德观点中机体内在的向心力、外在的离心力与其遗传和适应的观点对应起来。在《反杜林论》中,恩格斯也提到过:"最近,特别是通过海克尔,自然选择的观念扩大了,物种变异被看作适应和遗传相互作用的结果,在这里适应被认为是过程中引起变异的方面,遗传被认为是过程中起保存作用的方面。"(恩格斯,2015:73—74)海克尔的发现将自然选择的观念扩大,同时强调了遗传与适应的相互作用,是进化论的进步之处。其中,遗传是物种保存符合环境要求的、能够保证物种继续生存的、肯定的方面,而适应是物种扬弃不符合环境要求的、无法保证物种继续生存的、否定的方面。

海克尔还通过动植物无用或不起作用的组织进一步阐释了这一看法。谈及一些翅翼不能再飞、眼睛由于长期处在黑暗中而不再用来观看的动物、人类的耳朵肌肉与盲肠,海克尔认为,这些器官由于不使用而退化,但也并不会由于不锻炼就立即消失,而是遗传维持很多世代,很长时期之后才慢慢消失。这种看不见的"器官间的生存竞争"既造成了器官的产生和形成,也导致了它们的退化和消失。这种对事物的肯定方面与否定方面的认识,在今天来看也是具有辩证法意蕴的。

就哲学方面的成就而言,海克尔本人在与宗教的妥协中并未承认自己是唯物主义者,但其提出的一元论思想有着自发的、朴素的唯物主义倾向,他本人总结的一元论与二元论的对立(表1)也体现了巨大的进步性,有积极的时代意义。与此同时,在历史观上他同以往的哲学家和科学家一样,走向了唯心主义。

表1 一元论哲学领域里基本原则的对立

一元论（统一世界观）	二元论（二元世界观）
泛神论（和无神论）	有神论
发生论（＝演化论），遗传学，进化学说	创造论（＝造化论），创世学说
自然主义（和唯理论）	超自然主义（和神秘主义）
实体定律	信仰幽灵
机械论（和万物有生论）	活力论（和目的论）
心理学	心理神秘主义
必死论（必死的信仰）	不死论（不死的信仰）

三、博物学家的情怀：对神学和人类特殊说的批判

海克尔对人类特殊说的批判建立在对神学的批判之上，通过这种反思，他提出了学校和国家应脱离教会控制的观点，倡导在新型的学校里自然界必须成为主要对象，也流露出对自然的情怀。

1."灵魂不死"：科学与神学的矛盾

海克尔将"科学和基督教之间的矛盾日益尖锐化"概括为19世纪的显著特征之一，认为基督教的兴起及其神秘的世界观扼杀了自然科学的发展。他尖锐地指出："教皇神圣论则是现代文明国家最恶毒最危险的敌人。它用以统治国家的不是法律与理性，而是迷信和愚昧。"（海克尔，1974：8）在第十五章"神和世界"中，海克尔把有关神的概念分为有神论（神和世界是两种不同的事物）与泛神论（神和世界为一体）。通过系统分析并将有神论划分为一神论、二神论、三神论和多神论，他看到了有神论的本质："神具有人格而和人类相似，人类的神是人类的自画像。"（海克尔，1974：260—270）

众所周知，近代自然科学的发展使神学的势力范围越来越小，"以致目前几乎没有一个精通业务而又诚实的生物学家还主张灵魂不死。"（海克尔，1974：182）海克尔敏锐地看到不死论与有神论的关系，即人们出于情感的需要，而非对真理知识的追求，将美好的愿望寄托在信仰中，希望来世能够弥补此生的不圆满。与此同时，海克尔总结了不死论信仰的原因：希望和死去的心爱亲人、朋友相见，与希望来世有一个较好的生活。对于第一个原因，海克尔提出，除了心爱的人，在来世人们依然会遇到讨厌的仇敌。面对第二个原因，他尖锐地指出，

非物质的灵魂竟喜欢最高的物质享受，而人们对来世的愿望也建立在个人或群体的物质生活基础之上："每个有信仰的人所期望于他的永生的，实际上是他个人尘世生活的直接继续，只不过用的是一种明显的'增补订正版'而已。"（海克尔，1974：192—195）从这个角度来看，因纽特人希望进入的天堂是"阳光普照的雪地、无穷无尽的北极动物"，难以是"每时每刻大量的米和咖喱"。

海克尔本人是泛神论的支持者，他认为这是近代自然科学的世界观，即"神是尘世的神灵，到处都是自然界本身，并在实体内部作为'力或能'进行活动"，而他对无神论的阐释则是不清晰的。他提到："这种'无神的世界观'从根本上来说是和现代自然科学的一元论或泛神论相符合的；无神论世界观强调其反面，认为超世的或超自然的神祇并不存在，这不过是泛神论和一元论的另外一种说法。"在这里，他模糊了无神论和泛神论本应存在的界限，甚至混用两个概念，引用了叔本华"泛神论是一种客气的无神论"的说法。（海克尔，1974：271—271）至于这是出于海克尔本人的认识局限还是不得已对教会的妥协便不得而知了，或许海克尔业已认识到了在19世纪的教会与自然科学的关系下还无法表达一种彻底的无神论倾向，他寄希望于提倡教会与学校、国家相分离之后的改变，对20世纪做出了展望："无神论的科学家为探究真理而献出自己的力量和生命，他们从一开始就被看成是恶魔。反之，有神论的教堂迷只要盲目地参与那些教皇崇拜的空洞仪式，他们就可以被看成是善良的公民，即使他们根本就不相信这一套……只有当20世纪自然科学启蒙的光辉照亮了普通的学校教育，并将学校从教会的桎梏下解放出来的时候，这种谬误才得以澄清。此外，还需要现代国家本身从教会统治的束缚下解放出来，不是把宗教信仰的教条，而是把清晰易懂的理性思维的知识提高来作为真正教育的基础。"（海克尔，1974：275）

不可否认，海克尔依然承认有上帝，只不过认为"上帝和自然是一码事"，并主张"尘世的上帝"。（海克尔，1974：18）海克尔反对的仅仅是曾经束缚了自然科学发展、控制了学校与国家的宗教，尚未认识到信仰与宗教的不同，反而提出了一种真、善、美的一元论宗教。列宁也认识到海克尔对宗教势力妥协，并非严格的无神论者与彻底的唯物主义者："他不仅不反对宗教，反而发明了自己的宗教，在原则上主张宗教与科学结成联盟。"（列宁，2015：370）

列宁对《宇宙之谜》的评价高度概

括了海克尔的努力与妥协的意义，看到了海克尔与教授哲学、神学之间不可调和的矛盾："尽管海克尔本人不愿与市侩们决裂，但是他这样坚定而素朴的信念，跟形形色色流行的哲学唯心主义是绝对不可调和的。"（列宁，2015：370）列宁也指出了海克尔观点的历史进步意义："谁想要深刻地懂得，自然科学的唯物主义要成为人类伟大解放斗争中的真正战无不胜的武器，那就请他读一读海克尔的这本书吧！"（列宁，2015：376）

2. 批判人类特殊说对自然的漠视

通过对人类特殊说成因的分析，海克尔认为，人类特殊说是由三个错误教条构成的。其一是人类中心说，即"人类是一切地球生命（或广义地说是整个宇宙）的有意安排的中心和终极目的"。其二是人神同形说，即"把上帝的创世看成是能工巧匠的艺术创造，把上帝对世界的治理看成是贤明君主对国家的治理"。其三是人类崇拜说，即"将人类机体加以神化"，从而出现了"人的灵魂不死的信仰"。（海克尔，1974：11）无论是哪种原因，都有着漠视自然的倾向，而总结过宇宙与有机界生成和发展历史的海克尔则看到了人类作为一个物种的渺小："爱虚荣的人类的这种极度夜郎自大，往往把人引入迷途：把自己看成是'上帝的翻版'，本来是来去匆匆的过客，却硬要'长生不老'，并想象自己具有放荡不羁的'意志自由'。"（海克尔，1974：13）

海克尔认为，自然科学的进步能够打破人们的自大："被人类中心说的自大狂美化为'上帝的翻版'的人类本身，降低到了有胎盘哺乳动物的意义，它对整个宇宙来说并不比蚂蚁和蜉蝣，比显微的纤毛虫和极小的杆菌具有更多的价值。只是传统和迷信势力还在保持那种自负。"（海克尔，1974：228—229）时至今日，人与自然的关系仍未进入一个合理的阶段，海克尔对人类中心主义的批判仍然为后人坚守着。

在批判基督教对自然的轻视时，海克尔提到，面对虐待动物的行为，如果有人提出谴责的话就会得到"嘿，动物可不是基督徒"的排除异己式的回答。而他却认为："达尔文主义告诉我们：我们是由一系列古老的哺乳动物，首先是由灵长类演变而来的，这些动物都是'我们的弟兄'。生理学向我们证明了，动物具有像人类一样的神经与感官，它们也像人一样感到欢乐与痛苦。"（海克尔，1974：336—337）对海克尔来说，对其他生灵的漠视使基督教原则失去"美妙高尚的自然欣赏"。

而在海克尔的眼中，自然界的美丽

与伟大是无穷无尽的宝藏："世界壮丽的景色向每个人都敞开了它的大门，要想鉴赏，用不着长途跋涉，也毋须购置昂贵的书籍，只要放开眼界，运用感官，也就可以了。周围的自然界，到处都向我们呈现出极其丰富的各种美丽有趣的对象。一枝藓，一根草茎，一个甲虫，一只蝴蝶，只要详加研究，即可发现其美，而人们对这却往往容易忽视。"（海克尔，1974：323）"观察满布星斗的天空和一滴水中的显微生命，我们就会赞叹不止，研究运动物质中能的奇妙作用，我们就会满怀敬畏之情。"（海克尔，1974：325）他的博物情怀还集中体现在另一代表作《自然界的艺术形态》中，他以卓越而细腻的笔触描绘出多幅令人印象深刻的生物画（图2）。有逸闻称，海克尔曾将这种水母以自己第一任妻子的名字命名为安娜·赛丝霞水母，因其触手使海克尔想起了亡妻的长发。

图 2　海克尔笔下的圆盘水母

四、结语

自然科学在西方国家发展时曾长期被宗教的阴云所笼罩，当科学来到了时代转折点，神学和旧哲学再也无法掩盖新发现对世界观的变革，然而，在这个转折点，所有人的观念转变却并非易事。恩格斯在《反杜林论》中曾提到："自然界是检验辩证法的试金石。"（恩格斯，2015：22）海克尔也有相关的论述："理性认识的真正来源，只有在自然里才能找到。"（海克尔，1974：312）1907年，莱茵克在普鲁士贵族院里要求德国当局以邦的名义禁止《宇宙之谜》，而进化论的传播也屡屡受阻："想把进化论引进学校的教师会失去职位——谁愿意要求这些可怜而诚实的人为了承认他们的世界观而牺牲他们的终身职位呢？"（海克尔，1974：385）

诚然，作为一个自发的唯物主义者，海克尔并没有历史唯物主义立场，然而，这也并不意味着他是一个彻头彻尾的历史唯心主义者。他批判了一种历史唯心主义的观点："历史学家想从变化多端的民族命运中找到一个主导的目的，一种理想的意图，去选择这一或那一种族，这一或那一国家，使其特别繁荣昌盛，从而决定其去统治其他的种族或国家。"海克尔敏锐地发现，人们常常会把"生存竞争"当作"适者生存"和"最优者常胜"，其原因在于从道德意义上把较强者当作了最优者。海克尔指出："有机界的整个历史告诉我们，每时每刻除了趋于完善的巨大进步以外，还会发生个别趋于较低状态的倒退。"（海克尔，1974：252—253）自然科学领域的理论应谨慎地搬到人类社会，海克尔口中的"较高的雅利安人种、雅利安人种最高贵的分支希腊人、虔诚的德国人、道貌岸然的英国人、对性关系看得比较随便的拉丁语系人种"导致了他的种族主义与社会达尔文主义倾向，把生物界的进化机械地套用于人类社会，其优生论更是成为纳粹种族主义的武器。人类社会的发展是一个更为复杂的问题，自然不是这位"德国达尔文"仅仅用进化论就能解释清楚的。

海克尔的诸多主张与观点在今天被认为有失偏颇，甚至是有明显错误的，然而，将视角放归特定的历史情境中，人类的认识每每往前行进一步都要经历漫长的过程，而海克尔在这个过程中的意义，便是曾经面对神学举起了科学的大旗。他曾提到："那些勇敢地克服了二元论而转向纯粹一元论的思想家，从来都为数很少。"（海克尔，1974：360）在他的时代，尚无法发出"吾道不孤"的感慨。

时至今日，进化论不断经受"被推翻"的质疑，不能否认的是，或许未来会有另一种理论来更好地解释人类产生与发展的漫长历程。正如经典物理学大厦上空的"两朵乌云"曾将这座大厦倾覆，人类每一次对物质世界的探索与思考，都标志着对以往理论假设的修正或推翻；每一次自认为已经穷尽世界真理之后的新发现，也都会带来新的疑惑。正如海克尔所言："理论总被认为是接近真理的，可是也必须承认，这种理论以后还会由其他论证得更好的理论所取代。"（海克尔，1974：283）面对尚未能被解释清楚的现象，请来"灵魂""上帝"或许会让他们从寻找原因却无果的困境中解脱，也会像诸如牛顿、微耳和、杜布瓦-雷蒙等人一样，将自己带领到对立面去。从这个角度来看，回到19世纪末20世纪初，海克尔的坚守与论战显得尤为珍贵。

参考文献

Finkelstein, Gabriel（2019）. Haeckel and du Bois-Reymond: rival German Darwinists. *Theory in Biosciences*, 138(1):105–112.

恩格斯（2015）. 反杜林论. 中共中央马克思恩格斯列宁斯大林著作编译局，编译. 北京：人民出版社.

恩格斯（2014）. 自然辩证法. 中共中央马克思恩格斯列宁斯大林著作编译局，编译. 北京：人民出版社.

海克尔，恩斯特（1974）. 宇宙之谜. 上海外国自然科学哲学著作编译组译. 上海：上海人民出版社.

列宁（2015）. 唯物主义和经验批判主义. 中共中央马克思恩格斯列宁斯大林著作编译局，编译. 北京：人民出版社.

徐保军（2019）. 帝国博物学背景下林奈与布丰的体系之争. 自然辩证法通讯，41(11):1–8.

学术纵横

复刻自然：简述自然印刷工艺的发展

罗晓图（北京林业大学，北京，100083）

Title: Duplication of Nature

LUO Xiaotu (Beijing Forestry University, Beijing 100083, China)

摘要： 自然印刷（nature printing），是一种利用自然物体（如植物、动物、岩石等），在纸张、织物或其他表面上产生图像的印刷工艺。自然印刷的历史十分古老，自然印刷的作品既有艺术的美感，又能够承载科学信息。18世纪以前的自然印刷普遍为传统的直接印刷的方式，直到18世纪初期自然印刷得到了改良，能够使用自然物形成印版再参与印刷过程，提高了印刷生产的效率和产量。从而自然印刷也能够作为一种范围技术，参与到纸币的生产与推广中。19世纪电镀技术的出现，尤其是电镀技术在印刷业上的应用，促使自然印刷的技术登上了一个前所未有的台阶。但随着19世纪中叶摄影技术的逐渐发展，自然印刷也慢慢淡出了人们的视线。

关键词： 自然印刷，电镀，印版

Abstract: Nature printing is a printing process that uses natural objects (such as plants, animals, rocks, etc.) to produce images on paper, fabric, or other surfaces. The history of natural printing is very long. The works of natural printing have both artistic beauty and scientific information. Natural printing was generally the traditional direct printing method until the 18th century. In the early 18th century, It was improved to use natural objects forming a printing plate and participating in the printing process, increasing the efficiency and output of printing production. Therefore, natural printing can also be used as a range of technologies to participate in the production and promotion of banknotes. The emergence of electroplating technology in the 19th century, especially the application of electroplating technology in the printing industry, promoted the technology of natural printing to an unprecedented level. However, with the gradual development of photography technology in the mid-19th century, natural printing also slowly faded out of sight.

Key Words: nature printing, electrotyping, printing plates

自然印刷（nature printing，也叫 Naturselbstdruck，拉丁语为 *Typographia naturalis*），是一种利用自然物体（如植物、动物、岩石等），在纸张、织物或其他表面上产生图像的印刷工艺。（Cave，2010）在自然印刷的发展过程中，根据印版（printing plates）性质的不同，可以把自然印刷划分为两个阶段。在早期，通常是由自然物本身作为印版，直接在上面着墨印刷；这种传统自然印刷的方法虽然简单便捷，但容易对印刷的自然物造成不可逆转的损害，难以做到大批量生产。而随着技术的发展，逐渐产生了先用自然物制作印版，再将印版进行印刷的印刷技术。其中印版的材质可能是石膏、铅板、胶板等。

自然印刷中最为常见的题材是植物自然印刷，在不同时代的许多领域都做出过不少贡献。本文的讨论也主要围绕植物自然印刷。日本地区的鱼拓（gyotaku）也是自然印刷的一种类型，有悠久的发展历史，但更多是以一种独立的艺术形态留存，因而不在本文的讨论范围内。

一、早期的传统自然印刷

用自然物产生图像的历史非常久远，可确定年代的自然印刷作品最早可以追溯到1228年，（Ljubić Tobisch，2019）但关于自然印刷过程的文字描述则在近三个世纪后才出现。在1508年前后，达·芬奇的手稿中就有关于自然印刷的描述，并且附上了一枚鼠尾草属植物叶片的自然印刷图像。（Cave，2010）

自然印刷和博物绘画都是记录自然图像的方法，因而在发展上有共通的地方。西方博物绘画发端于15、16世纪，发展于17、18世纪，19世纪呈现发展高峰。（薛晓源，2016）自然印刷的发展轨迹也较为相似。在植物的记录方面，早期的植物绘画多见于草药志，用于记载药用植物。而早期应用自然印刷的主要目的也和药用植物相关，多数是为了

图 1　达·芬奇手稿上的自然印刷图案

在收集药用植物的同时制作草药志。（Ljubić Tobisch, 2019）不过早期植物绘画并不完全准确，其形象在反复传抄的过程当中也经常会发生改变。但自然印刷生成的植物图像，在形态大小和比例上几乎接近真实的植物。虽然 15 和 16 世纪的自然印刷物在现代人看来比较粗糙，但是它们足以让采集植物的人辨认出在野外找到的植物是不是他们要找的那种。（Cave, 2010）

药剂师泽诺比奥·帕齐尼（Zenobio Pacini）于 1520 年创作的 *Plantes vivantes exprimées par le cylindre*，可以说是这一时期最为精美的自然印刷作品，也是自然印刷在草药志上最早的应用之一。和以往自然印刷常见的单色作品不同，这些作品在印刷后还手工为其上色和丰富细节，也会用绘画的方式增添补充未能印刷出的花朵、根部和肉质茎秆。在 16 世纪，一些了解并应用自然印刷的欧洲植物学家，将这种技法称为 ectypa 或 typographia plantarum。（Ljubić Tobisch, 2019）

到了 18 世纪，植物绘画步入了一个黄金时期，开始服务于"帝国博物学"背景下的自然科学考察、植物分类学，及记录大型花园的观赏植物。在这个精美的植物博物画盛行的时期里，自然印刷虽然还未达到能与其媲美的高度，但也已经发展成为一种重要的复制植物的科学方法。（Ljubić Tobisch, 2019）植物自然印刷会用来辅助保存标本信息，并且用作博物绘画的参考。尤其是在异域的探险考察中，收集的标本常容易因潮湿环境条件的影响，出现发霉、腐坏、虫蛀等情况，无法顺利保存。在这种情况下，自然印刷是一种有效的辅助保存标本的手段。如洪堡（Alexander von Humboldt）和邦普兰（Aimé Bonpland）在南美洲的探索旅途中也制作了至少200份植物自然印刷作品。（Lack, 2001）

总体来说，用自然物直接印制图像的传统自然印刷方法长期存在，应用范围包括从纯粹的装饰到承载科学信息的载体。虽然在不同的时期，制作的材料和具体操作步骤有所变化，但是主要的制作方法及原理大同小异。植物自然印刷在发展的过程中与植物绘画相辅相成，互为补充，同样为本草学和植物分类学做出了贡献。相比同时期的木刻版画或铜版画技术，自然印刷也具有一定的经济优势。（Cave, 2010）但其弊端是容易损坏作为印版的自然物，难以成为一种成熟的印刷术进行大批量生产。

二、自然印刷参与纸币防伪

在18世纪的美洲，自然印刷最为显著的贡献，则是用于纸币的防伪。自然印刷能够参与到纸币的生产过程当

图2 帕齐尼的自然印刷作品

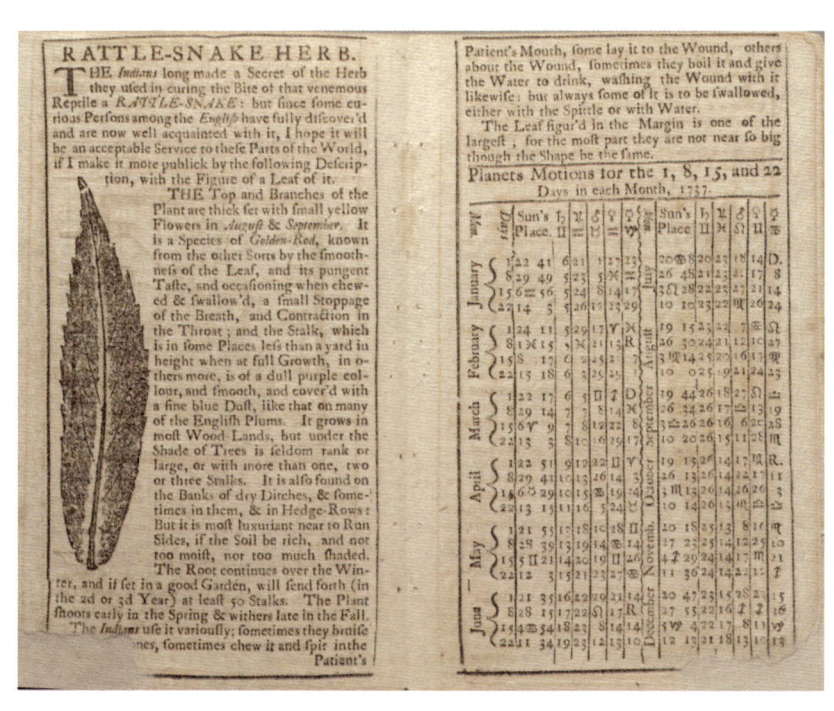

图 3 《穷查理年鉴》上的自然印刷图案

中，离不开一个人，那就是集政治家、科学家、发明家、经济学家、企业家于一身的本杰明·富兰克林（Benjamin Franklin, 1706—1790）。富兰克林作为美国的开国元勋之一，在美国殖民地时期和建国初期，为纸币发行和纸币经济的培育做出了巨大贡献。在推动纸币经济的发展上，面临的一个重要的问题就是纸币的防伪方法。富兰克林也曾探索过不少防伪印刷的方法，但都不能和自然印刷的独特性相比较。

富兰克林关于自然印刷参与纸币防伪的灵感，来源于他的朋友约瑟夫·布林特纳尔（Joseph Breintnall）。约瑟夫是一个业余的植物学家，会使用自然印刷的方法生产美国植物的印刷品，与英国的植物学家朋友进行交流。1737 年，约瑟夫为富兰克林发行的《穷查理年鉴》（Poor Richard's Almanack）撰写了关于治疗蛇咬伤的草药的文章，并用自然印刷的方法为其配上草药叶片的图像。

但是当时《穷查理年鉴》的印数达到每年 10 000 册，在这种情况下，用传统自然印刷方法进行印制，需要消耗掉至少 100 片草药的叶子，并且要花费不少劳力，印制效率低，亟需探索改进传统自然印刷的方法。富兰克林擅长整合各门类的知识和技术，18世纪20年代他也曾在伦敦见过铸造印刷活字的工艺。（Cave，2010）为了解决难以量产的问题，富兰克林在传统自然印刷的基础上，研制出一种用活字合金制作叶片的金属印模的方法：

> 似乎他的方法包括将混有砖灰或石棉的软石膏放在容器底部，在其上铺一块湿布，然后将一片叶子粘在布上；在最上面用一块表面光滑且比较重的板子压平，在压力的作用下，叶子将被迫向下进入布的表面，并且布的纹理将贯穿整个叶的表面。当所有东西都干了之后，用油轻轻刷一下，然后从上面取下阴模。当阴模硬化后，将液态的活字合金倒在表面上。一旦金属变硬，金属就会复制出叶子的形象和布料的质地。除非伪造者也知道制作这些铸模的方法，否则几乎是不可能的复制。（Cave R，2010：57-58）

正所谓世界上没有完全相同的两片树叶，树叶的自然图案可作为有效的纸币防伪标识。特拉华州、宾夕法尼亚州、马里兰州和新泽西州先后发行了用自然印刷作为防伪技术的纸币。最后一枚使用自然印刷的纸币是1786年印刷的新泽西州货币。（Cave，2010）在这半个

图4 纸币上的自然印刷图像

世纪中，成千上万带有自然图案的钞票在美国流通，同时代大多数美国人也见过自然印刷的图案，即使他们没有意识到这些并不是雕刻师技艺非凡的作品。富兰克林对自然印刷的改进不仅为纸币的发行提供了保障，也展现了自然印刷应用于不同领域的可能性。

三、电镀技术与自然印刷的革新

当18世纪自然印刷在美洲纸币上大展身手的时候，同时代的欧洲却没有更多新变化。直至19世纪，另一项技术的发明才开始推动自然印刷的革新，使得自然印刷的图像极为逼真细腻，达到前所未有的新高度。

这样的转变有赖于19世纪初期电镀（electrotyping）技术的发明。1839年，科学家鲍里斯·雅各比（Boris Yakobi, 1801–1874）独立研究出将金属电镀到塑料上的方法，即现在的金属电沉积工艺。他应用这种技术代替了木材质或金属材质活动模板印刷，将电镀用于印刷技术中，简化了操作并减少了印刷成本。（文亚，2009）到了1843年，欧美各国已经开始将电镀技术应用于多个领域，如制造印刷铜字模、装饰花边、印刷图案印版、制造金属器皿等。（邢立，2019）

而在传统自然印刷的工艺中引入电镀技术的，是奥地利人阿洛伊斯·奥尔（Alois Auer, 1813–1869）。奥尔是一个印刷商、发明家，同时也是一个植物绘画者，被认为是自然印刷工艺的发明人。

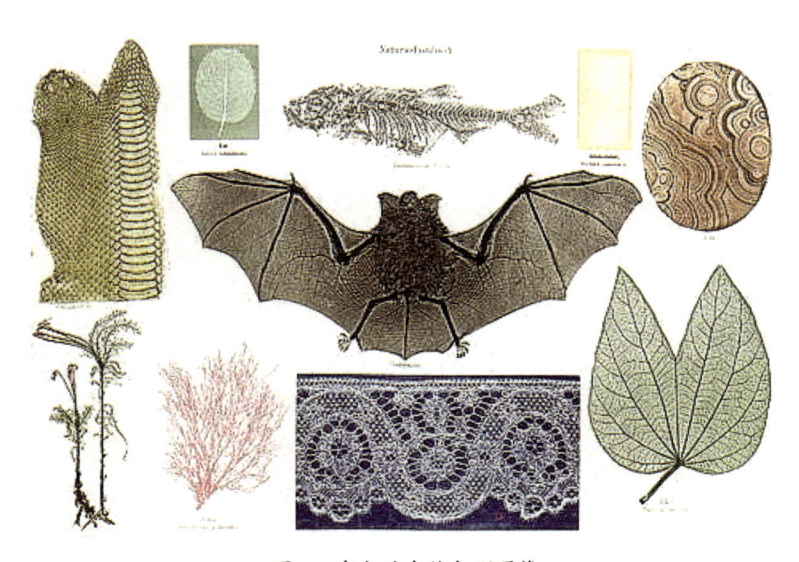

图5 奥尔的自然印刷图像

他于1852年取得自然印刷的专利，并于1853年，在维也纳以英、德、意、法四种语言，出版了一部关于自然印刷的著作《一个发明：自然印刷过程的发现》（*The Discovery of the Nature Printing-Process: An Invention*）。这本书中记载了奥尔发明的自然印刷工艺，而书中的配图不仅有植物的自然印刷图像，同时呈现了化石鱼尾、蛇皮、纺织物纹理，甚至是蝙蝠的自然印刷图像。

这种新的自然印刷工艺的技术原理不算太复杂：首先，将需要印刷的物品放置于一块光滑的铜板和一块光滑的铅板中间，并对此施加压力。由于铅板比较软，物品就会在铅板的表面留下细致的凹陷纹理。但铅板不适合直接用作印版，接下来要通过电镀的方式在已有自然图像的铅板上镀上铜，使其产生一块铜版。电镀产生的铜版上所形成的纹理基本与原始铅板的一致，属于阴刻模板。（印刷中的凹版）在这块带有自然图像的铜版上色，便可以应用于图像的印刷过程当中。

用这种工艺制作出来的图像，奥尔称它"与原型完全相同（identical to the original）"（Auer, 1853）。印刷品上有凹凸的手感，从形态上完全复制了原始物品上所有精细的结构。

四、自然印刷技术的专利之争

奥尔最大的竞争来自于英国印刷从业者、作家亨利·赖利·布拉德伯里（Henry Riley Bradbury, 1829-1860）。亨利的父亲威廉（William Bradbury）在英国拥有印刷公司，由于他想要了解最新的技术发展，在19世纪50年代初，便派了亨利前往欧洲大陆。在奥地利，亨利曾跟从奥尔学习印刷，并在那儿了解到了自然印刷的方法。亨利回到伦敦后，便将自然印刷技术的改进版本于1853年在英国注册了专利，称为phytoglyphy，但并没有承认这个方法源自奥尔。

亨利是自然印刷的明确支持者，他曾在伦敦和英国其他地方进行演讲和示范。当时在《伦敦插图新闻与快报》（*The Illustrated London News and Express*）上的评论，也表明了这种新的先进技术有多受欢迎，同时促进了后续自然印刷出版物的销售。（Legel, 2019）

亨利的第一本关于自然印刷的书是1854年出版的《以"自然印刷"呈现的少量叶子》（*A Few Leaves Represented by 'Nature-Printing'*）。而他最为有名的是关于英国蕨类植物和海藻的自然印刷作品，包括1855年出版的《大不列颠及爱尔兰蕨类植物》（*The Ferns of Great*

图6 《英国蕨类植物》配图

Britain and Ireland），以及1859年出版的《自然印刷的英国蕨类植物》（*The Nature-Printed British Ferns*）和四卷的《自然印刷的英国海藻》（*The Nature-Printed British Sea-Weeds*）。当时英国正处于"蕨类狂热（Fern-Fever）"时期，这些栩栩如生的自然印刷作品大受欢迎。

但亨利这样的举动带来了不少的争议。奥尔用一篇叫《一位叫亨利·布拉德伯里的英国年轻人的行为举止》（Conduct of a Young Englishman Named Henry Bradbury）的文章进行了回应，指责亨利是"一个剽窃者和一个不诚实的醉汉"（Auer, 1853）。可能正是这些关于自然印刷的争议，导致亨利于1860年自杀身亡，终年29岁。留下了一些还未实现的项目，其中包括关于菌类和树木的自然印刷。

在亨利自杀后，随着摄影技术的进一步发展，人们对自然印刷的兴趣也逐渐退却了。但是，亨利这些自然印刷作品的质量和工艺之高从未被后世超越，它们仍然被视为准确的科学插图。

五、小结

自然印刷的历史十分古老，自然印刷的作品既有艺术的美感，又能够承载科学信息。自然印刷虽然有其局限，但仍然在不同时代皆有应用，尤其是植物图像的自然印刷。18世纪以前的自然印刷普遍为传统的直接印刷的方式，直到18世纪初期自然印刷得到了改良，能够使用自然物形成印版再参与印刷过程，提高了印刷生产的效率和产量。从而自然印刷也能够作为一种防伪技术，参与到纸币的生产与推广中。19世纪电镀技术的出现，尤其是电镀技术在印刷业上的应用，促使自然印刷的技术登上一个前所未有的台阶。但随着19世纪中叶摄影技术的逐渐发展，自然印刷慢慢淡出了人们的视线。

到今日，自然印刷更多是以一种艺术的方式留存在我们身边。对于一些人来说，自然印刷已成为一种吸引人的爱好。国际非营利艺术组织自然印刷协会（The Nature Printing Society）成立于1976年，致力于自然印刷艺术的交流、教育和传播展示等。在世界上的不同地方，人们都可以通过自然印刷的方式留下自己独一无二的作品，体会自然图像带给我们的最真实的美感。

参考文献

Auer A. (1853). The Discovery of the Nature Printing-Process. Vienna: K. K. Hof-und Staatsdruckerei.

Cave R. (2010). *Impressions of Nature: A History of Nature Printing*. British Library.

Heinrich, Herbert (1938). The Discovery of Galvanoplasty and Electrotyping. *Journal of Chemical Education.* 15: 566–575.

Lack, H.W. (2001). The Plant Self Impressions Prepared by Humboldt and Bonpland in tropical America. *Curtis's Botanical Magazine*, 18: 218–229.

Legel, Paula (2019). *Victorian Botanical Nature Printing.* Auckland War Memorial Museum-Tāmaki Paenga Hira.

Ljubić Tobisch, V., Selimović, A., Artaker, A. et al. (2019). Duplication of Uniqueness: Electrotyping in Nature Printing and Its Application in Contemporary Art. *Herit Sci*, 7: 20.

王信，郭冬生（2017）. 富兰克林与美国纸币经济. 中国金融，20:98–99.

文亚（2009）. 电镀的起源（一）. 表面工程资讯，9(03):38–39.

邢立（2019）. 电铸铜版在中国出版印刷的初始应用. 中国出版史研究，02:154–162.

薛晓源（2016）西方博物绘画：一个色彩斑斓的诗意世界. 森林与人类，06:51–59，转50.

学术纵横

苏俄植物学家科马罗夫对中国东北植物的考察与研究

蒋澈（清华大学科学史系，北京，100084）

V. L. Komarov's Botanical Expeditions to Northeastern China

JIANG Che (Tsinghua University, Beijing 100084, China)

摘要：苏俄植物学家弗·列·科马罗夫（1869—1945）于1895年至1897年间在中国东北做了数次植物学考察，积累了大量材料，随后出版了三卷《满洲植物志》，为中国东北植物的系统研究奠定了基础。科马罗夫在华考察时，观察了当时中国东北的风俗与社会状况，记述了东北的地质、植被与经济作物情况，并对中国东北植物区系做出了初步的划分。在研究中国东北植物时，科马罗夫还提出了自己的物种概念，这一物种概念指导了《苏联植物志》的写作，也间接影响了《中国植物志》对物种的划分。

关键词：科马罗夫，中国东北，《满洲植物志》，物种概念

Abstract: The Soviet-Russian botanist V. L. Komarov (1869–1945) made several botanical expeditions to northeastern China between 1895 and 1897. He subsequently published the three-volume *Flora Manshuriae*, which laid the foundation for the systematical study of plants in this area. During his expeditions, Komarov observed the customs and social conditions of northeastern China at that time. By describing the geological environment, vegetation and economic plants, he also dealt with the chorology of plant species in northeastern China. As a result of this botanical research, Komarov developed his own concept of species, which constituted one of the methodological rules of the *Flora of the USSR*, and influenced indirectly on *Flora Republicae Popularis Sinicae*.

Key Words: V. L. Komarov, northeastern China, *Flora Manshuriae*, species concept

一、科马罗夫的生平与形象

植物学家弗拉基米尔·列昂捷维奇·科马罗夫（Владимир Леонтьевич Комаров，1869—1945，图 1）是一位当今国人并不十分熟悉的学者。在植物学界，人们知道科马罗夫的名字，大多是由于俄罗斯科学院（及其前身苏联科学院）的植物学研究所是以他的名字冠名的（全称为"科马罗夫植物学研究所〔Ботанический институт имени В. Л. Комарова〕"）。此外，也有人知道科马罗夫曾对中国东北植物做过深入的考察，或知道他主持编纂了《苏联植物志》（*Флора СССР*）[1] 这一巨著。与此同时，科马罗夫还有另一重为国人所知的身份——1936 年至 1945 年间，科马罗夫曾任苏联科学院院长。正是由于这个

图 1 科马罗夫肖像（1940 年代）

原因，科马罗夫在中国的影响一度很大，超过了寻常的植物学家。在 1944 年科氏 75 岁寿辰前后，中国共产党的《新华日报》便刊发了 6 篇关于科马罗夫的文章，除报道寿诞庆祝之外，还介绍了科马罗夫的生平，并以"中国文化界和中华文协"名义电贺科氏寿辰。（新华日报索引编辑组，1964：11）1946 年 2 月 1 日在南京出版的《科学新闻》创刊号（该刊由中国科学工作者协会主办）上，也刊登了潘菽先生写作的科氏的讣告与小传，其中介绍并盛赞了科氏的科学研究

---

[1] 《苏联植物志》于 1934 年至 1964 年间出版，共出版 30 卷。其中，1934 年至 1948 年出版的第 1 至 14 卷由科马罗夫担任主编（главный редактор），这些卷册是科马罗夫生前领导编写的，他本人也亲自写作了第 1、2、4、5、7、9、10 卷中若干植物类群的部分。科马罗夫逝世后出版的第 15 卷及后续诸卷未再设"主编"一职。

与科学组织工作。(潘妏，2007：226—228)在中华人民共和国成立后"学习苏联"的背景下，作为苏联著名科学家的科马罗夫在大众教育层面更是成为被宣传的榜样。(温济泽等，1950：106—109；林相周，1955：37—40)

在苏联和今日的俄罗斯，科马罗夫同样享有崇高的地位，他在大众视野里被视为伟大的苏俄植物学家、地理学家、旅行家和社会活动家。(Гвоздецкий，1949；卢布钦科娃，2001：126—132)1945年起，苏联科学院出版社开始出版《科马罗夫选集》(*В. Л. Комаров. Избранные сочинения*)，共编有12卷，至1954年出齐。这套《选集》收录了科马罗夫的主要科学论著、教本与政治、经济和历史著作，其中除零散的短篇著作之外，第2卷为《华蒙植物志引论》(*Введение к флорам Китая и Монголии*)，第3至5卷为《满洲植物志》(*Флора Манчжурии*)，第7至8卷为《堪察加半岛植物志》(*Флора полуострова Камчатки*)，第10卷收录了《植物的起源》(*Происхождение растений*)一书，基本收齐了他的主要专著。在苏俄动植物学家中，能出版多卷本选集者并不多见，由此可见科马罗夫的地位。这套选集内容均衡，可以作为研究科马罗夫思想的主要材料。[1]

值得注意的是，科马罗夫是一位跨越两个时代的学者：他成长于俄罗斯帝国时代，和当时的许多俄国博物学家一样，活跃于在当时俄国领土和势力影响范围的边缘地区，带有一定殖民色彩(罗洛，1999：680—690)；但同时，他在帝俄时代即思想左倾，关心社会进步问题，也因此在苏联时代成为积极的社会活动家(陕西省高等院校自然辩证法研究会延安大学分会，1984：238)。他本人丰富的一生充分体现了这种形象上的张力：

1869年10月13日(旧俄历10月1日)，科马罗夫生于俄国最为欧化的城市彼得堡。在少年时代，科马罗夫上的是古典中学，学校没有充分的自然科学教育。正是在这一时期，他开始爱好植物学，并独自探索和研究诺夫哥罗德省博罗维奇县(Боровичский уезд，

---

[1] 笔者注意到，《选集》在重排科马罗夫旧著时，一般是比较忠实的，但仍有极少数地方有编辑上的改动，如删去了某些地方的"(俄罗斯)帝国 / 皇家"等词。在一些技术性细节上，《选集》也有较《满洲植物志》初版准确之处。为保持史料原貌，本文在征引科马罗夫著作时，引用的是历史上的初版。因"十月革命"前后的俄语正字法有较大变动，为便于读者阅读，本文在参考文献条目中仍保留了旧式拼法，文内有引证需要时则一律改为现行俄文拼法。

Новгородская губерния）的植物。1890年，他进入圣彼得堡大学的数学物理系。在大学里，他深受植物学教研室主任安德烈·尼古拉耶维奇·别凯托夫（Андрей Николаевич Бекетов, 1825–1902）的影响。别凯托夫是当时俄国最为重要的植物学家和科学普及者，在他的周围形成了一整个俄国植物学学派。但在科马罗夫读书的时代，植物学教研室已经转由较为平庸的克里斯托弗尔·雅科夫列维奇·戈比（Христофор Яковлевич Гоби, 1847–1919）主持，戈比授课不很受学生欢迎，科马罗夫于是更加独立地发展自己的植物学兴趣。科马罗夫的研究范围也从诺夫哥罗德省的一隅扩展到了更大的区域：1892 年至 1893 年，他开始考察中亚地区，到达过卡拉姆库（Каракумы）沙漠。在大学时期，科马罗夫还形成了激进的社会观点，一度被帝俄保卫局和警察监视。也因此，科马罗夫在1894年毕业后没有拿到"可信证明"，无法获得长期职位，他只好通过皇家俄罗斯地理学会（Императорское Русское географическое общество），调到当时正准备兴建的阿穆尔铁路（Амурская железная дорога）[1]处工作。

---

[1] "阿穆尔河"是俄语中对黑龙江的称呼。阿穆尔铁路由刚被俄国兼并不久的黑龙江北岸修建，在当时属偏远艰苦之地。

自1895年起，科马罗夫开始研究远东地区的植物，游历了阿穆尔州（Амурская область），并在地理学会的刊物上发表了论文《进一步殖民阿穆尔地区的条件》（Условия дальнейшей колонизации Амура），在论文中，科马罗夫研究了黑龙江流域的自然环境和殖民史，证明阿穆尔地区适宜居住。

1895年至1897年，科马罗夫在俄属远东地区、中国东北（时称"满洲"）和朝鲜做了考察旅行。1896年春，他离开尼克尔斯克-乌苏里斯基（Никольск-Уссурийский，今乌苏里斯克，汉语旧称"双城子"）穿过了中国东北的中部地区，秋季时返回符拉迪沃斯托克（海参崴），带回大量植物标本和地理观察材料。在科马罗夫的考察之后，俄国地理学会开始资助对中国东北的研究，科马罗夫再度经图们江和鸭绿江一带进入中国东北。随后，科马罗夫结束了远东考察，回到了圣彼得堡。他一面在大学任教，一面在圣彼得堡的皇家植物园（Императорский ботанический сад）工作。在圣彼得堡植物园工作期间，科马罗夫研究了植物园中的大量植物标本和植物学、地理学文献。1901年，他出版了《满洲植物志》第一卷，这部书是他的植物学硕士学位论文。《满洲植物志》的第二卷和第三卷也陆续于1904年和

1907年刊印。1905年，彼得堡植物园和俄国地理学会决定将所藏的中国、蒙古植物标本交给科马罗夫研究，这批标本共有约50 000号。对中国东北植物的研究给科马罗夫带来了极大的荣誉：1898年，俄国地理学会授予他普热瓦尔斯基奖金（премия Пржевальского）；1909年，三卷本《满洲植物志》成书后，彼得堡科学院（Петербургская академия наук）因这部书的成就授予他卡尔·拜尔奖金（премия имени К. Бэра）。

在彼得堡工作时期，科马罗夫又开始第二轮对远东的考察。1902年，他考察了萨彦岭（Саяны）一带；1908年至1909年，他对堪察加半岛做了两次考察旅行，于1912年发表了《1908年至1909年赴堪察加旅行记》（*Путешествие по Камчатке в 1908–1909 годах*），概述了他的考察成果。随后，科马罗夫又开始研究南乌苏里边疆区（Южно-Уссурийский край）的植物，并在1913年对该地区做了考察。

科马罗夫在彼得堡大学讲授的"植物界发展史"（1903年至1911年）、"植物系统学的一般基础"（1911年至1914年）、"植物地理学与植物生态学"（1914年至1917年）等课程广受学生欢迎，在彼得堡也形成了一个以科马罗夫为中心的植物学学派。但因与戈比矛盾激化，

1911年时，科马罗夫不得不在莫斯科大学答辩自己的博士论文。

1914年，彼得堡科学院将科马罗夫增选为生物学通讯院士。"十月革命"后的1920年，更名后的俄国科学院（Российская академия наук）根据植物学家们的投票，将科马罗夫选为正式院士。科马罗夫随后开始了一系列科学组织工作。1921年，他倡议成立一个独立的遗传学研究所；1930年代，他担任全苏植物学会（Всесоюзное ботаническое общество）主席，倡议并主持了《苏联植物志》的编写；1932年，苏联科学院大会选举产生了以科马罗夫为首的苏联科学院远东分院主席团，科马罗夫还在乌拉尔、外高加索、中亚、西伯利亚组织筹建了苏联科学院的多个分院；1936年起，他担任苏联科学院院长；1941年苏德战争爆发，科马罗夫领导了苏联科学院乌拉尔地区资源动员委员会（Комиссия Академии наук СССР по мобилизации ресурсов Урала），以支援前线。此外，1944年起，他还兼任苏联科学院科学技术史研究所的首任所长。1945年12月5日，科马罗夫在任上逝世，葬于以安葬文化界名人为主的莫斯科新圣女公墓（Новодевичье кладбище）。（Мещанинов & Чернов, 1945; Гвоздецкий, 1949）

二、科马罗夫 1896 年在中国东北的考察活动

可以看到，科马罗夫的后半生几乎完全被国务和科学组织工作占据，他一生最为重要的博物学活动集中于早年。其中，他在 19 世纪最后几年对中国东北的考察尤其重要，在中国东北植物研究史上具有里程碑式的意义。罗桂环先生等国内学者对科马罗夫的在华考察做过简要的记述，指出了科马罗夫的主要考察路线和收获（罗桂环，2005：172—173；王长富，2000：32；中国植物志编辑委员会，2004：689），但目前为止，国内对于这些考察活动的细节还少有介绍，部分原因在于在《满洲植物志》等书中，科马罗夫只留下了极为程式化的简单记载，似乎很难从中得到细节信息。但事实上，科马罗夫本人曾于 1898 年在《皇家俄罗斯地理学会会刊》（*Известия Императорского Русского географического общества*）上发表过题为《1896 年满洲考察》（Маньчжурская экспедиция 1896 года）的长文，此前国人基本未能利用这一文献，俄国学者也常常不把它当作科马罗夫的主要著作之一，未曾将其收入他的《选集》。不过，在科马罗夫的诸次远东考察中，1896 年的满洲考察也是较为典型的——

由于这是对陌生的中国东北的考察，科马罗夫一直敏锐地观察着各种风物，因此对考察行程、见闻的记述极其详尽，十分有助于我们理解科马罗夫的博物学实践。

科马罗夫按照当时的习惯，用"满洲（Маньджурия）"一词来指称中国的东北地区。科马罗夫认为，对"满洲"一词可以有几种理解——如按照行政区划，"满洲"包括"齐齐哈尔、吉林和盛京三省"[1]，以清中央政府辖地、俄国、蒙古地方的边境为界限；按照民族志观点，它指满族人的聚居地，范围大大缩小。科马罗夫指出，这两种观点都不适用于植物学研究，因为满洲三省的气候、土壤、地形、植被远非同质——西部大兴安岭的植被近似蒙古和达斡尔地区（Даурия），而盛京南部则更近似于北直隶或山东。因此，科马罗夫最为重视同质化高的"中部满洲（средняя Маньчжурия）"，其范围大致以当时的吉林省（今黑、吉两省中东部）为中心。（Комаров, 1901: 3-5）科马罗夫在 1896 年对中国东北的考察，也正是在吉林和黑龙江两省东部一带。

科马罗夫此次考察的路线得到了清

---

[1] 事实上，在科马罗夫写这句话时，清政府尚未在东北建省，他实际所指的是黑龙江、吉林、盛京三将军辖区。

楚的记录：1896年5月12日，科马罗夫及其考察队成员来到了靠近中俄边境的尼克尔斯科耶（Никольское，位于今乌苏里斯克［双城子］）。因需要等待进入中国边境的许可获批，科氏一行先在俄国境内尼克尔斯科耶周边做了一番考察。最终，6月17日，科马罗夫一行获准进入中国境内，他们首先来到了边境小城三岔口（今东宁）。随后，考察队渡过绥芬河，在周围山区做考察。几日后，科马罗夫来到八道河子谷地，再渡过小绥芬河，于6月27日来到穆棱河。7月1日，科马罗夫等人进入牡丹江支流的谷地，见到宁古塔一带的产粮区。翻过几条山后，他们来到了牡丹江边。7月5日，科马罗夫等人到达宁古塔，随后向西南的吉林城方向前进。7月中旬，考察队经镜泊湖一带，到达额穆索（额穆），后又沿珠尔多河进入张广才岭的森林。经过漫长跋涉，科马罗夫等人于9月6日进入松花江流域，来到吉林城。此时正值中秋节，科马罗夫参观了吉林北山。9月15日，考察队开始返程，中间在龙潭山过夜，先是沿来时路线回到了额穆索，后穿过珠尔多河到达牡丹江畔，再来到敦化，爬上哈尔巴岭。此时，科马罗夫等人已经十分接近中、朝、俄边境。他们沿着布尔哈通河河谷向边境前进，翻越高丽岭进入图们江河谷。科马罗夫考察队在中国东北的最后一站是珲春，10月初，他们进入俄国境内。科马罗夫还在沙俄境内港口小城波西耶特（Посьет，汉语旧称"摩阔崴"或"毛口崴"）做了短暂的考察。（Комаров, 1898; Комаров, 1901: 90–97; Гвоздецкий, 1949: 32–58）

科马罗夫此次考察历时约半年，路经多种地形和不同城镇村落。科马罗夫本人在总结此次考察时，惊叹于"在研究满洲这样一个人口众多的庞大古国时展现出的自然和人类活动的多样性"（Комаров, 1898: 184）。按照最初的计划，科马罗夫是考察队中的植物学家，爱德华·爱德华多维奇·阿涅尔特（Эдуард Эдуардович Анерт, 1865–1945）[1]则是团队中的地质学家。本来这支考察队准备前往瑷珲、齐齐哈尔、伯都讷（今吉林松原）、吉林等地，但实际路线有较大调整，且地质学家和植物学家几乎完全独立工作，在后来的考察中甚至分成

---

[1] 阿涅尔特是采矿工程师、地质学家，出生于贵族之家，长期在华考察和工作，1924年起在哈尔滨中东路任职，并是满洲研究会（Общества изучения Маньчжурского края）的成员。1934年，阿涅尔特成为德国公民。1945年二战结束后，返回哈尔滨。关于这次1896年的考察，阿涅尔特著有《满洲旅行记》（Путешествие по Маньчжурии）一书（Анерт, 1904），可与科马罗夫的记录相印证。

图 2 科马罗夫拍摄的张广才岭森林（Анерт, 1904: 73）

两支队伍行进，因此，在这次考察中，科马罗夫不仅担负了植物学家的职责，同时也对自然地理和人文风土做了相当翔实的记录。

在科马罗夫的记述中，此时的满洲首先是沙俄扩张的前沿，在周边有许多哥萨克屯驻，此外汉族、朝鲜族和满族也杂居在一起，民族混杂多样，民族间有各种交往，包括冲突——有时中国人听到关于"红胡子（土匪）"的传闻后，会向俄国人寻求保护；有时牲畜检疫站也会引起误会和纠纷。（Комаров, 1898: 123, 124）作为博物学家的科马罗夫注意到，这些冲突有时是围绕动植物展开的——1895 年春季，俄国哥萨克和中国猎人之间爆发了严重的冲突，起因是梅花鹿（Cervus dybowskii[1]）的鹿茸。进入中国领土后，科马罗夫注意到满洲的城镇一般以集市为中心，有满汉二元权力体系：满官任武职，汉官掌管民事，而一些官员已经不会阅读满文，等等。（Комаров, 1898: 125, 129）

通常，科马罗夫在记述旅程时，会依次记载地形地貌、地质条件和植物，对动物则着墨极少。一些地方显然是科马罗夫尤为感兴趣的。科马罗夫前往吉林时所走的路线，在清代吉林城的交通路线之中，是一条十分艰险的路线，据

---

[1] 现为 Cervus nippon 的异名。

清人记载，这条路上"纳木五十里，颇极登顿苦，色齐林更深，未入心已阻"（王绵厚，朴文英，2016：494）。这实际是张广才岭附近的原始森林（图2）。

科马罗夫区分了人类干预过的植被和原始的、"典型的"植被。科马罗夫发现，"满洲的森林除了人之外，有一个敌人，那就是风。"在东亚季风开始时，常常"整片林地都被风净化了，特别是在山脊的顶部"。（Комаров，1898：146-147）

原始森林中，猕猴桃等植物令科马罗夫十分喜爱——在整篇考察记录中，对森林植物的描写也几乎是最生动秀美的篇章：

> 正是在这里，我第一次见到了第二种猕猴桃（*Actinidia arguta*，即软枣猕猴桃）。它的枝干宛如巨大的绳索，有腿一样粗，沿着林中的树干攀缘而上，直到能得到明亮光照的高处，长出有光泽的深绿色树叶的树冠。然而，在开阔的地方，它却不超过一人高，分散为一大丛嫩芽。这种藤本植物的枝干虽然粗壮，却有一定的柔韧性，常常能奇异地卷成一个环。
>
> 不仅是攀缘植物，其他灌木和林中小树也美丽夺目，外表奇特。

其中要首推五加科（Аралиевыя，即 Araliaceae），这是一类具有伞形花序的树种，在阿穆尔地区常称为"鬼树（чертова дерева）"；五加属（*Eleutherococcus*）的小枝带刺，有密密麻麻的伞状黑色芳香果实，或者长着奇特的五指形状的叶子，开着美丽的、略带淡红色的白花，还有满洲楤木（*Aralia mandshurica*[1]），马克西莫维奇[2]准确地把它与一种热带的棕榈（*Astrocarya*[3]）相比。（Комаров，1898：147-148）

除原始森林的植物之外，科马罗夫在途中对人工栽种的经济作物同样有不少记述。他注意到，在小绥芬河一带，有木耳（Auriculariaceae）种植场，当地人会将木耳、花蘑等食用菌运到中国内地贩售。（Комаров，1898：128-129）他记录了一些俄国人所不了解的作物：

> 这里种植的植物有高粱、小麦、罂粟、大豆和紫苏（*Perilla*

---

[1] 现作为辽东楤木（*Aralia elata*）的异名。
[2] 指俄国植物学家卡尔·伊万诺维奇·马克西莫维奇（Карл Иванович Максимович，1827-1891），他研究了远东和日本的植物。
[3] 现属名订正为 *Astrocaryum*。

ocymoides[1]），紫苏是一种唇形科植物，它的种子很轻，有挥发性，带有很强的油味，中国人特别喜欢它。这种植物在南乌苏里边疆区被错误地称为"芝麻"［……］
（Комаров，1898：133）

科马罗夫细致地记录了作物的种植比例与中国人的粮食作物：

> 牡丹江左岸的平原上有一条十俄里长的路，从山口直到宁古塔，平原上到处都种满了作物。我在这里尝试估算了一下种植各种作物的田地比例，记下了50个地块，结果是黍类占播种面积的30%，豆类占46%，小麦占8%，大麦、荞麦和罂粟占4%，高粱占8%，纺织作物占2%，但除此以外，其他田地边缘也常散种着作物，其余的地则被用来种植玉米（这在菜园中占显要的位置）、烟草、紫苏和苋菜(Amaranthus，其嫩叶像菠菜一样被食用，种子则和小米一起做成粥）。
>
> 当然，态度也会根据地方条件、富裕人群的口味和邻近市场的条件（市场上产品会过剩）而发生显著

---

[1] 现作为 Perilla frutescens 的异名。

的改变，但大豆和各种黍类在各处仍占统治地位。豆油、油渣和大豆本身是我国向中国、日本出口的最主要货物之一，而黍类是满洲中国人的主要面食，完全取代了中国南方的大米。在满洲种植有三种主要的黍类，即小米（Setaria italica）、黍（Panicum miliaceum）和稗子（Oplismenus frumentaceus[2]）。
（Комаров, 1898: 135–136）

在一些地方，耕地和林地的冲突使森林的破坏极其严重，令科马罗夫极为惋惜。科马罗夫看到"在山谷两侧的山上，到处都是被砍伐的橡树林的痕迹"，而"对森林的野蛮消灭使这个国家越来越光秃，并给其植被引入了草原的成分"（Комаров, 1898: 133, 183）。

在科马罗夫对1896年考察的记述中，值得注意的是科马罗夫并没有详细描述植物的形态，也没有提及他采集标本的实践。毋宁说，科马罗夫的视角更像是一位生态学家，关注植物生长的环境，以及植物和环境之间的相互关系。事实上，科马罗夫在植物学中的最主要工作，正在于植物地理学领域，他对于

---

[2] 现作为 Echinochloa frumentacea 的异名。此种在我国南方栽种，科马罗夫的鉴定可能是错误的。

地理和生态的关注也体现于他的全部植物学著作,包括前文提及的《满洲植物志》这一巨著与《华蒙植物志引论》一书。

三、《满洲植物志》的植物学意义

1. 科马罗夫的物种概念

首先需要指出的是,科马罗夫在中国东北的考察成果,绝不仅仅是在经验层面描述或发现了若干植物——科马罗夫的满洲之行同样促使他阐发了关于物种概念的理论成果,而这一物种概念又深刻地影响了随后苏联、中国植物学界对物种划分的理解,以及《苏联植物志》和《中国植物志》的编写实践。

科马罗夫的物种概念,最初是在《满洲植物志》和随后的《华蒙植物志引论》中阐述的,同时有其历史脉络。具体来说,科马罗夫发展了奥地利植物学家安东·克尔纳·冯·马里劳恩(Anton Kerner von Marilaun, 1831-1898)、俄国植物学家谢尔盖·伊万诺维奇·科尔任斯基(Сергей Иванович Коржинский, 1861-1900)与奥地利植物学家弗里茨·冯·韦特施坦(Fritz von Wettstein, 1895-1945)的观点。在林奈时代,种是用逻辑学方法来相对于属定义的,而林奈的物种概念有单型(monotypic)种的特征。这样的物种概念长期以来构成了描述植物学的基础。19世纪以来,阿尔丰斯·德堪多(Alphonse Pyramus de Candolle, 1806-1893)等一派植物学家继续主张细分植物的种,他们极少使用变种这一阶元,被称为细分派(splitters)。与德堪多等人相对的,有归并派(lumpers),他们的物种概念一般被称为多型(polytypic)种。自达尔文发表《物种起源》以来,种的概念又与演化关联起来,亚种、变种常被视为尚未分化出来的种。1869年,克尔纳提出,应当在划分种时考虑地理分布,独立的分布区域可以证明种的独立地位。韦特施坦随后发展了克尔纳的这一观点。俄国的科尔任斯基提出了"宗(俄文为 paca,英文为 race)"的学说,认为宗是具有显著形态区别和独特分布区的阶元,并认为地理分布现象和形态特征几乎同等重要。(Bobrov, 1972;参见中国植物志编辑委员会,1974a: 15—29)

科马罗夫继承了克尔纳、韦特施坦和科尔任斯基的理论立场,认为宗是分类学的基本单位,并强调地理分化可以反映趋异进化的水平。后来,科马罗夫将自己的观点简明地表述为"物种就是形态学系统乘以地理确定性"(Комаров, 1927: 39)。在《满洲植物志》中,科马罗夫自述了这一物种概念的缘起:"在着手鉴定我在满洲采集的标本时,我原本没有特定的倾向。我只是试图做到尽可能地客观,并给我的植物做出易于让后续研究者辨识的命名。"(Комаров, 1901: 72)然而,科马罗夫发现,山地植物往往表现出明显的变异性,而仅仅列举形态特征已经是不足够的了,"具有严肃意义的已经不是这个或那个器官的形态本身,而是在已知的特定条件下以特定方式改变的能力"。因此,科马罗夫认为,应当在植物志中加入"宗"的概念,以反映这种能力。科马罗夫进而推论说,"种的起源"问题毋宁说是一个逻辑问题,是在头脑中形成概念的问题,只有"宗的起源"才是恰当的、实在的生物学问题。而新宗的形成过程,是与气候和其他生活条件密切相关的。科马罗夫最后指出,满洲植物的经验材料"可以帮助我们弄清楚这个理论问题"。(Комаров, 1901: 75-85)

在具体的实践中,科马罗夫的物种概念有两个特点:首先,科马罗夫会尽可能全面、细致地描述一个物种的地理分布,并将之与近缘植物的分布做比较;其次,科马罗夫倾向于细分物种。《满洲植物志》就是前一特点的典型。科马罗夫写道:

> 为了便于从满洲植物区系的地理分布中得出更一般的结论,我认为应当在每一个较重要的系统划分表的末尾,附上一份汇总每个物种在满洲和满洲相邻国家、欧洲和北美的分布情况表。此外,它们显示出,满洲植物区系成分可被划分到泛北极(общеарктический)区……我们的这一区域,只是东亚植物界的一小部分,后者是东亚季风覆盖的国家,包括从喜马拉雅山地国家东北角、中国中部到萨哈林岛、堪察加半岛的所有亚热带和温带国家。其中的一些国家,它对应的是一个气候温暖的地区,即落叶阔叶林区。它与达斡尔地区、日本和其他邻近地区的植物区系有什么关系,北极成分在其中有多大程度的表现,我们将从名录中进一步报告的和在分布表中汇集的实际材料中看到。我希望这次研究的直接结果是,对于这部分地表的植物区系历史,能得到一份相当有说服力的材料,而每一个植物区系的历史都与其特有的植物形态的发展史密切相关,因此,关于所谓的"物种起源"的一些问题也应该得到澄清。(Комаров, 1901: 80-81)

在《华蒙植物志导论》中,科马罗

夫进一步示范了，在中国这一庞大的、内部分化极多样的地理区域中（此时科马罗夫的研究范围已经超出中国东北），如何解决具体的属下疑难分类问题——包括藤山柳属（*Clematoclethra*）、党参属（*Codonopsis*）、淫羊藿属（*Epimedium*）、白刺属（*Nitraria*）、锦鸡儿属（*Caragana*），这种研究又与科马罗夫的植物区系研究有密切的关联。

2. 对满洲植物的记述和区系划分

如前文所述，科马罗夫认为，行政区划意义上和民族志意义上的"满洲"定义，都无法满足植物学研究的需要。科学意义上的"满洲"，应当指地理上有显著统一性的区域。因此，科马罗夫谈的"满洲"比当时的中国东北稍大，包括部分沙俄和朝鲜境内地区。按科马罗夫的理解，"满洲"的主要特点是被低矮山地和河谷切割，同时这种切割也并未造成很大的气候差异，因为东亚季风可以均匀覆盖整个满洲，因此"满洲"南北在降水量、植被覆盖率上差异也并不大。

在《满洲植物志》的正文部分，科马罗夫共记录了这一地区的598属、1660种植物，并对部分植物（主要是新种）绘制了精美的图版（图3）。其中有70种满洲植物（未计入种下单元和科马罗夫发表的新组合）是科马罗夫命名并认定为有效的[1]：

表1　科马罗夫命名的满洲植物

卷与页码	科马罗夫所用的种名	现地位
I/124[2]	*Nephrodium (Lastraea) laetum*	被修订为华北鳞毛蕨 *Dryopteris goeringiana* (Kunze) Koidz. 的异名
I/177	*Pinus funebris*	被修订为赤松 *Pinus densiflora* Sieb. et Zucc. 的异名
I/345	*Scirpus depauperatus*	被修订为三江藨草 *Scirpus nipponicus* Makino 的异名
I/359	*Carex xiphium*	接受名，稗薹草
I/364	*Carex remotiformis*	被修订为丝引薹草 *Carex remotiuscula* Wahlenb. 的异名
I/368	*Carex tuminensis*	接受名，图们薹草
I/369	*Carex jaluensis*	接受名，鸭绿薹草

---

[1]　《满洲植物志》中，科马罗夫也发表了一些他在别处采到的植物新种，如堪察加的 *Abies gracilis*，这样的种不列入下文讨论。也有一些科马罗夫命名的变种或亚种被提升为种，如科马罗夫发表的 *Streptopus ajanensis koreana* 现多作为独立的丝梗扭柄花 *Streptopus koreanus* (Kom.) Ohwi，限于篇幅，这些种下单元也暂不讨论。

[2]　"I/124"表示该种的原始描述见于《满洲植物志》初版第一卷的第124页，下同。

续表

卷与页码	科马罗夫所用的种名	现地位
I/373	*Carex suifunensis*	接受名，绥芬薹草，但也被一些作者处理为乳突薹草 *Carex maximowiczii* Miq. 的一个变种
I/376	*Carex ussuriensis*	接受名，乌苏里薹草
I/394	*Carex korshinskii*	名称被修订为黄囊薹草 *Carex korshinskyi* (Kom.) Malyschev
I/399	*Carex koreana*	被修订为细形薹草 *Carex tenuiformis* Levl. 的异名
I/461	*Lilium cernuum*	接受名，垂花百合
I/480	*Polygonatum inflatum*	毛筒玉竹
II/25	*Salix maximoviczii*	接受名，大白柳
II/102	*Boehmeriopsis pallida*	被修订为水蛇麻 *Fatoua villosa* (Thunb.) Nakai 的异名
II/112	*Aristolochia manshuriensis*	接受名，木通马兜铃
II/172	*Stellaria ebracteata*	接受名，无苞繁缕
II/198	*Silene koreana*	接受名，朝鲜蝇子草
II/199	*Silene capitata*	接受名，头序蝇子草
II/243	*Cimicifuga heracleifolia*	接受名，大三叶升麻
II/250	*Aconitum umbrosum*	接受名，草地乌头
II/251	*Aconitum albo-violaceum*	接受名，两色乌头
II/257	*Aconitum jaluense*	接受名，鸭绿乌头
II/262	*Anemone amurensis*	接受名，黑水银莲花
II/278	*Atragene koreana*	被移入铁线莲属 *Clematis*，现称朝鲜铁线莲
II/294	*Ranunculus amurensis*	接受名，披针毛茛
II/354	*Alliaria auriculata*	接受名，被修订为翼柄碎米荠 *Cardamine komarovii* Nakai 的异名
II/378	*Arabis axillaris*	被修订为蚓果芥 *Neotorularia humilis* (C. A. Meyer) Hedge & J. Léonard 的异名
II/404	*Cotyledon minuta*	被移入瓦松属 *Orostachys*，现称小瓦松
II/410	*Rodgersia tabularis*	被移入大叶子属 *Astilboides*，现称大叶子
II/415	*Saxifraga manshuriensis*	接受名，腺毛虎耳草
II/416	*Saxifraga korshinskii*	接受名，分布于俄罗斯，《中国植物志》和东北地方植物志未记载
II/433	*Deutzia glabrata*	接受名，光萼溲疏
II/437	*Ribes maximoviczii*	接受名，尖叶茶藨子
II/470	*Crataegus tenuifolia*	被修订为山楂海棠 *Malus komarovii* (Sarg.) Rehd. 的异名

续表

卷与页码	科马罗夫所用的种名	现地位
II/535	*Rosa koreana*	接受名,长白蔷薇
II/537	*Rosa jaluana*	接受名,乌苏里蔷薇
II/651	*Geranium soboliferum*	接受名,线裂老鹳草
II/652	*Geranium koreanum*	接受名,朝鲜老鹳草
II/728	*Acer triflorum*	接受名,三花槭
III/24	*Tilia amurensis*	接受名,紫椴
III/94	*Epilobium angulatum*	被修订为光滑柳叶菜 *Epilobium amurense* subsp. *cephalostigma* (Hausskn.) C.J.Chen 的异名
III/94	*Epilobium nudicarpum*	被修订为光滑柳叶菜 *Epilobium amurense* subsp. *cephalostigma* (Hausskn.) C.J.Chen 的异名
III/95	*Epilobium cylindrostigma*	被修订为光滑柳叶菜 *Epilobium amurense* subsp. *cephalostigma* (Hausskn.) C.J.Chen 的异名
III/95	*Epilobium tenue*	被修订为毛脉柳叶菜 *Epilobium amurense* Hausskn. 的异名
III/99	*Circaea caulescens*	被修订为高山露珠草 *Circaea alpina* L. 的一个亚种
III/166	*Angelica crucifolia*	被修订为长鞘当归 *Angelica cartilaginomarginata* (Makino) Nakai 的异名
III/166	*Angelica flaccida*	被修订为柳叶芹 *Czernaevia laevigata* Turcz. 的异名
III/176	*Peucedanum elegans*	接受名,刺尖前胡
III/223	*Primula saxatilis*	接受名,岩生报春
III/254	*Syringa velutina*	被修订为关东巧玲花 *Syringa pubescens* subsp. *patula* (Palibin)M.C.Chang & X.L.Chen 的异名
III/345	*Scutellaria angustifolia*	被修订为狭叶黄芩 *Scutellaria regeliana* Nakai 的异名
III/346	*Scutellaria moniliorrhiza*	接受名,念珠根茎黄芩
III/421	*Limnophila trichophylla*	在中国东北和台湾省有记录,台湾学者作为独立的种,科马罗夫称在吉林采到此种,但大陆学者长期未能见到来自大陆的标本
III/497	*Galium trifloriforme*	接受名,拟三花拉拉藤
III/507	*Viburnum arcuatum*	被修订为修枝荚蒾 *Viburnum burejaeticum* Regel et Herd. 的异名
III/518	*Lonicera vesicaria*	被修订为葱皮忍冬 *Lonicera ferdinandi* Franchet 的异名
III/558	*Adenophora palustris*	接受名,沼沙参
III/573	*Codonopsis silvestris*	被修订为党参 *Codonopsis pilosula* (Franch.) Nannf. 的异名
III/656	*Artemisia manshurica*	接受名,东北牡蒿

续表

卷与页码	科马罗夫所用的种名	现地位
III/661	Artemisia aurata	接受名，黄金蒿
III/691	Cacalia firma	被移入蟹甲草属 Parasenecio，现称大叶蟹甲草
III/695	Ligularia jaluensis	接受名，复序橐吾
III/710	Senecio koreanus	被移入狗舌草属 Tephroseris，现称朝鲜蒲儿根
III/727	Saussurea sinuata	接受名，林风毛菊
III/733	Saussurea saxatilis	被修订为岩风毛菊 Saussurea komaroviana Lipsch. 的异名
III/736	Saussurea splendida	接受名，节毛风毛菊
III/739	Saussurea umbrosa	接受名，湿地风毛菊

图 3 《满洲植物志》第二卷中三花槭（Acer triflorum）的图版

可以看到，科马罗夫命名的满洲植物中，半数以上的物种仍然是有效的，但在一些特定类群上，科马罗夫显然对物种划分过细，如他对柳叶菜属（*Epilobium* L.）的研究就是如此。此外，薹草属（*Carex* L.）这个大属的分类也给科马罗夫造成了困难。

除了记述植物之外，科马罗夫还对满洲植物区系做出了开创性的研究。科马罗夫指出，对满洲植物来说，两个重要的条件是气候和土壤。满洲的气候特点是夏季降水丰富，东南风和南风盛行，冬季干燥少雪。这对于多年生植物是不利的，会将区系偏南方的植物的分布界限推向更南。在土壤方面，满洲最常见的岩石是花岗岩、斑岩和玄武岩，这些岩石可以通过风化侵蚀形成黏土等土壤。科马罗夫根据地形、灌溉、气候等因素将植物地理学意义上的满洲进一步划分为 33 个"同质小区（однородные участки）"，其中，位于沙俄境内的有11 个小区：

1. 布列亚高原（Буреинское нагорье）；2. 南阿穆尔低地；3. 自乌苏里江河口至松花江、戈林河（Горин）两河口弯曲处的黑龙江河谷；4. 乌苏里江下游和中游；5. 乌苏里江上游山林；6. 自哈吉湾（залив Хаджи[1]）至圣奥尔加湾（залив св. Ольги）的太平洋沿岸带；7. 自圣奥尔加湾至波西耶特湾的太平洋沿岸带；8. 自波西耶特湾至俄朝边境与图们江三角洲；9. 兴凯湖低地；10. 绥芬河—兴凯湖分水岭；11. 苏昌河（Сучан[2]）流域与周边山岭、谷地。

位于中国和朝鲜境内的小区有：

12. 松花江下游；13. 牡丹江和俄国边境之间的地区；14. 牡丹江和松花江之间的地区；15. 牡丹江上游一带；16. 珲春一带；17. 喇叭河盆地；18. 自松花江源头至辉发河河口间的松花江谷地；19. 辉发河谷地；20. 辉发河谷地与蒙古边缘间的山地；21. 夹皮沟一带；22. 松花江上游；23. 辽河左岸支流；24. 浑江盆地；25. 盛京省东南山地；26. 呼兰城与北团林子一带；27. 自图们江河口至吉州（Кильчу，朝鲜语为"길주"）沿岸；28. 图们江下游和中游；29. 图们江上游；30. 鸭绿江上游盆地；31. 虚川江（Xe-

---

[1] 今苏维埃港（Советская Гавань）。
[2] 今游击队河（Партизанская река）。

чен-ган，朝鲜语为"허천강"）盆地；32. 鸭绿江中游；33. 高丽岭中部。

科马罗夫指出，周边植物区系也对满洲有渗透——满洲地区因冬季严寒，针叶树和小叶树占据了主导地位，这种植被具有北方特点；满洲的干燥土壤上，时常能发现科马罗夫所谓的达斡尔地区植物，被砍伐的原始森林中，植被的总体特征也发生了明显变化，接近于达斡尔地区；而在海畔山谷中，可以见到一些南方植物。（Комаров, 1901: 14–23）

四、余论：科马罗夫工作的影响

科马罗夫对中国东北植物的考察和研究，在植物学界内部有深远的影响。一方面，他的《满洲植物志》成为论述中国东北植物的标准著作。胡先骕等民国植物学家也已经认识到其价值，称之为"尤为重要之参考书"（李伯嘉，1947：298）。此外，《满洲植物志》促进了对于中国东北植物的进一步研究——"在东北，植物志工作在1931年后进展迅速[……]这尤其是由于V. L. 科马罗夫所著的《满洲植物志》（1901—1907）的存在"（Frodin, 2001: 789）。尤其值得一提的是，1927年起，在南满洲铁道株式会社庶务部调查课的主持下，《满洲植物志》一书作为日文版"路亚经济调查丛书"的一种被译成日文，共出版7卷9册。这一译本后来成为日伪研究东北植物的基本材料之一，被广泛利用于伪满时期对经济植物的开发。这当然是科马罗夫本人未曾料想到的。

另一方面，科马罗夫的中国东北植物研究工作还有另一重要意义，即由此阐发的物种理论成为《苏联植物志》划分植物物种实践的滥觞。由于科马罗夫在苏联学界地位高、影响大，加之他本人是《苏联植物志》的主编，因此他的物种概念被写入了《苏联植物志》前言，成为指导方针。（Ильин, 1934: 7–8；另见中国植物志编辑委员会，1974a: 13—14）根据苏联学者的评述，"科马罗夫的概念已经确立到这样的程度，以至于它被《苏联植物志》的全体作者一致采纳，作为必须推行的概念"（中国植物志编辑委员会，1974a: 17）。《苏联植物志》的编写实践中，并不鼓励建立过多的种下单元，此外，书中植物物种细分过甚，这一点常被批评者诟病（Kirpicznikov, 1969: 687–688），但同时也因此得以记录大量关于植物变异的形态学和生物地理学的信息。

《中国植物志》的编写也受到了科马罗夫思想的一定影响。中华人民共和国成立之初，刘慎谔先生就已经提出，在科马罗夫主持下编纂的《苏联植物志》是对中国人自编本国植物志的激励。（胡宗刚，2010：199）1973年，因"文革"一度停顿的《中国植物志》编写工作重新启动（胡宗刚，夏振岱，2016：140—145），次年，《中国植物志》编辑委员会便开始组织刊印内部油印的《中国植物志参考资料》，第1号和第3号的主题便为"关于种的划分问题"（中国植物志编辑委员会，1974a；1974b）。在第1号《参考资料》中，共选辑了4篇文章，其中有3篇为苏联科马罗夫学派的观点的译介，包括《苏联植物志》第1卷前言的节译。显然，科氏理论成为编委会参考的主要对象之一。在评述《中国植物志》时，许多人都指出，国外一些学者批评《中国植物志》对物种划分过多、过细（徐炳声，1998；洪德元，2016），一种有代表性的看法认为，中国植物学家往往没有机会检视足够多的标本，导致往往抱有比较狭隘的物种观念（Nooteboom, 1992: 318）。这当然是一方面的原因，但同时，我们可以合理地推想，科马罗夫的物种概念及其对中国植物的研究，也以一种曲折的方式影响了《中国植物志》作者对物种所做的划分。

参考文献

李伯嘉编（1947）. 读书指导（第1辑）. 上海：商务印书馆.

林相周译（1955）. 伟大的俄罗斯科学家（上集）. 上海：新知识出版社.

卢布钦科娃，Т. Ю.（2001）. 俄罗斯最著名的考察和探险家. 孙昌洪等译. 北京：中国财政经济出版社.

洪德元（2016）. 关于提高物种划分合理性的意见. 生物多样性，24(3): 360–361.

胡宗刚（2010）. 北平研究院植物学研究所史略. 上海：上海交通大学出版社.

胡宗刚，夏振岱（2016）. 中国植物志编纂史. 上海：上海交通大学出版社.

罗桂环（2005）. 近代西方识华生物史. 济南：山东教育出版社.

罗洛（1999）. 罗洛文集：散文·译文·科学论著卷. 上海：上海社会科学院出版社.

潘菽（2007）. 潘菽全集，第8卷：教育、科学、政论（1916—1987）. 北京：人民教育出版社.

陕西省高等院校自然辩证法研究会延安大学分会（1984）. 陕甘宁边区自然辩证法研究资料. 西安：陕西人民出版社.

王长富（2000）. 东北近代林业科技史料研究. 哈尔滨：东北林业大学出版社.

王绵厚，朴文英（2016）. 中国东北与东北亚古代交通史. 沈阳：辽宁人民出版社.

温济泽等（1950）. 苏联科学家. 北京：生活·读书·新知三联书店.

新华日报索引编辑组（1964）. 新华日报索引：1944. 北京：北京图书馆出版社.

徐炳声（1998）. 中国植物分类学中的物种问题. 植物分类学报，36(5): 470–480.

中国植物志编辑委员会（1974a）. 关于种的划分问题（中国植物志参考资料1）. 内部油印资料.

中国植物志编辑委员会（1974b）. 关于种的划分问题（中国植物志参考资料3）. 内部油印资料.

中国植物志编辑委员会. 中国植物志，第一卷. 北京：科学出版社，2004.

Bobrov, E. G. (1972). Principal Features in the Development of Plant Systematics and Nomenclature. *Folia Geobotanica & Phytotaxonomica*, 7(3): 321–327.

Frodin, David G. (2001). *Guide to Standard Floras of the World: An Annotated, Geographically Arranged Systematic Bibliography of the Principal Floras, Enumerations, Checklists and Chorological Atlases of Different Areas*. Second Edition. Cambridge: Cambridge University Press.

Kirpicznikov, M. E. (1969). The Flora of the U.S.S.R. *Taxon*, 18(6): 685–708.

Nooteboom, H. P. (1992). A Point of View on the Species Concept. *Taxon*, 41(2): 318–320.

Анерт, Э. Э. (1904). *Путешествіе по Маньчжуріи*. Санкт-Петербургъ: Типографія Импреторской Академіи наукъ.

Гвоздецкий, Н.А. (1949). *Путешествия В.Л. Комарова*. Москва: Государственное издательство географической литературы.

Ильин, М. М. (1934). *Флора СССР*. Т.1 Ленинград: Издательство АН СССР.

Комаров, В. Л. (1898). Манджурская экспедиція 1896 года. *Извѣстія Императорскаго Русскаго географическаго общества*, 34(2): 117–184.

Комаров, В. Л. (1901). *Флора Маньчжуріи*. Т. 1. С-Петербургъ: Типо-Литографія «Герольда».

Комаров, В. Л. (1927). *Флора полуострова Камчатки*. Ленинград: Издательство АН СССР.

Мещанинов, И. И. & Чернов, А. Г. (1945). [Вводная статья]. *В. Л. Комаров. Избранные сочинения*. Т. 1. Москва-Ленинград: Издательство академии наук СССР: vii–lviii.

学术纵横

民国时期的博物学学术团体*

李飞，周舟（北京林业大学马克思主义学院，北京，100083）

Natural Science Academic Group during the Republic of China

LI Fei, ZHOU Zhou (Beijing Forestry University, Beijing 100083, China)

摘要：民国北京政府时期，博物学一度兴盛，专门的学术团体应运而生，如中华博物研究会。这一时期的博物学学术团体，除了定期召开学会年会进行常规性活动外，还创办《博物学杂志》，积极参与改良教育，改订教材，举办博物演讲和展览会，改订博物名词，多方面地传播博物学知识。活跃在民国早期的博物学学术团体，呈现出鲜明的过渡色彩，很快博物学就被所谓的更科学、更专门的具体学科所取代，博物学学术团体也被更专业化的科学团体所取代。

关键词：民国时期，博物学，学术团体

Abstract: Natural history was very prosperous during the period of the Beijing government of the Republic of China, and specialized academic groups had been established, such as the Natural Science Association of China. In addition to holding regular annual meetings, the natural history academic groups of this period also founded *the Journal of Natural History*. They actively participated in the improvement of education, revised teaching materials, organized lectures and exhibitions on natural history, and revised natural nouns, spread knowledge of natural history in many ways. But the natural history academic groups in the early Republic of China, showed the sense of transition. Soon natural history

---

* 基金项目：中央高校基本科研业务费专项资金资助"近代中外林业科技文化交流研究"（2019RW12）。

was replaced by the so-called more scientific and specialized disciplines, and natural history academic groups were also replaced by the specialized scientific groups.

Key Words: Republic of China, natural history, academic community

"博物"一词在中国很早就已出现，如班固在《汉书》中就用"博物洽闻，通达古今"，称赞孟子、司马迁等人见多识广，通晓诸物。中国古代文化中有悠久的博物学传统，如《诗经》中的"草木鸟兽虫鱼"研究，本草药典中的动植物矿石利用，博物方志中的物产记述，以及专门的动植物谱录志书，而诸如《毛诗草木鸟兽虫鱼疏》《博物志》《竹谱》等著作则散发着浓浓的博物学气息。晚清民国时期，伴随西学东渐，与近代西方自然科学接轨的博物学开始在中国流行，越来越多的国人加入到博物学研究、宣传、教育中来，于是专门的博物学学术团体应运而生。从1914年上海的中华博物研究会，到1916年北京的博物调查会，再到1919年全国性的中华博物学会的成立，这些学术团体在民国早期的博物学传播中起到了重要作用。

一、历史沿革

1. 民国最早的博物学学术团体——中华博物研究会（上海）

近代中国最早的博物研究团体，应是清末1907年京师大学堂所创设的博物学会，其宗旨是"研究博物学之理以明其用，而以本国之物产为主"（北洋官报，1907：8），其主要会员是京师大学堂的博物科教师和毕业生，因史料记载有限，该会具体活动不详。而民国时期最早的博物学学术团体就是上海的中华博物研究会。1914年2月4日，由吴家煦等人发起，在上海召开中华博物研究会成立大会。成立时该会"以发明全国之博物区系，增进学识，改良教材，发达实业"（博物学杂志，1914：146）为宗旨。该会设会长一人，首任会长为吴家煦；分设动物、植物、生理、矿物四部，每部各设主任一人。该会简章中主张会员以全国博物学家和博物研究者为主，赞成该会宗旨或捐助经费的一律推选为该会名誉赞成员，初始赞成员中包含陆费逵（中华书局创办人）、张元济（商务印书馆董事长）、黄炎培（民盟创始人）等知名人士。随后，吴家煦将中华博物研究会成立及筹办《博物学杂志》事宜上报北京政府教育部立案，2月12日获教育部批允。

2. 博物调查会（北京）

1916年，本着"欲振兴科学，发达实业，则必先自博物始"（湖南教育杂志，1916：4）的想法，北京政府教育部组织成立博物调查会，会址设于宣武门外北京学界俱乐部内。该会章程里明确表示，以调查我国动物、植物、矿物等物产，互相研究，增进学术为宗旨。该会设会长一人，干事二人，检定员若干人。会员入会资格包括：第一，从国内或国外大学或高等专门学校毕业，具有博物学知识储备；第二，曾担任或现任师范学校、中学或高等小学理科教员；第三，从事博物学研究。该会的代表人物是教育次长袁希涛、国立北京高等师范学校（简称北京高师，北京师范大学前身）校长陈宝泉以及高师博物部教务主任彭世芳。袁希涛，江苏宝山人，民国初年教育家，1914年任北京政府教育部次长，1919年代理教育总长。陈宝泉，天津人，1912年至1920年担任北京高师校长，他是博物调查会的重要发起人，在高师任内还在课程中加入了博物一部。彭世芳，江苏苏州人，毕业于日本东京高等师范学校，1912年至1916年，任国立北京高等师范学校博物部教务主任，任职期间兼教博物部的植物、日语课程。博物调查会规模约三四十人，主要工作是征集各种标本，曾经利用征集的标本举办过展览会。

3. 全国性的博物学学术团体——中华博物学会（北京）

上海的中华博物研究会和北京的博物调查会相继成立后，两个学会研究内容都以博物学为主，会员之间经常沟通交流，很多会员甚至兼入两会，工作多有重合。后经袁希涛和吴家煦商量，两会合并为一会。1919年8月15日至16日，两会联合在北京高师开会，合并后更名为中华博物学会。其宗旨是考察全国之动植矿物，增进学识，改良教材，启发实业。该会"北京设本部，上海设分事务所，各地方设支部。会长副会长以下分设主任，入会会员之资格极宽。凡本部支部，均区划为动植矿三科，由各会员分科担任。其进行事项，一调查全国物产；二编印杂志书籍；三举行展览会及演讲会；四制造标本；五筹备博物图书馆；六筹办动物园、植物园及博物标本陈列馆。章程既通过，遂投票举定会长及各主任。会长为袁观澜，副会长为吴家煦、陈宝泉"（教育杂志，1919：84）。1914年10月14日，该会成立事宜呈报教育部备案。

中华博物研究会和博物调查会成立

时都面向全国，入会条件比较宽松，也确实在部分省区建立了分支机构，但总体来看，这两个学会基本仍属于区域性组织。从1914年中华博物研究会会员录（表1）来看，该会初始会员共47人，其中40人是江苏籍（包含2名上海人，1912年至1927年间上海隶属于江苏省），身份多是江苏省内各学校的校长、教员或江苏籍学生，其专业背景多为动植物学、农学、地质学、矿业等，其中还有多人是清末江苏两江优级师范学堂博物科的毕业生（表1中姓名前打＊者）。博物调查会的初始成员则主要是北京政府教育部的官员，后来又陆续增加了一些北京高校，如北京高师的部分教员。至1919年两会合并成立中华博物学会，才是真正意义上的全国性的博物学学术团体。

表1　1914年中华博物研究会会员录（部分）

姓名	籍贯	备注
丁文江	江苏泰兴	地质学家，中国近代地质事业奠基人
*丁锡华	江苏武进	时任江苏省立第八师范学校农学教员
王朝阳	江苏常熟	时任江苏省立第一师范学校校长
*吴元涤	江苏江阴	时任镇江省立第六中学校教员
吴锡龄	江苏仪征	时任江都高等小学校教员，后为吴征镒的生物老师
吴家煦	江苏吴县	中华博物研究会会长，《博物学杂志》总编辑
汪一飞	江苏吴县	时任江苏省立第二中学校教员
秉志	河南开封	动物学家，中国近代生物学奠基人
周开基	江苏吴县	时为南洋中学学生，后留学哥伦比亚大学（矿业）
*陈纶	江苏江阴	时任江苏省立第三师范学校教员，后为该校校长
唐昌治	江苏吴江	时为江苏省立第一师范学校学生，后留学东京大学（农学）
凌昌焕	江苏吴江	教育家，时任上海商务印书馆编辑所自然课编辑
过探先	江苏无锡	时为康奈尔大学农学硕士生，后任江苏省立第一农校校长
*曹镜澄	江苏吴县	时任江苏省立水产学校教员
邹秉文	江苏苏州	植物病理学家，时为康奈尔大学农科学生
张宗绪	浙江安吉	早稻田大学毕业，时任浙江第三中学教师
蔡寅	江苏吴江	法学家，曾任孙中山秘书
薛凤昌	江苏吴江	教育家，江苏吴江中学校长
薛德焴	江苏江阴	生物学家，时任江西高等师范学校博物部主任
顾树森	江苏嘉定	教育家，时为上海中华书局编辑所编辑

中华博物学会成立后，全国重要的博物学相关活动基本都是围绕该会进行。但好景不长，1928年后，伴随民国北京政府的消亡，该会活动也逐渐陷入沉寂，该会的会刊《博物学杂志》在当年10月出版第2卷第4期后彻底停刊。此后，全国范围内只有几个区域性的博物学学术团体，如北京博物学会、福建博物学研究会，尚开展零星的活动，但影响力远不及民国北京政府时期。

二、开展工作

一个专业性的学术团体，当然既有常规性的组织活动，也有特定内容的学术活动。早在1914年中华博物研究会成立时，其简章中就明确表示该会工作包含"联络全国学界，组织杂志，制造标本，刊行书籍，筹办古今博物藏书楼，设置标本陈列所，筹办植物园动物园博物院，筹办中华博物学校及传习所"（博物学杂志，1919：147）等任务；博物调查会成立时，又提出考察全国动植矿等物产，翻译博物学著作；至1919年中华博物学会成立，该会章程中明确进行事项为："调查全国物产，编印杂志书籍，举行展览会及讲席会，制造标本，筹办博物图书馆，筹办动物园植物园及博物标本陈列馆"（教育公报，1919：23）。事实上，围绕上述工作计划，学会确实开展了诸多博物学活动。

1. 定期召开学会年会

学会年会有常规议程，一般包含主席报告、各支部报告、专家演讲、讨论会务、选举职员。如中华博物学会1924年年会在无锡召开，会长袁希涛先做报告，指出因南方水灾，福建、湖南等地支部代表都无法参会，提出因经济问题去年年会计划筹备的博物馆最终没能实现，并自谦自己并非博物专家，会长一职愿意让贤。接着副会长吴家煦报告，主要提出四个议案供年会讨论，一是临海生物研究事业案，二是整理学会杂志案，三是博物馆进行办法案，四是协同理科研究会举办初中自然科教员讲习会。接下来湖北支会代表薛良叔报告支会工作，北京代表钱崇澍报告北京本部工作，其间还穿插专家讲座，如朱凤美的"昆虫之菌敌"、秉志的"采集博物方法"等。最后讨论通过议案，进行换届改选，会长仍为袁希涛，副会长是吴和士、钱崇澍，动物主任秉志、薛良叔，植物主任吴元涤、朱凤美，矿物主任翁文灏、黄颂林等。（圣教杂志，1924：377—379）实际上，因局势动荡，中华博物学会活跃的十年间（1919—1928），其年会只召开了4届，1924年无锡年会后，北伐战争开始，学会年会自此中断。

2. 创办《博物学杂志》

民国北京政府时期，国内博物学理念较为流行，有学者甚至鼓吹博物学能救国救难。在此背景下，吴家煦等人在1914年组织中华博物研究会，并创办会刊《博物学杂志》，这是明确中国最早以博物学一词冠名的期刊。吴家煦认为，"爱刊杂志，将以疏雄风，振颓波，庶几天脯其衷，地不爱宝，物产人能，交相为助，而裕民足国之源，或将嚆始于是举乎？"（博物学杂志，1914：3）认为创办杂志有助于博物研究，更是富民强国之源头。该杂志自1914年至1928年共出版2卷8期，分图画、论说、研究、教材、专著、译述、丛谈、文苑、小说、书评、问答、调查、附录、会报等14种体例，刊载内容既有中国传统博物学知识研究，如薛凤昌《中华博物学源流篇》，又有国外博物学著作译介，如吴家煦翻译日本学者富山久重的《透明标本制作法》；既有具体的博物调查，如彭世芳《北京野生植物名录》，也有基础科学知识的介绍，如姚明辉《生物进化论》；既有涉及博物学内容的古代典籍介绍，如范成大的《桂海虞衡志》，也有学会会员新著的博物教材，如黄以

图1　《博物学杂志》第1卷第1期封面　　图2　《博物学杂志》第2卷第4期封面

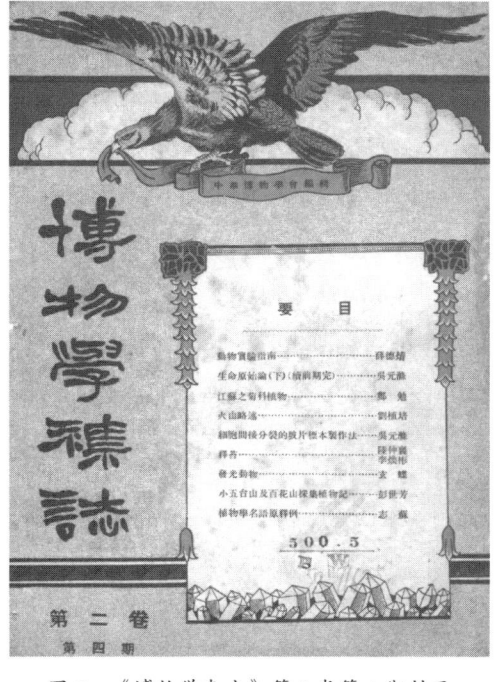

民国时期的博物学学术团体　　183

增的《博物实验教材》。该杂志对于促进当时博物研究者交流、博物学知识传播起到了重要作用。

3. 改良教育，编订教材

民国初年，实业救国、科学救国的背景下，社会呼吁改良教育，改订教材，从基础教育开始提高国人的科学素养。中华博物学会积极参与教育改革，推进自然科学知识普及和传播。如1922年，会长袁希涛建议教育部"格物致知，古有明训。欧战以还，各国学校尤重实验，关于自然科学之教授，日益精密。潮流所趋，我国未可独后。现在各省师范中学等校入学试验，于理科方面过于缺略，似非所宜。本会会员公同讨论，拟请同饬各省师范中学等校，今后入学试验一律加试理科"（北洋政府公报，1988：243）。该建议得到北京政府教育部认可，后颁布训令，要求全国高小学校一律加强理科教育，不得有所缺略。中华博物学会还参与推动博物类、自然类教材修订，如1924年1月22日《申报》报道该会协同江苏省教育会理科研究会改订初中自然课教材，改订草案就是由中华博物学会起草。从1914年中华博物研究会，到1919年中华博物学会，贯穿民国北京政府时期，学会会员参与编订了多部中小学及师范教材（见表2），许多教材经教育部审定，颁行全国，助力民国初期自然科学教育和博物教育。

表2 博物学会会员编印部分教材

作者	书名	出版社	出版时间	适用年级
顾树森、丁锡华	新编中华理科教科书	上海中华书局	1914年	高等小学
丁文江	动物学	上海商务印书馆	1914年	中学/师范学校
吴家煦	实用理科讲义	上海中华书局	1915年	师范讲习所
吴家煦、彭世芳	新制植物学教本	上海中华书局	1916年	中学/师范学校
丁锡华	新式农业教科书	上海中华书局	1916年	高等小学
顾树森	新制生理学教本	上海中华书局	1917年	中学/师范学校
吴家煦	新式理科教授书	上海中华书局	1917年	高等小学
丁锡华等	简明园艺学	上海中华书局	1922年	中小学
凌昌焕	新法理科教授书	上海商务印书馆	1922年	高等小学
凌昌焕	新学制自然科教科书	上海商务印书馆	1926年	小学

4. 举办博物演讲和展览会

学会通过举办演讲以及进行博物展览会等多种形式普及和宣传博物知识。每次学会年会时，都会请相关专家进行国内外博物学内容演讲。如学会会员、东南大学教授秉志就曾演讲"林尼亚氏事略"（林时磐作记录，后刊载于《博物学杂志》），演讲内容是瑞典著名博物学家林奈的生平事迹。秉志演讲中认为林奈是18世纪博物学之鼻祖，他对动植物学、地质学都有极大贡献，能与达尔文交相辉映；演讲中提到了林奈酷爱植物标本采集及发明自然分类法，该演讲是民国时期国内较早系统介绍林奈生平事迹的资料。早期博物调查会在北京举办过标本展览会。上海的中华博物研究会也多次举办博物展览会，如《申报》曾报道该会1917年在苏州举办展览会，会期三天，"会场设于苏州省立第一师范学校，占教室六间，由右侧登楼，有进行标贴指导参观人。楼下为签名处，有招待员二三人。登楼有该会欢迎参观人意见书之启事一则，稍前行即为第一展览室，依标示之出入口为进行线，并有监护员多人兼司指导。由第一展览室依次达第六展览室，适为楼左之尽头，从此下楼。各室之出口有桌置文房具，备参观人之摘记品物及草意见书之用，收受意见书之讨论柜设于出路之会客室中。综计陈列品之种类大别为标本、模型、图表、书籍、著作，而标本最多，有腊叶液浸、干制、剥制、截片等液浸品，有医校之真正人体各内脏"（申报，1917：7）。展览品多是中国特产，不仅有学术研究价值，许多物品还有重要实业经济价值。不仅学会本部，许多省学会支部也响应号召，积极举办展览会，如中华博物学会吴县支部曾在1924年初举办通俗展览会，目的是灌输一般人的博物智识。展览不收门票，任人参观，人群络绎不绝。

图3　彭世芳《博物词典》

5. 改订博物名词

晚清及民国前期兴起的博物学，绝大部分内容是引进西学，日本及欧美的动植物学、矿物学、生理学等专业知识大量涌入中国，有学者称"我国自教科以及参考诸书，其采自东籍者不止十之九，译自欧文者不及十之一"（薛凤昌，1915：4），国人在翻译、学习和接受的过程中存在困难、隔阂，专有名词就是困难之一。基于此，中华博物学会积极参与科学名词审查和修订，如1920年5月在北京参加科学名词审查会第六次年会，讨论细菌学、有机化学、物理学三组名词。1921年7月，在南京参加科学名词审查会第七次年会，该次会上决议中华博物学会负责地质组和矿物组名词草案修订。中华博物研究会早在1917年苏州大会时，就主张统一博物名词，当时推选南京支部部长吴子修负责起草植物术语名词，至1920年基本完成，其内容"外国文学名，分英、德、拉丁三种；本国文学名，分旧译名与拟定名两种；亦有旧译未有而新撰定者，计共一千四百余名词"（劝业丛报，1920：207）。1921年中华博物学会年会时，正式审查通过《植物名词术语草案》，该草案对当时中国国内博物学著作中日文名称多有修订，后经整理分期刊登在《博物学杂志》上。名词审查和修订，对于正确认识中国物产、传播本国博物知识起到重要作用。

三、余论

民国北京政府时期（1912—1928年），是近代中国重要的转折过渡时期，活跃在这一时期的博物学学术团体，也呈现出鲜明的过渡色彩。晚清时期，中国贫穷落后，屡遭西方列强欺凌，于是从"师夷长技以制夷"开始，掀起了向西方学习的浪潮，西方的科学技术成为救国良方。伴随19世纪末20世纪初日本的崛起，向西方学习有了一个捷径，就是师法日本，进行改革。但彼时，无论是直接取自欧美，还是转引自日本，国人对西方科学的认知尚处于探索之中，所以清末民初，博物学在一定意义上一度被当作"科学"的另一种称呼，国人积极接受、传播。正如《中华博物研究会宣言》中所说："创举是会，上以续李吴未竟之绪，下以开中华学会之端。明知多识之学，有乖时尚，而一物不知，儒者所耻。况乎其影响所被，或可为振兴实业之资，宁止促进科学而已哉。"（博物学杂志，1914：2）博物学学术团体的创办，博物学知识的传播，是弘扬科学、振兴实业的重要手段。在

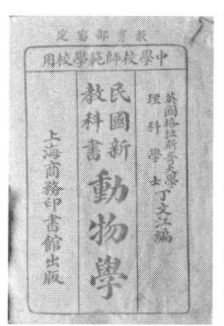

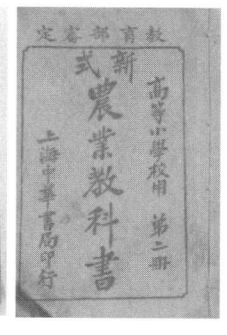

图 4　博物学会会员编印部分教材图影

此背景下，民国北京政府时期相继成立多个博物学学术团体，诸多学者加入其中，博物学研究一度热门。但伴随西学大规模的引进和一段时间的积淀，学科分类越来越专业，越来越严谨，所谓"在昔科学尚未充分发达时，分门含糊，以动植矿三者同属一种学科，统称为博物学。今日学科分门，精而且详，不仅矿物学自成一门科学，即动物学与植物学，亦各自成专门科学矣"（陈义，1946：1）。于是，从所谓科学角度来看，博物学的劣势逐渐显现，时人称其"范围广博，汪洋无涯，琐琐屑屑，繁繁杂杂，足以令人发生厌倦心；若隐若奥，若精若微，足以令人发生畏惧心。设若研究的人，实验不精密，就不能得他的结果；观察不周到，就不能得他的确实。所以博物一科，研究起来也是一桩难事"（刘赵璧，1922：14）。因此，很快博物学就被所谓更科学、更专门的具体学科所取代，博物学学术团体也被更专业化的科学团体所取代。1914 年，留美中国学生创办股份制中国科学社；1918 年，中国科学社搬迁回国。1922 年南通年会上，中国科学社明确宗旨为联络同志，研究学术，共图中国科学之发达，逐渐成为国内最重要的科学学术社团。（林丽成等，2015：1—4）原来中华博物学会的许多创始人（据笔者不完全统计，有吴家煦、秉志、过探先、丁文江、翁文灏、邹秉文、吴元涤、钱崇澍、薛德焴、唐昌治、周开基等），纷纷加入中国科学社，绝大部分都成为中国科学社的中坚力量，丁文江、翁文灏还先后担任过中国科学社的社长。1928 年后，中华博物学会逐渐名存实亡。

参考文献

北洋官报（1907）.北洋官报，1312:8.

博物学杂志（1914）.博物学杂志，1（1）:146.

博物学杂志（1914）.博物学杂志，1（1）:147.

博物学杂志（1914）.发刊词.博物学杂志，1（1）:3.

陈义（1946）.动物学.上海：商务印书馆.

湖南教育杂志（1916）.纪录.湖南教育杂志，5（3）：4.

教育公报（1919）.教育公报，6（12）：23.

教育杂志（1919）.中华博物学会成立.教育杂志，11（9）：84.

林丽成，章立言，张剑（2015）.中国科学社档案整理与研究：发展历程史料.上海：上海世纪出版股份有限公司.

刘赵璧（1922）.中等学校博物教授之意见.学光，创刊号：17.

劝业丛报（1920）.劝业丛报，1（1）:207.

申报（1917）.申报 1917-8-18（7）.

圣教杂志（1924）.中华博物学会常年大会.圣教杂志，13（9）:377-379.

薛凤昌（1915）.我国博物学之悲观.博物学杂志·论说，1（2）:4.

中国第二历史档案馆整理编辑（1988）.北洋政府公报.上海：上海书店，第 190 册 243 页。

中华博物研究会宣言（1914）.博物学杂志·会报，1（1）:2.

朱慈恩（2016）.论清末民初的博物学.江苏科技大学学报（社会科学版）.16（2）:19-23.

中华博物学会史事述略（1914—1928）

李锐洁（中山大学历史学系，广州，510275）

A Textual Research on Chinese Society of Natural History, 1914–1928

LI Ruijie (Sun Yat-sen University, Guangzhou 510275, China)

摘要：1919年由中华博物研究会和博物调查会合并而成的中华博物学会，是民国时期具有跨地域、跨校际性质的综合性学术团体。学会举办的活动包括创办杂志普及知识、举办年会展览会以联络学界、参与科学教育改革和科学名词审查会等，不仅推动了中国早期科学教育的变革发展，也为中国近代科学的交流、传播和发展奠定了重要基础。

关键词：中华博物学会，中华博物研究会，博物调查会，《博物学杂志》

Abstract: The Chinese Society of Natural History, formed by the merger of Chinese Research Society of Natural History and Natural History Survey Society in 1919, was a cross-regional, inter-school and comprehensive academic group during the Republic of China. The activities organized by the society included the establishment of magazines to popularize knowledge, the holding of annual conferences and exhibitions to connect with academic circles, participation in the reform of science education and the General Committee for Scientific Terminology. These work not only promoted the transformation and development of early science education in China, but also laid an important foundation for the exchange, dissemination and development of modern Chinese science.

Key Words: Chinese Society of Natural History, Chinese Research Society of Natural History, Natural History Survey Society, *Journal of Natural Science*

中华博物学会是民国初年以"博物"冠名的学会之一，在近代中国科学教育、科学发展等方面扮演着重要角色。[1]然而，科学的专业化发展使"博物学"退出学界视野，中华博物学会也因此湮没在历史长河之中。对于中华博物学会的研究，罗桂环注意到该学会在近代生物学工具书编写和生物学名词审定工作中所做的贡献，薛攀皋和李楠等学者则关注《博物学杂志》的历史贡献、办刊思想以及该刊在中国生物进化论传播史上的价值，但是尚未有对中华博物学会的系统研究。[2]本文将运用目前可及的历史材料，较为全面系统地梳理中华博物学会的成立始末、组织架构、杂志刊发、学会活动等相关史事，进而探究该学会在中国近代教育史、科学史上的价值。

一、学会前身：中华博物研究会和博物调查会

中华博物学会的前身是1914年在江苏省教育会成立的中华博物研究会和1916年在北京成立的博物调查会。

1. 中华博物研究会

受实用主义思潮的影响，民初教育界尤其重视理科教育和实业教育。1914年2月，吴家煦等人以"发明全国之博物区系，增进学识，改良教材，发达实业"为宗旨成立中华博物研究会。（博物学杂志，1914a：146）该会有志于延续中国传统多识之学、振兴实业和促进科学，达"上以续李吴未竟之绪，下以开中华学会之端"的成效。（博物学杂志，1914b：146）成立会期间，黄颂林、王采南等会员提议改名为理科研究会，未被采纳。（博物学杂志，1914c：149）吴家煦曾诟病中国理科教育"仅注重理化，付博物于缺如。即偶有之，亦视为理化傍及之科而已。缘是博物之学，迄今犹在幼稚时代"（吴家煦，1908），成立中华博物研究会亦有纠正理科教育中重理化轻博物的考虑。

中华博物研究会《简章》规定设会长1人，动植生矿四部主任各1人，会计员1人，书记员1人，调查员无定额。

---

[1] 民国时期以"博物"冠名的学术团体还有1916年成立的北京高等师范学校博物学会，1918年左右成立的武昌高等师范学校博物学会，1925年由葛利普成立的北京博物研究所和北京博物学会，1923年成立的福建博物研究会，等等。

[2] 具体研究如下：罗桂环（2014）.中国近代生物学的发展.北京：中国科学技术出版社.薛攀皋(1992).中国最早的三种与生物学有关的博物学杂志.中国科技史料,13(1):90-95.李楠，姚远（2011）.《博物学杂志》办刊思想探源.编辑学报,23(5):398-400.李楠(2012).生物进化论在中国的传播.西安：西北大学博士论文.

会址设在上海爱而近路富庆里。拟开展的会务有联络全国学界、组织杂志、制造标本、刊行书籍、筹办古今博物藏书楼、设置标本陈列所、筹办植物园动物园博物院、筹办中华博物学校及传习所。入会条件相对宽松，凡"全国之博物学家及志愿研究博物者"可入会，赞成研究会宗旨及捐助经费者即为名誉赞成员。（博物学杂志，1914a：146—148）据《会报》信息，博物研究会发起时成员不足20人，经过一年的招募，1914年成立之时达40人。（博物学杂志，1914c：148）到1916年的时候，有会员78人，赞成员25人。（博物学杂志，1916a：155）

博物研究会早期工作主要是联络学界和组织杂志。1916年2月，博物研究会获教育部禀准立案后，会务也渐有起色。（佚名，1916：56—57）同年7月30日，研究会借上海寰球中国学生会作为会场组织常年大会，公推吴冰心为临时主席，由其报告会务和杂志编行状况，组织修改章程和选举职员，并邀请钱崇澍、邹应藼、薛德焴和彭世芳四人发表学术演讲。（环球，1916：112）1917年8月，博物研究会在江苏省立第一师范学校举行常年大会和博物展览会。展览会展品丰富，声势浩荡，吸引不少国内外学者前往参观。（申报，1917年8月18日）此后，博物研究会顺利申请到江苏省公署常年补助费500元和教育部一次性补助费500元。（民国日报，1917年10月16日；1917年12月6日）

2. 北京博物调查会

1916年，教育部鉴于博物学和振兴实业的密切关系，"欲振兴科学、发达实业，则必先自博物始"，在北京发起博物调查会。（湖南教育杂志，1916a：4）调查会以"调查本国所产动植矿物，互相研究，增进学术"为宗旨，主要职责在于：（一）调查各地方之动植矿物种类，（二）研究采集及保存方法，（三）交换各地方之特殊产物。会址设在北京宣武门外大街路西北京学界俱乐部之内。（湖南教育杂志，1916b：5—6）博物调查会是一个半官方性质的学会，成立时由教育部补助7000元，会长为时任教育次长袁希涛，副会长为北京高师校长陈宝泉，会员多为教育部成员和在京教师。（申报，1917年2月8日）

博物调查会自成立起到1919年合并之前，一直致力于调查和收集全国物产。先是编写《动植矿物采集制造法简说》，介绍动物标本制造法、普通植物采集法、特别植物采集法、普通腊叶采集法、特别腊叶采集法、矿物采集法、岩石及化石采集法等具体方法。（东方杂志，1917：165—172）再呈由教育部转饬各省中等以上各学校，要求每学期内就地方所产，依法采集制成标本，邮寄到博物调查会。调查会还计划利用征集所得的标本组织博物展览会，最终在南北两会合并期间顺利举行。（申报，1918年3月3日）

二、南北合并：中华博物学会的成立

1919年8月16日，中华博物研究会和博物调查会合并，改名为中华博物学会。关于两会合并的原因，吴家煦在呈部备案中略有说明："博物学科范围甚广，非有多数同志详征博采合力研究，不足以资进行而宏效益，两会成立，南北相望，其研考学术之志趣，实无异致，且多数会员兼入两会，更无畛域可分，是以彼此迭次通函商议合并办法……"（佚名，1919：22—24）研究会和调查会虽然名称不同但志趣相近，分设南北两会则导致会员重复，且所办之事往往成为骈枝。此外，研究会会长吴家煦和调查会会长袁希涛皆为江浙学政要员，教育旨趣相近，也为合并提供了可能性。

中华博物学会第一次大会在北京高等师范学校召开，陈宝泉为临时主席，由袁希涛报告博物调查会相关事务，吴家煦报告博物研究会成立后之状况、所办事业和两会合并原因，之后进行章程修改和职员选举等事项。（时报，1919年8月25日）

讨论通过章程共十条，主要内容包括：

（一）名称　定名中华博物学会。

（二）宗旨　以考察全国之动植矿物、增进学识、改进教材、启发实业为宗旨。

（三）会所　本部设于北京，并分设事务所于上海，并设支部于各地方。

（四）会员　有所列资格之一者，经本会会员二人之介绍，得为本会会员。甲、在本国及外国大学或高等专门学校毕业，具有博物学识者；乙、曾充暨现充中等学校或高小学校理科教员者；丙、于博物学夙有研究者。

（五）职员　会长一人，副会长二人，动植矿主任各二人，文牍员二人，调查员无定额，以上除调查员为全体会员担任外，余均投票公举之。职员任期一年得连举连任。（顺天时报，1919年8月22日）

此外，章程还对学会各部区分、进行事项、经费、会期等做了详细的规定，并提议由吴家煦任总编辑继续发行《博物学杂志》，筹款后设立标本陈列所，推举代表参加科学名词审查会,筹备博物名词审查工作和倡议禁止捕获受保护的鸟等事项。

大会以投票形式选举出1919至1920年度的主要职员:会长为袁希涛(18票),副会长为吴家煦(17票)和陈宝泉(14票),动物部主任为陈映璜(16票)和薛德焴(10票),植物部主任为彭世芳(16票)和黄以仁(7票),矿物部主任翁文灏(14票)和章钊鸿(13票),会计为凌文之(16票)和王道光(6票),文牍为顾绍衣(17票)和陈衡恪(9票)。(顺天时报,1919年8月23日)部分年度的职员名录见表1。

表1 中华博物学会部分年度职员名录

年度	会长	副会长	主任	会计员	文牍员
1916—1917	吴家煦	章鸿钊	动物部:邹应蕙 植物部:彭世芳 生理部:薛德焴 矿物部:王 烈	凌昌焕	顾型 叶兴仁
1917—1918	吴家煦	王朝阳	植物部:彭世芳、吴元涤 动物部:薛德焴、邹应蕙 矿物部:王 烈、黄以增	凌昌焕	顾型 曾格
1919—1920	袁希涛	吴家煦 陈宝泉	动物部:陈映璜、薛德焴 植物部:彭世芳、黄以仁 矿物部:翁文灏、章鸿钊	凌昌焕 王道光	顾型 陈衡恪
1920—1921	袁希涛	吴家煦 陈宝泉	动物部:陈映璜、薛德焴 植物部:彭世芳、黄以仁 矿物部:翁文灏、章鸿钊	凌昌焕 王道光	顾型 陈衡恪
1921—1922	袁希涛	吴家煦 陈宝泉	植物部:彭世芳、黄子彦 动物部:薛德焴、陈仲骧 矿物部:翁文灏、章鸿钊	凌昌焕 王画初	章伯寅 陈师曾
1923—1924	袁希涛	吴家煦 彭世芳	动物部:秉 志、薛德焴 植物部:黄以仁、吴子修 矿物部:翁文灏、章鸿钊	凌昌焕 王画初	章伯寅 陈师曾
1924—1925	袁希涛	吴家煦 钱崇澍	动物部:秉 志、薛德焴 植物部:朱凤美、吴子修 矿物部:翁文灏、黄颂林	王画初 凌昌焕	章伯寅 李士博
1925—1926	袁希涛	吴家煦 钱崇澍	动物部:秉 志、薛德焴 植物部:朱凤美、吴子修 矿物部:翁文灏、黄颂林	王画初 凌昌焕	章伯寅 李士博

备注:1920年和1925年因时局问题似未办成年会和选举职员,故暂以上年度职员名录统计之。

中华博物学会在北京设立本部，在上海设立事务所，同时积极在各省各地发展支部。创立初期，博物研究会拟有《中华博物研究会支部规约草案》，对支部相关事务进行规范和说明。（博物学杂志，1916b：162—164）1914年吴家煦和留美学生联系，商请组织中华博物研究会美国支部，但邹秉文、秉农山和任鸿隽等认为"博物是科学的一部分，不是整个的科学"，转而成立中国科学社。（吴家煦，1942a：55）尽管如此，博物研究会和美国留学生群体仍保持着密切的联络，1915年邹秉文个人、美国洛特图书馆和纽约爱拨书局曾向博物研究会赠送《芝加哥大学植物杂志》《康奈尔大学农学月刊》《苔藓纲要杂志》《鸟类志》等外国科学刊物。（博物学杂志，1915：162）此外，博物学会还积极发展南方支部，如1921年5月迎接广东高师参观团和1926年参与科学名词审查会时，均向粤省人员表达筹建中华博物学会粤支部的寄望。（民国日报，1921年5月15日；申报，1926年7月11日）至1924年，中华博物学会有苏、宁、湘、鄂、鲁五个支部。（申报，1924年8月15日）

中华博物学会虽有志于成为全国性的教育学术团体，但其会员组成有明显的地域偏向性。据《中华博物学会第一次展览会报告书》的统计，1922年会员有197人（普通会员173人，赞成会员24人），其中江苏籍91人，浙江23人，安徽7人，湖北、江西、直隶各5人，广东、湖南各4人，湖南、福建、贵州、山东、京兆各1人，余45人未写明籍贯。江苏籍会员约占46%，浙江约占12%，这充分说明了江浙学派在当时学会中的主导地位。

从《报告书》的通信处推知会员职业构成，绝大部分会员是来自各地高等小学校、中学校、高校师范学校、工业学校、农业学校、水产学校、医学专门学校和实业学校的一线教师（江浙沪和北京为主）。部分是来自中华书局、商务印书馆的编辑，以及供职于教育部、农商部、学务局、省县各级教育厅的政府职员。其中既有范源濂、陆费逵、袁希涛、吴家煦、黄炎培等教育界名人，也有丁文江、秉志、邹秉文、钟观光、薛德焴、钱崇澍等著名科学家和张元济、杜亚泉等著名出版家。（中华博物学会，1922）

三、《博物学杂志》的创刊与发行

中华博物研究会创办伊始，吴家煦等人便着手准备创办学会的杂志，寄望此杂志能够成为"传命之邮，徇路之铎，作智识交换之媒，收集思广益之效"。（博物学杂志，1914d：1—5）杂志宗旨与博物研究会宗旨相同，最初设有图画、论说、研究、教材、专著、议述、丛谈、文苑、小说、书评、问答、调查、附录、会报14个栏目。1927年起杂志不再细分栏目，每期刊登7至9篇学术文章或调查记录，版面也从原本的32开本直排改为16开本横排，有向专业学术杂志转型的趋向。杂志首任总编辑为吴家煦，早期的长期撰述员有王饮鹤、吴冰心、汪一飞、陈谷岑、时雄飞、凌文之、曹仲谟、黄颂林、曾泣花、张柳如、叶心安、薛良叔、薛公侠、蓝欣禾等14人，无定期撰述员有丁在君等21人。1921年总编辑改由吴子修担任，吴家煦、陈禹成、彭型百、朱凤美四人为常任编辑员。（民国日报，1921年8月7日）

《博物学杂志》原计划每年出四册，但是并未实现。1914至1928年间出版了两卷共8期，出版时间分别为1914年10月、1915年12月、1916年3月、1922年8月、1923年3月、1927年10月、1927年12月和1928年10月，其中1卷3期和4期的间隔时间长达6年。薛攀皋认为这可能是由于中华博物研究会是一个民间组织，经费缺少等原因导致。（薛攀皋，1992：91）实际上，《博物学杂志》还面临着稿源不足的困难，因为杂志的编辑群体"大率有职务驾身，非执教鞭，即任编辑，暇晷无多"，因此只能在每期中向社会征稿。（博物学杂志，1914e）另外，杂志和出版机构的合作也略显波折，先后曾三易出版商。1914年，杂志的1卷1期在文明书局印行，由会员蓝欣禾引介，得俞仲还、丁芸轩和张师石三人的赞助，商定"印刷费由文明书局担任，销售后尽还文明成本，如有盈余，悉归研究会。惟出版时之各报纸广告费归研究会支付，与文明不涉"。（博物学杂志，1914c：150）1915年文明书局并入中华书局，此后由中华书局发行《博物学杂志》第2期和第3期。（钱炳寰，2002：19）1917年吴家煦托商务印书馆出版杂志，因字数和编译费没有谈妥而搁置。（张元济，2018：293）1919年吴家煦再次联系商务印书馆，张元济因"亏本有限，免伤感情"勉强答应印行。（张元济，2018：634）但是声明"至优只能照太平洋等优待而止"，且商务印书馆不负责校对工作。（张元济，2018：634）在吴家煦的努力争取下，《博物学杂志》停刊6年后得以复出。

《博物学杂志》8期共发表文章约104篇，按动物学、植物学、矿物地质学和人体生理学四个门类来划分，其中植物类文章最多，达25篇，动物学次之。（见表2）

表 2　《博物学杂志》刊发文章分类表

类别	植物学	动物学	矿物学（含地质学）	人体生理学	其他
总计	25	20	9	11	39

备注：总篇数按有署名文章计，诗词、小说等类型及少量微生物学文章计入其他类。

若按文章的内容性质来分类，比较重要的可以分为以下四类：

一是调查研究报告，7篇。吴家煦的《江苏植物志略》和薛德焴的《我国扬子江产淡水水母之一新种》是我国学者在该领域内发表的第一篇研究论文。（薛攀皋，1992：92）此外还有吴续祖的《中国普通菊科之属名检索表》、彭世芳《北京野生植物名录》、吴元涤《南京植物名录》、郑勉《江苏之菊科植物》、彭世芳《小五台山及百花山采集植物记》。杂志出版之后，钱崇澍在《科学》发表评论，肯定《博物学杂志》对调查全国博物区系的重视，评价吴冰心《江苏植物志略》一文不仅仅是为教科提供材料，实际上开启了学者独立研究之门，同时还指出吴冰心未标注拉丁学名之不足。（钱崇澍，1915：605—606）

二是博物教材和实验材料。欲改革教育，必先改良教材，《博物学杂志》始终将"增进学识，改良教材"作为杂志宗旨。陈纶的《小学博物教材一览表》一文搜罗整理出几家主要出版机构的博物教材，以供各校博物教师参考。《博物学杂志》还特别强调实验教育，注重培养实验能力和科学精神，相关的文章有黄以增的《博物实验教材（鲋）》和《虾与蟹之比较解剖》、薛德焴的《实验指南（龟）》和《动物实验指南（蛔虫）》《水螅标本之制作法》《细菌纯粹培养法》《细菌培养基之制法》和《细胞间接分裂的玻片制作法》。时任安徽省立第二师范学校校长的胡晋接写信给博物研究会，肯定其学理研究有"改良教材，发达实业，造福吾民"之功，并希望能够按月发行。（周文甫，2012：84）

三是西方博物学知识和博物学史。进化论是近代博物学的最高成就，也是杂志着重介绍的内容，《生物进化论》《军国民教育之博物观》《地史时代之生物观》《林尼亚事略》和《生命原始论》等文章均渗透了达尔文进化论思想。介绍其他博物学知识的文章有《自然分类之原理》《内分泌学》等，《中国地史浅说》《植物分类发达史》《世界石油史略》等文章则介绍了各学科的发展简史。这些文章一方面能够普及科学知识，另一方面也有利于激发国人的科研兴趣。

四是一般性的知识与学说。清末民

初的多数学人有中西学双重知识背景，于是杂志也刊登了不少介绍中国传统博物学研究的文章。《中华博物源流考》《我国博物学之悲观》《吴蕈谱》《孔门地理与博物合教论》《龙考》等文有"以西学证中学"之蕴意，实际上也可视作对中国传统博物学的延续。此外杂志还刊登了与博物学相关的诗词、书评、问答、采集记录，不一而足。

《博物学杂志》是民国时期最早以"博物学"冠名的杂志，也是中国早期的重要科学期刊之一。它彰显了国人办刊的先进理念，在促进科学教育和普及博物学知识等方面发挥了重要作用。

四、中华博物学会的主要活动

中华博物学会自创立以来，在教育、科学等领域都相当活跃，除了发行《博物学杂志》普及科学知识外，主要活动还包括举办常年大会、筹办博物展览会、推动国内科学教育改革和参与科学名词审查会等方面。

一是举办年会，联络学界。按照章程，中华博物学会在每年暑假开一次年会。除了会务报告和职员选举，常年大会还成为决议各项提案、组织学术演讲、科学交流的专门场域，著名学者如薛德焴、秉农山、彭世芳等均在年会上发表过演讲。年会地点集中在京宁沪地区，举办过年会的城市有上海、北京、苏州、无锡。总体而言，中华博物学会已经初步形成年会制度，但经常因不可抗因素而取消，如1920年大会因"时局尚未大定"改期，1925年因江浙战事而延迟。（申报，1920年8月10日；1925年6月18日）不同于北京高师博物学会等高校社团，中华博物学会更像是一个跨地域的校际学术联络机构，其年会集聚了来自各地的学者，能够打破相对封闭的学术圈子，从而促进科学知识的交流、传播与发展。

二是筹办博物展览会。1917年8月11日至13日，博物研究会在苏州省立第一师范学校开博物展览会，被当时报纸称为"破天荒之举"。会场占庞大教室六间，陈列品包括标本、模型、图表、书籍、著作等，其中标本数量最多，有腊叶、液浸、干制、截片等液浸品以及人体内脏。（民国日报，1917年8月18日）此会还吸引当时东吴大学生物学教员祁天锡等入会参观，并拟与研究会商定共同鉴定标本。（申报，1917年8月16日）博物调查会以"比较各校博物成绩，调查全国物产为宗旨"，曾拟于1919年1月至2月开博物展览会。（申报，1918年3月3日）此后调查会与研究会合并，该展览会改在合并大会期间举行。此次博物展览会声势浩大，据报道，展览期间计有参观者3271人，展品提供者有学校170所，团体8，个人18，展品种类总计有植物7840件、动物1533件、矿物1805件、图表77件。（民国日报，1919年9月25日）闭会之后，博物学会将所有展品整理成册交予教育部评奖，共评出特等奖16名，甲等38名，乙等32名，丙等22名，丁等22名。（中华博物学会，1922：1—14）

三是推动国内科学教育改革。1920年张准在南京高师演讲"中国近五十年来之科学教育"时，将同治年间以来的科学教育划分为"制造的科学教育""书院的科学教育""课本的科学教育"和"真正科学教育"四个时期。自1904年癸卯学制起学堂开始设理科课程，但大部分内容是因袭日本，且只重书本不重实验，只能算作"课本的科学教育"。（张子高，1946：250—257）博物研究会成立之后，一方面致力于改良博物教材，另一方面也在积极探索实验科学教学模式。《博物学杂志》"教材"栏目刊登的一系列文章不仅为博物科教师提供了必要的教学参考，也在一定程度上推进了实验科学教育。1922年中华博物学会呈请教育部在中学和师范学校入学考试中增加理科内容以此来改进国内自然科学教育，并获得批准。（政府公报，1922）壬戌学制将博物归入自然科后，中华博物学会还和江苏省教育会、理科研究会两学会开展初中自然科教材讨论会，适时调整教材和教学模式。（江苏省教育会月报，1924：11—12）

四是参与科学名词的起草与审查工作。科学名词的统一化与标准化是近代西方科学知识在中国传播和发展的基础。北洋政府时期，中国尚无全国性的科研机构，又因为科学名词审查涉及所有学科建设的基础工作，因此当时主流的科学社团和高校都参与到这项工作中。中华博物学会自1919年起派代表参加名词审查会，一直到1926年仍活跃其中。（张大庆，1996：47—52）1919年之前博物学会虽然不作为代表性团体，但会长吴家煦以其他团体代表的身份参与了化学名词的审查。除了参与审查，博物学会还承担植物学名词的起草。1917年，博物研究会在年会上推定由吴元涤起草，内容包括普通植物学术语和分类科目名称，由黄以仁、彭世芳、吴续祖、张宗绪等修正。稿成多年，因时局不定拖至1921年才开始送会讨论审查。该草案以 *B.D.Jackson-Glossary of Botanic Terms*（1916）为依据，组织、生理、生态等名词参照 *Stras-Burger Textbook of Botany* 一书，旧译名以日文书、本国原有植物书或中学植物教科书为参考，植物分类则参照恩格勒分类法。（博物学杂志，1922a）1921年大会的审查结果是，植物学术语修整后可直接送部审查，分类术语因分歧较多需要重新讨论修改。（博物学杂志，1922b）中华博物学会长期参与科学名词的起草审查工作，改变了清末以来科学名词混乱的境况，为近代科学在中国的传播奠定基础。

结语

1928年《博物学杂志》终刊后，似乎很难再找到中华博物学会的相关材料。1927年，江苏省教育会被国民党解散，中华博物学会也受到了牵连，袁希涛和吴家煦等学会职员均被冠以"学阀"之骂名。此后吴家煦离开科学教育界，投身财政工作。（吴家煦，1942b：70）随着生存空间的受挤压和中坚力量的离散，中华博物学会最终无声地消亡。

中华博物学会是民国时期由国人自办的重要学会之一。其前身中华博物研究会和博物调查会在博物教育、振兴实业和传播科学等方面做出了必要的尝试和努力。1919年由南北两会合并的中华博物学会则致力于成为一个全国性、专业性的教育学术团体。其间，中华博物学会通过创办杂志、举行年会展览会、参与教育改革和科学名词审查等活动，在中国近代教育史和科学史上做出了重要贡献。它是中国近代科学教育的践行者和改革者，不仅致力于改良博物自然科教材，也推进了实验式的科学教育改革。初具规模的年会制度和杂志发行有效地联络了民国学术界，为科学的交流和发展提供可能性。长期参加的科学名词起草和审查工作则为近代科学在中国的传播奠定了基础。

参考文献

博物学杂志（1914e）. 本志特别启事. 博物学杂志, 1(1).

湖南教育杂志（1916a）. 博物调查会章程. 湖南教育杂志, 5(3): 5-6.

博物学杂志（1914d）. 博物学杂志序例. 博物学杂志, 1(1): 1-5.

江苏省教育会月报（1924）. 初中自然科教材讨论会在苏开会记. 江苏省教育会月报, 11-12.

东方杂志（1917）. 动植矿物采集制造法简说. 东方杂志, 14(5): 165-172.

博物学杂志（1916a）. 会员纳费一览表. 博物学杂志, 1(3): 155.

博物学杂志（1914c）. 纪事. 博物学杂志, 1(1): 149.

博物学杂志（1914a）. 简章. 博物学杂志, 1（1）: 146.

湖南教育杂志（1916b）. 教育部发起博物调查会. 湖南教育杂志, 5(3): 4.

民国日报 (1917年10月16日). 省署补助博物研究会. 民国日报, 11.

民国日报（1917年12月6日）. 博物会请得部款. 民国日报, 10.

民国日报 (1917年8月18日). 苏州博物展览会纪盛. 民国日报, 7.

民国日报（1919年9月25日）. 北京博物展览会开会. 民国日报, 7.

民国日报（1921年5月15日）. 博物学会欢迎粤生. 民国日报, 10.

民国日报 (1921年8月7日). 中华博物学会大会第二日. 民国日报, 10.

钱炳寰 (2002). 中华书局大事纪要: 1912–1954. 北京: 中华书局, 19.

钱崇澍 (1915). 评博物学杂志. 科学, 1(5): 605–606.

申报（1917年2月8日）. 采集动植矿物之动机. 申报, 06.

申报 (1917年8月16日). 中华博物学会在苏开会记. 申报, 11.

申报（1917年8月18日）. 博物展览会纪事. 申报, 07.

申报（1918年3月3日）. 北京博物展览会缘起简章. 申报, 10.

申报（1920年8月10日）. 中华博物学会改期开会. 申报, 10.

申报（1924年8月15日）. 各省教育界杂讯. 申报, 12.

申报（1925年6月18日）. 博物学会年会延期举行之提议. 申报, 12.

申报（1926年7月11日）. 科学名词审查会本年审查结束. 申报, 11.

时报（1919年8月25日）. 中华博物学会大会记事. 时报, 27.

顺天时报（1919年8月22日）. 中华博物学会章程. 顺天时报, 3.

顺天时报（1919年8月23日）. 中华博物学会章程. 顺天时报, 3.

吴家煦 (1908). 中国植物图谱发刊词. 时报, 1908年10月24日, 9.

吴家煦（1942a）. 晚近三十年中国的科学教育（中）. 教育建设（南京）, 3(5): 55.

吴家煦 (1942b). 晚近三十年中国的科学教育（上）. 教育建设（南京）, 3(4): 70.

薛攀皋 (1992). 中国最早的三种与生物学有关的博物学杂志. 中国科技史料, 13(1): 90–95.

佚名（1916）. 批准江苏吴县吴家煦所设中华博物研究会并编辑博物学杂志应即准予立案（第二百十七号）. 教育公报, 3(2): 56–57.

佚名（1919）. 批博物调查会和上海博物研究会合并改定名称及所定会章程应准备案（第六百三十七号）. 教育公报, 6(12): 22–24.

张大庆 (1996). 中国近代的科学名词审查活动：1915-1927. 自然辩证法通讯, 18(5)：47-52.

张元济 (2018). 张元济日记. 北京：商务印书馆, 293.

张子高 (1946). 中国近五十年来之科学教育 // 科学发达略史. 上海：中华书局, 250-257.

中华博物学会 (1922). 中华博物学会第一次展览会报告书. 北京：共和印刷局.

环球（1916）. 中华博物研究会大会纪事. 环球, 1(3)：112.

博物学杂志（1914b）. 中华博物研究会宣言. 博物学杂志, 1(1)：146.

博物学杂志（1916b）. 中华博物研究会支部规约草案. 博物学杂志, 1(3)：162-164.

周文甫 (2012). 斯文正脉：胡晋接先生纪念文集. 合肥：黄山书社, 84.

博物学杂志（1915）. 赠书汇志. 博物学杂志, 1(2)：162.

政府公报 (1922). 教育部训令第一五九号. 政府公报.

博物学杂志（1922a）. 植物学名词第一次审查本说明（附表）. 博物学杂志, 1(4).

博物学杂志（1922b）. 植物学名词第一次审查稿（续前期）. 博物学杂志, 2(1).

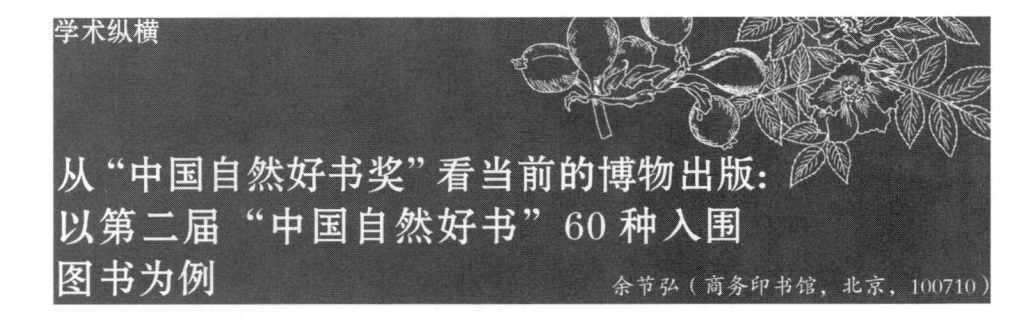

学术纵横

从"中国自然好书奖"看当前的博物出版：
以第二届"中国自然好书"60种入围图书为例

余节弘（商务印书馆，北京，100710）

Viewing the Publication of Natural History Books from the "China's Good Book of Nature Award"

YU Jiehong (The Commercial Press Ltd., Beijing 100710, China)

摘要："中国自然好书奖"是第一个以博物图书为对象的奖项，可以说代表了博物出版的整体水平。本文以此奖为标的物，用博物知行合一的特点对入围图书进行博物层面的分类，再结合现阶段博物活动、博物研究的进展和博物热点状况，对分类的图书进行分析，指出这些类群在出版层面的优势和缺陷，进而为今后博物出版水平的提升梳理思路。

关键词：博物，出版，自然

Abstract: The China's Good Book of Nature Award is the first award for the publication of natural history books. It represents the overall level of natural history publishing. Taking this award as the subject matter, based on the unity of knowledge and practice of natural history, the shortlisted books are classified. Combined with the current situation of natural history activities, research and the hot spots, the classified books are analyzed, and the advantages and disadvantages of these books at the publishing level are pointed out. Then we can sort out ideas for improving the natural history publishing in the future.

Key Words: natural history, publication, nature

一、博物、博物出版及自然好书奖

1. 自然好书奖推出的博物基础

随着中国社会日益关注自然生态，政府已经把建设青山绿水作为战略目标，博物顺应时代的需求已经复兴。在二阶博物层面上，学者们的思辨和研究已经先行一步，有对博物和科学关系的探讨，有对西方博物学史完整的梳理，更有博物宣言的提出。在实践性的一阶博物层面上，有观鸟、看花、自然笔记、博物旅行等各种活动率先在各个大城市出现，由此形成了许多博物团体或组织，带动更多的人参与到这些活动中去，并引领着周边地区博物活动的开展。此外，"全国自然教育论坛"和"博物学文化论坛"的定期召开，为博物活动的开展和交流提供了有力的平台支持。博物的复兴亦反映到出版上，不仅出版量在逐年增加，更有越来越多的博物图书出现在各个图书榜单上。这些都为"中国自然好书奖"的推出提供了保障。

2. 自然好书奖和博物及出版的关系

"中国自然好书奖"的前身是"大鹏自然好书奖"，它以"推广自然阅读理念，传递和谐自然生态和在地人文关怀"为活动宗旨。通过召集国内的权威专家——这些专家不仅有院士级学者，还有环境政策的制定者，亦有博物的践行者——评选出在传递自然知识、传播人文价值、践行社会责任等方面具有卓越成绩的图书作品。通过图书的评选活动，推动全民参与自然阅读与自然写作，在自然好书的熏陶下树立新时代正确的自然观，与自然更和谐、更理性地相处，创造更好的生存家园。由此可知，自然好书体现了这个时代的博物理念，代表了中国博物出版物的整体水平。因此，我们可以以入围的自然好书为研究对象，从中看到博物样貌的方方面面，并为今后的博物出版提供指导。

二、如何构建评价指标

博物的对象包罗万象，因此博物图书同样五花八门，如果以现有的图书分类进行划分，很多书会被归类到农林牧副渔的名下，所以我们需要跳出这种以学科体系为依据的图书分类方式，从博物自身的特点出发对其按类群进行细分，然后再对细分类群进行分析以挖掘其中的博物要素，进而总结新的认识。

1. 从"行"的层面划分博物图书

博物是人类感受、认知大自然的一种古老方式，天生带有实践性的特点，也因此有人把"知行合一"作为博物的基本理念和要求。正因为博物中有行动的要素,所以我们可以从博物"行"的层面出发对图书进行分类。从这个角度,我们可以划分出以下几个类别:植物类(栽培鉴别观察)、昆虫类(饲养识别观察)、鸟类(观鸟及文化)、自然教育、动物综合类、博物考察及随笔等。

2. 从"知"的角度划分博物图书

从"知"的层面来看,图书作为精神产品,它有思想、认知上的特性,所以,可以从思想引领(学术普及)、博物传统和历史梳理以及感悟心得等方面进行分类。从这个角度,我们可以划分出以下几个类别:传统博物、博物人物传记、博物学史、自然演化、自然文学和生态环境等。

3. 考虑博物的关联性

博物不像科学细分为一个个门类,博物需要的是整体性的视角,因此找出关联是博物的目标之一。可以说,关联和交叉是博物的特征之一,由此我们可以看到,上述的划分实际上会存在图书归类交叉的情况,但我们没必要再对这些交叉做进一步的划分,以免陷入科学的视角。在具体门类分析上,可将相应图书纳入关联最多的那一个分类。此外,绘本类图书是一个特例,特别是面向儿童的绘本,本身就带有知识的综合特性,再加上读者对象的特殊性,所以单独分成一类来讨论。

三、具体分析

2019 年对应的是第二届"中国自然好书奖",这一年博物图书的出版量大概是四百多本,因为基数不够大,所以首次入围的百种好书中还是有一些值得商榷的图书。故而本文采用的是经过筛选入围前六十名的图书。具体书目在下文中会一一涉及。

1. 图文绘本类(7 本)

观察植物	年高 著/绘	天天出版社
寻觅兽类	宋大昭、黄巧雯 著	天天出版社
追踪鸟类	关翔宇 著	天天出版社
发现昆虫	冉浩 著	天天出版社
冈特生态童书(第五辑)	〔比〕冈特·鲍利 著 闫世东等 译	学林出版社
DK 博物大百科	英国 DK 公司 著 张劲硕等 译	中国科学技术出版社
藏在地图里的二十四节气	郝志新 著	山东友谊出版社

分析：图文绘本类图书的需求更多是来自父母，购买依据的标准更多是在知识构建和绘图的观赏性或趣味性上，从而往往会忽略它作为书需要传达理念这一需求。因此，在这类书的读者对象没有选择权的情况下，我们更需要注意，在好的故事或好的画面背后是不是有好的博物理念在支撑。只有这样，我们才能改变著作和译作相比，故事叙述性差这一短板。此外，可喜地看到这一分类中著作的数量超过了译作，这说明原创博物绘本的开发已经被出版社所重视。而《藏在地图里的二十四节气》这类结合中国传统文化的博物图书，更是其中的亮点。因为从中国的实际出发，发掘博物传统，正是我们的出版所欠缺的。

结论：图文绘本类的出版要注重博物理念的传达，注重传统文化的发掘，讲好中国博物故事。

2. 自然教育类（2本）

我的野生动物朋友	雍怡 著	少年儿童出版社
一本会开花的书	武汉市园林和林业局 著	武汉出版社

分析：两本自然教育类入围图书的数量和国内自然教育活动开展得风风火火的局面相比，确实少得可怜。整体看，自然教育类图书的出版不仅数量少，还缺乏系统性和针对性，这可能和自然教育自身发展的现状有关：自然教育的门槛比较低，以传达知识为主，忽视自然观察的眼光的培养；从业人员学习驱动力不强亦是一个重要的原因。此前这类书出版较多的是自然笔记类，但是从这次的入围书中我们看到了变化，比如《一本会开花的书》，它在践行自然教育的"学会如何观察"上，已经迈出了可喜的一步。两本都是著作，亦间接说明了自然教育的立足点是本土。

结论：从在地教育入手推出自然教育的出版物会是一个可行的方向。此外，针对自然教育老师的出版物还没有出现，这还有待自然教育行业整体的健康发展。

3. 植物类（12本）

台纸上的植物世界	张宪春等 著	科学普及出版社
生命之美	林十之 著	博集天卷
燕园花事	汪劲武 著	商务印书馆
武汉植物笔记	刘从康 著	中国科学技术出版社
壹棉壹世界	刘甜、舒黎明 著	海天出版社
草木十二韵	冯倩丽 著	中国科学技术出版社
花与万物同	凌云 著	中国工人出版社
自然课堂：岭南城市观树笔记	廖浩斌 著	广东人民出版社
那些活了很久很久的树	〔英〕菲奥娜·斯塔福德 著 王晨等 译	未读
森林的奇妙旅行	〔德〕彼得·渥雷本 著 周海燕、吴志鹏 译	紫图图书
全球森林	〔爱尔兰〕黛安娜·贝雷斯福德－克勒格尔 著 李盎然 译	商务印书馆
灵性森林	〔美〕琼·马洛夫 著 潘俊林 译	人民邮电出版社

分析：因为植物是最容易接触到的，所以这类出版物数量多是必然现象。从出版的著作题材上看，率先践行博物的城市已经有相应的博物作品出现，这为植物类出版在地化做出了有益的尝试。著作和译作在数量上也比较均衡，但就题材和视野而言，还有差距。比如，部分作品根据豆瓣上的读者评价，有摘引过多的现象，而部分图书中的古诗词加感悟的公号文那种千篇一律的模式，亦为读者所诟病。至此，可以看出我们对自己的植物文化发掘不够，素材的积累也还不够，在叙事上缺乏博物思维。

结论：植物题材出版的侧重点还在本土化上，无论是博物视野、叙述方式，以及呈现形式，都有较大的提升空间。将植物和文化关联时，须注意话题的拓展，以避免就植物讲植物这种只见树木不见森林的叙述模式。

4. 博物考察及随笔（6本）

博物之旅：山水间的自然笔记	金文驰 著	人民邮电出版社
探险途上的情书	徐仁修 著	北京大学出版社（光明日报出版社）
不止到加拉帕戈斯	张瑛 著	北京出版社
与万物同行	李元胜 著	重庆大学出版社
初瞳	初雯雯、王昱珩 著	中国国家地理
雨林行者	〔澳〕蒂姆·弗兰纳里 著 罗心宇 译	新世界出版社

分析：博物考察或随笔带有游记的性质，它同时具有抒发感悟和叙述故事两种呈现手段，因而是一个吸引读者了解什么是博物的好方式。入围图书中著作占了特别大的比例，可以看出博物图书市场对这类初阶的书需求较大，而国外的出版已经处在探险发现的层面，所以数量上会少；这进而说明博物图书的出版要拉开层次，以满足不同层面的需求。考察和随笔中描述的目的地还是以远方为主，如加拉帕戈斯、南北极、热带雨林等，从博物长期的发展看，应着眼在地化，将目光落到中国本土的地域生境中去。

结论：博物考察或随笔需要有目的地作为支撑，如果和博物旅行这样的游学活动结合起来，应该会有更好的针对性和实用性。

5. 自然文学（6本）

活山	〔英〕娜恩·谢泼德 著 管啸尘 译	文汇出版社
海风下（博物图鉴版）	〔美〕蕾切尔·卡森 著 邢玮 译	华中科技大学出版社
美国山川风物四记	〔美〕艾温·威·蒂尔 著 颜元叔、南木、唐锡如 译	译林出版社
家门口的四季	康素爱萝 著	广西师范大学出版社
自然的力量	〔美〕亨利·戴维·梭罗 著 刘浩兵 译	浙江大学出版社
与虫在野	半夏 著	广西师范大学出版社

分析：自然文学的核心是体现人和自然的联结，因而是最受读者关注的博物出版门类。这一出版门类在国内出现得很早，如卡森的《寂静的春天》1997年就在国内出版了。从这次的书单上看，4本译作中有3本是旧书再版。所以我们可以看出，国内自然文学引进类目前整体处于炒冷饭的阶段。著作两本都是新书，虽然在视角和博物理念以及文字的表现力上逊译作一筹，但表明国内的自然文学已经开始起步。只要有时间积累和尝试，应该会出来好的作品。

结论：自然文学的本土作品已经在做有益的尝试，出版时需要注意的是，作者是否有博物的视角，是否反思人与自然的关系，写作手法上要避免没有目的性的抒情。也就是说，文学者要学会博物，而博物者要学会写作。

6. 观鸟及文化（7本）

天空王者	张鹏 著	中国林业出版社
坛鸟岁时记	王自堃 著	广西科学技术出版社
飞跃高原	肖辉跃 著	北京联合出版公司
从野性到感性	朱敬恩 著	上海科学技术出版社
中国青藏高原鸟类	卢欣 著	中国国家地理
鸟类的天赋	〔美〕珍妮弗·阿克曼 著 沈汉忠、李思琪 译	译林出版社
野鸟形态图鉴	〔日〕赤勘兵卫 著 赵天 译	后浪

分析：虽然观鸟本身是一类小众的活动，但是由于很多自然教育机构把观鸟作为常设的活动，因此有了观鸟活动的急速增长，进而有了观鸟类图书的激增，而且以本土著作居多。但是从内容上看，大多数观鸟的著作都还停留在"观"的阶段，没有把观鸟提升到文化高度，因此，反映到现实中就是观鸟活动火热，却没有观鸟文化的尴尬状况。观鸟文化是一个更高的层面，需要时间来建设，因此，在出版和具体活动中，应当做到意识先行，慢慢培养观鸟文化。

结论：作为一个基础的博物门类，观鸟图书应从观鸟史、观鸟文化的建设层面进行反思，才能把观鸟和公众兴趣连接起来，从而让观鸟活动在内涵和意义上得到充实。

7. 动物综合（6本）

有趣的鲸豚	李墨谦 著	电子工业出版社
动物解放	〔澳〕彼得·辛格 著 祖述宪 译	中信出版集团
动物思维	〔英〕查尔斯·福斯特 著 蔡孟儒 译	湛庐文化
地球上的性	〔英〕朱尔斯·霍华德 著 韩宁等 译	商务印书馆
生命的支撑	李湘涛 著	上海科学技术出版社
生命的涅槃	〔美〕贝恩德·海因里希 著 徐凤銮、钟灵毓秀 译	上海科技教育出版社

分析：在国内，如果没有专业的向导带领，接触并观察动物是一件不容易的事情，所以这类题材的书目前还是译作较多。入围的两本著作，在细分上可定义为处于分类然后再做介绍的初级写作阶段。相比这种简单的写作方式，译作在关于动物的主题上，论述比较综合，话题最终会聚焦于人类和动物如何相处，进而引发深层次的思考。这类话题的资料不容易取得，所以不妨试着从比较容易接触动物的动物园入手，抑或从城市中的野生动物入手，先学会完整地讲故事，然后才能有实质性的提升。

结论：在这类话题上，译作还会是今后的主导，著作要想有突破，不妨尝试从动物园和动物福利，抑或城市和野生动物等容易获得资料的话题入手，可套用纪录片的叙事手法，完整地把故事讲出来。

8. 昆虫观察识别（5本）

中国蝴蝶生活史图鉴	朱建青等 著	重庆大学出版社
虫行天下	汪阗 著	清华大学出版社
嘎嘎老师的昆虫观察记	林义祥 著	重庆大学出版社
不速之客	〔英〕理查德琼斯 著 花保祯 译	广西师范大学出版社
昆虫志	〔美〕休莱佛士 著 陈荣彬 译	紫图图书

分析：和植物类图书的体量相比，昆虫类显得有些少了，但是和植物类不同的是，著作占了多数，再结合自然教育中昆虫的话题也是重点的情况来看，这实际上是有关昆虫的博物活动开展得已经比较成熟的结果。因此才会有生态图鉴、生活史等需要长期积累的图书出版。这些基础工作的完成，为后续的昆虫类出版打下了坚实的资料基础。因此可以预见，很快会出现博物类视角，而

不是分类视角的昆虫博物作品。

结论：昆虫类的著作如果要提升品质，需要扩展和提升视角，从单纯的观察和感悟，拓展到对博物史的梳理、对人和昆虫关系的反思上来。这样的昆虫类出版，才是成熟的博物出版。

9. 传统博物（0本）

分析：入围图书中和这个分类贴近的有《藏在地图里的二十四节气》和《草木十二韵》，但是根据前面论述的分类原则，并没有把这两本放到这一分类中去。这里之所以单独提出来，是因为这一类的出版对文化自信和文化传承而言比较重要。当前的阶段，传承和梳理传统博物这一工作还没很好地完成，很多作品只是浮于诗词歌赋节气月令，没有梳理物种及名字的由来，没有理清不同时代文化意象的变化；只有理解传统博物文化的内核，才可以期待在现在的环境下有符合时代需求的作品出现。

结论：就传统博物学出版而言，主要的问题还是文化的继承和发展。因此，作品在传统博物的框架下需要有现代的特色，即能把过去和现在勾连起来。

10. 生态环境（2本）

| 地球气候演化小史 | 叶谦 著 | 中国科学技术出版社 |
| 濒临灭绝：气候变化与生物多样性 | 〔美〕理查德·皮尔森 著 刘炎林、梁旭昶 译 | 重庆大学出版社 |

分析：环境和气候是一个热门话题，也是博物要关注的重要部分，但是热度和关注度更多地来自国家层面，公众的参与度不高。在内容上，很容易偏向理念或知识或问题的提出，科普的意味更多一些，此外，其他和自然相关的图书亦会带出这一类的话题，这也是专门介绍生态环境的书不多的原因。但是对于著作来说，由于建设生态文明的需要，环境及生态保护变成了切实的行动，所以无论从理论还是实际操作上，都有对此类作品的需求。出版上，应当抓住这一机遇。

结论：对待环境变化这类大问题，我们需要具体的视角才能切入，这样才能免于内容上的空泛。本土作品，可以从生态文明和环境保护这个角度找突破点，如国家公园的建设、自然环境的讲解、土地伦理等都是可以尝试的方向。

11. 演化（10本）

极端生存	〔美〕史蒂芬·帕鲁比　〔美〕安东尼·帕鲁比　著　王巍巍　译	湛庐文化
不可思议的生命	〔美〕乔纳森·B.洛索斯　著　继伟　译	中信出版集团
蚂蚁的故事	〔德〕博尔特·霍尔多布勒　〔美〕爱德华·威尔逊　著　毛盛贤　译	后浪
生命是什么	〔以色列〕埃迪·普罗斯　著　袁祎　译	中信出版集团
盖娅：地球生命的新视野	〔英〕詹姆斯·拉伍洛克　著　肖显静、范祥东　译	格致出版社（再版）
鱼类的崛起	〔澳〕约翰·A.朗　著　吴奕俊、郭恩华　译	电子工业出版社
人类起源的故事	〔美〕大卫·赖克　著　叶凯雄、胡正飞　译	湛庐文化
美的进化	〔美〕理查德·O.普鲁姆　著　任烨　译	中信出版集团·鹦鹉螺
祖先的故事	〔英〕理查德·道金斯　〔英〕黄可仁　著　许师明、郭运波　译	中信出版集团
隐藏的风景	曾广春、纵瑞文、刘琦　著	广西美术出版社

分析：科学与博物的分道扬镳始于演化论，因此这是博物学的一个重要节点，也是一个不容忽视的话题；演化论出现以后，围绕着它又催生了许许多多的话题，再加上演化和神学的思辨一直就没有停止过，所以演化相关的出版在国外是一个很大很热门的门类。因此，有这么多译作入围也情有可原。在国内，当博物没兴起时，演化类的出版在分类上归于科普类，作品往往会和某一个具体的学科相联系，因此，未来演化类的出版，应该多带一点博物的思想和视角。

结论：要改变这种译作占绝大多数的局面，我们的作品应当从本土物种出发讲述演化的故事；在内容呈现上除了有科学的思维和脉络外，还需要回归博物的视角。

12. 博物人物（2本）

约翰·缪尔：荒野中的朝圣者	〔美〕唐纳德·沃斯特　著　王佳强、何佳媛　译	生活·读书·新知三联书店
更遥远的海岸：卡森传	〔美〕威廉·苏德　著　张大川　译	上海科技教育出版社

分析：博物人物的出版从2018年的《发现自然》（洪堡传）、《林奈传》到2019年的约翰·缪尔传和卡森传，看似从大的视角进入了细分的自然文学门类，实则反映了博物人物在中国的认知基础的薄弱。只要稍稍了解一下博物学史，便可知很多人物还有待引介，之所以这些人的传记没有出现，是因为认知基础的建立需要时间，而自然文学在中国已经推广了二十多年，所以会出现入围的两本人物传记都是在这个门类里。出版上不妨从公众关注较多的角度切入，如观鸟之于马竞能、纪录片之于艾登堡。

结论：人物传记的出版要注意和博物学史的梳理并重，只有这样，才能使读者对博物学有认知，进而对博物人物感兴趣。

13. 博物学史（2本）

| 遇见天堂鸟 | 〔美〕柯克·华莱士·约翰逊 著　韩雪 译 | 博集天卷 |
| 生命的博物馆 | 〔英〕史蒂芬·帕克 著　庞丽波 译 | 重庆大学出版社 |

分析：博物在整体发展上需要有各种专门史出现，这样的梳理和回顾，可以为具体活动的开展带来指导和反思，从而为博物视角（物种关联的网络思维）打下基础。如何让博物逸事及人物为大众知晓，这亦是学术与普及的问题。目前国外这部分的工作是强项，国内需要等到博物发展到梳理历史时，学术上才有做普及的需求。此外，有两本书虽然没有入围，但是不能忽略：《丛中鸟：观鸟的社会史》（〔英〕斯蒂芬·莫斯著，刘天天、王颖译，北京大学出版社出版），《彩虹尘埃：与那些蝴蝶相遇》（〔英〕彼得·马伦著，罗心宇译，商务印书馆出版）。这两本书为博物学史的普及化提供了可资借鉴的角度，并告诉我们具体的博物活动（这里是观鸟和蝴蝶采集），也可以有用来普及的历史。

结论：通过具体的博物活动来梳理博物学的历史，是博物有别于科学的特点。因为博物活动和知识门槛都很低，公众只要感兴趣就可以参与，所以可以较容易地建立对活动的认知。从具体博物活动来梳理其中的历史或历史人物，可能是未来博物出版的一个方向，而著作要想在其中占有一席之地，需要将故事的场景从西方移到中国来，这还需要很长时间的摸索和学者的研究。

14. 新增类型（3本）

菌物志	斑斑 著	北京联合出版公司·低音
我包罗万象	〔英〕埃德·扬 著 郑李 译	后浪
夜遇记	张海华 著	宁波出版社

分析：之所以划分出一个新增类型，是因为这些书在之前的博物出版物中没有或很少出现过，数量上还不足以形成一个门类。但这些新的类型或视角的图书的出现，是一个积极的信号，它表明我们的博物出版的眼光在拓展。除了这三本书带来的细菌视角、真菌视角和自然教育夜观视角外，可以想见，未来还有更多的视角有待出版界发掘。

结论：新增类型表明了博物出版未来的活力，让我们意识到博物可发展的空间还有很多。

四、整体评价

目前的博物出版，是基础性的工作和拓展性的工作在同时展开。偏实践性的类目发展得比较快，自然教育开始有产出，在地的写作、观察在不断涌现，并且已经开始有整合的思路出现（比如昆虫类），这是博物在中国健康发展的标志。但从图鉴类的入围可以看出工具书比较缺乏，博物的基础工作还比较薄弱；而不少再版或重出的译作亦反映了我们的博物出版视野的广度不够，读者的眼界也没打开。因此，对于著作来说，基础性的出版工作在未来一段时间还是主要的方向。其中挑战最大的是传统博物学方面，目前传统博物的梳理不够，视角亦比较窄。前几年《海错图》的出版给我们指出了一个可以拓展的方向，希望后续能有类似的新的视角和博物对象出现。这样的情况同样出现在博物学史及人物这样对基础博物学比较依赖的方向上。因此，拓展性的工作要从这些薄弱的方面展开，这时应当从博物实践中找到突破口，结合博物在地化的要求做出版。此外，还需注意架设学术和实践的桥梁，从而在对博物的思辨中走得更远。

总体而言，我们对博物出版的需求，还停留在基础层面。在满足基础需求的同时，我们的出版不宜操之过急，因为博物和实践相关，博物出版的发展更是需要有一些规划，需要有一个积累产出的过程，甚至试错的过程。而译作的引进应当为了引导这一过程的推进服务，只有这样，博物出版以及博物才能在国内健康地发展。

参考文献

江晓原，刘兵（2015）. 博物学热潮中的理论建设. 中华读书报，2015-12-09 (016).

刘华杰 (2017). 推进复兴博物学文化的几点看法. 中华读书报，005.

刘杨，张帅男（2019）. 中国博物学图书出版历程演进、现存问题与路径设计. 出版发行研究，08.

生活世界

十万个爱南岭的理由

吴健梅

Many Reasons for Loving Nanling

WU Jianmei

一、南岭印象

南岭包括湘、赣、桂、粤四省区，山脉东西连绵近1400公里，北望湘赣闽大地，南望珠江流域，阻挡南北气流的运行，年降水量可达500—2000毫米，群山苍翠，野生动植物种类丰富。

本文中的南岭，是指粤北韶关。除

雨后的南岭峡谷

元气十足的丽棘蜥

了南岭国家森林公园之外，还包括大峡谷、丹霞山、车八岭、十二渡水等范围。南岭除了赏花、观鸟，还可以观蝶，全省有60%的蝶都汇集在这里，广东没有第二个地方能跟南岭媲美。

南岭之美，在它的四时季节之变化。冬天的小黄山上冰挂数十公里，玉树琼瑶，白雪世界，是广东省内冬季唯一可以大规模看雪景的地方，这归功于它特殊的地理位置，刚好处于南北气候分水岭，冷暖气流交替，产生万千气象。秋天则秋高气爽，一些落叶林叶片变红，秋风过，红叶四飞入水涧，长天、红叶、秋水一色。夏天翠绿葱郁，蛙叫蝉鸣，山涧飞瀑如碎玉，一潭绿水晶莹，似上帝无意中洒落在人间的翡翠珠。春天烟雨氤氲，山花烂漫，空谷中鸟儿婉转，呼朋引伴。任何时候来，都是一幅画，都有人在画中游的感觉。

我不记得我已经去过南岭多少次了，每到春季，总是觉得满脑子是南岭，晚上睡觉时候，总觉得一股声音在黑暗中由远至近，说："嘿，春天来了，南岭花开了！"那温热的愿望，总是贴烫着梦境。

4月进南岭，常常方寸大乱，不知道该拍摄什么。野花满山谷，蝴蝶纷飞，溪水淙淙，乱云飞渡，本欲拍摄风景大场景，刚换好广角镜头，往往又发现路边几株美艳无比的野花，心里开始慌乱了，使用哪个镜头好呢？广角还是微距？念头未定，头上又啾啾响起，抬头看一群羽毛艳丽的鸟儿叽叽喳喳飞过，导致后面恨不得把所有场景都拍摄下来，整个人瞬间变得贪婪无比。

行走在南岭里，物多乱性，角色随时转换，能否一心一意拍摄，全凭意志。所谓卿本多情，何须怨春风？

安息香科植物在南岭随时可见，特别是在4至5月花期。放眼看去，远处一丛丛白色野花，几百米之外，已经闻到空气里充斥着的浓郁花香，蜜蜂、蝴蝶也早闻香而动，纷纷飞到花丛那边去。

我曾经看过溪水旁边有一株安息香科植物——广东木瓜红（*Rehderodendron macrocarpum* Hu），时值花季，满树繁花似雪，而骤雨刚停，雨珠在洁白花瓣上来回滚动，一阵山风吹来，白色花瓣四飘，落入溪水，随水而去。

如此空灵的场景，如白衣仙子嫡落凡间，让我一时间不安起来，总觉得太美，不踏实，似梦皆幻。怔怔半刻，想起陈奕迅的歌词：

流水像清得没带半颗沙
前身被搁在上游风化
遇上一朵落花
相遇就此拥着最爱归家

这趟旅行若算开心
亦是无负这一生
水点蒸发变作白云
花瓣飘落下游化泥土

晚上如果住宿在山里保护区管理站里，循着灯光，各种昆虫及大量飞蛾会找上门来，跟你亲密接触，还有绿莹莹的萤火虫，似近还远地飞过，如黑暗中流星划过，闪耀出火花。

头枕着淙淙的溪水声音、偶尔远处的几声鸟鸣，坠入黑暗香甜梦乡中，去寻找那曾经有过的快乐童年的记忆。

二、南岭植物篇

南岭是一个比较完整的自然地理单元，为长江流域和珠江流域的分水岭，横亘在湘粤、赣粤、湘桂之间，是中国著名的纬向构造带之一，属于东亚独特的湿润亚热带气候，是阻挡北方来的寒潮的重要屏障。广东南岭的植被主要为常绿阔叶林和针阔叶混交林、山地灌丛、山地草甸等，是广东省境内植被垂直分布变化最为明显的区域。据不完全统计，高等植物有3760种，约占广东省总数的50%，植物区系以热带、亚热带成分为主，北温带成分也占有一定比例，有不少是中国特有种和地方特有种，比如南岭凤仙、南岭姜等。

2008年冰雪灾害对南岭的植被造成了很严重的影响，经过这几年的修复，南岭又生机重现。

每年的3月至6月是南岭野花盛开的高峰期。从春节之后的2月开始，南岭的山谷就热闹起来，一些野花已经迫不及待地盛开了，比如蔷薇科的福建山樱花、樟科的山苍子、木兰科的深山含笑等，姹紫嫣红，让人目不暇接。

有时候，我大脑会突然被南岭的某些难以忘怀的植物击中，急忙开了电脑调出图片来细看，就像电影中毒瘾发作的人迫不及待地烧粉解瘾。有时跟你擦

伯乐树　　　　　　　　　　　　　　　　中国旌节花

身而过的，或许就是某种保护级别的野生植物，比如有次在溪谷拍摄到的伯乐树，回来查询才知道是国家一级保护植物，被誉为"植物中的龙凤"。

——伯乐树（伯乐树科）

"世有伯乐，然后有千里马。千里马常有，而伯乐不常有……"，大家对伯乐一词非常熟悉，其源于唐代韩愈的《马说》。然而，这种植物叫伯乐树，跟马匹没有任何关系，而是从该植物的拉丁属名 *Bretschneidera* 音译过来的，该属名用一个叫作 Emil Bretschneider 的俄国人的名字来命名，以纪念他对中国植物研究做出的杰出贡献。

伯乐树是第三纪古热带植物区的孑遗种，经历了漫长的进化历史，然而随着环境的变迁及人类频繁的开发活动，原本广泛分布的伯乐树如今仅仅零星分布在长江以南的一些深山老林里，处于濒危的状态。科研人员也对其进行了跟踪，发现其幼苗的死亡率极高，保育难度高，内因生殖力衰竭和外因环境破坏的叠加效应，是让伯乐树日益减少的主要原因。

——中国旌节花（旌节花科）

中国旌节花也是南岭常见植物，一般在2至4月开花。它的穗状花序腋生，下垂，有些长度达10厘米，充满了韵律感。花瓣颜色淡绿黄色，晶莹剔透，如翡翠珠帘。特别是雨后，水珠凝聚在一串串花序上，那美，叫人一时凝噎。

中国旌节花，从字面来看，"旌节"是指古代使者所持的节，以为凭信。《周礼·地官·掌节》："货贿用玺节，道路用旌节。"郑玄注："旌节，今使者所拥节是也。"孙诒让《周礼正义》中记："《后汉书·光武纪》李注云：'节，所以为信也。以竹为之，柄长八尺，以旄牛尾为其眊，三重。'"联想到苏武牧羊，苏武被匈奴王囚禁释放回国后，已经是须发全白，手里所持的旌节，都早变成了光棍儿一条，装饰用的动物毛发早已脱落。

而我觉得它更像中国古代乐器箜篌。关于箜篌演奏技巧的描述，有著名的《李凭箜篌引》："空山凝云颓不流，石破天惊逗秋雨，十二门前融冷光，二十三丝动紫皇……"大概意思是，优美悦耳的弦歌一经传出，空旷山野上的浮云便颓然为之凝滞，长安十二道门前的冷气寒光，全被箜篌声所消融……

——大果假水晶兰（水晶兰科）

大果假水晶兰犹如森林树影下独徘徊的月光仙子。当大自然充满春天气氛的时候，在竹林落叶覆盖处，会有一种奇妙的东西探出头来，那拥抱着寂冷光芒的生物，朦朦胧胧地浮现在微微黑暗中，仿佛就是来自黑暗中的月光仙子。在它们稍稍低垂的开口里，呢喃着一些听不懂的咒语。

它们是腐生植物，无叶绿素，不需要光合作用。它们无法独自生存，必须依赖土壤中能够分解腐殖质的微生物才能存活，繁殖能力也非常孱弱，导致它

独蒜兰

大果假水晶兰

们的栖所受到很多限制。

月光仙子无声无息地来临，又无声无息地离开森林，这便是它们的生死轮回了。

南岭植物种类丰富，实在没法逐一

细细详述，郁郁葱葱之处，都能勾住游人的眼光。走了一天，发现其实一直在几公里范围蠕动。游人绊住了脚步，怨植物太多，心乱如麻，若要细数爱南岭的理由，十万个理由已经有！

三、南岭动物篇

1. 冷艳猎手——蛇类

在两栖爬行动物中，蛇的种类之多，仅次于蜥蜴。全球除了新西兰、夏威夷等少数岛屿因为跟其他大陆隔离时间太长而没有蛇分布之外（南极和北极也没蛇），其他的地方都有分布。而在温带和热带，蛇的种类就丰富了，全球3000多种蛇，75%分布在热带和亚热带，从体长最大的绿水蚺到体长最小的盲蛇，无不体现着蛇类的多样性。

盘伏在路边灌丛的福建竹叶青

然而，受传统思想的影响，大部分人对蛇类都存在畏惧心理，碰到后总是除之而后快，把它们活活打死。也有人相信进食蛇肉能滋补，不少野生蛇类被一些不法分子捕捉后直接送到各餐厅餐桌上去了，还有人抓了活蛇回来泡药酒，导致蛇类数量受影响。

不仅中国传统文化对蛇类不友好，就是西方文化中，亦存在着各种版本，从最开始《圣经》中蛇诱骗亚当、夏娃吃禁果，到后来英文 snake 一词，除了有蛇的本义，还有"险恶、卑鄙的人"的意思。从各种现象来看，蛇在这世界上是颇受争议的动物。

这显然有点过偏，在蛇类中，无毒蛇还是占主导地位，有毒的蛇类只占了一部分（蛇毒主要分为神经毒素、血循毒素和混合毒素）。或许，我们应该更加客观去了解和对待它们。

南岭作为中亚热带地区，有潮湿茂盛的森林，有丰富的蛇类也是理所当然。目前，南岭国家森林公园发现的蛇类有约60种，比如黑带腹链蛇、角原矛头蝮、莽山烙铁头、福建竹叶青、眼镜王蛇等。其中，莽山烙铁头（也称莽山原矛头蝮）因庞大的苔藓绿色身躯与白色的尾巴而闻名蛇界，以天价著称。

每次去韶关南岭，都能看到蛇，而见到最频繁的是福建竹叶青，它们时常盘在路边灌丛上，一副注视行人的样子。福建竹叶青分布极其广，最北能到吉林长白山，最南到海南岛。雄性的福建竹叶青身体上有比较醒目的红白侧线，非常容易识别。它们主要以蛙类、鼠类和鸟类为食。竹叶青也有毒，人被竹叶青咬伤一般不会致命，但要忍受剧烈的疼痛和组织坏死的风险，所以，一旦被咬，还是及时处理伤口和到医院求诊为好，切勿拖延误了医疗，留下后患。

春、夏季是蛇类活跃时期。到南岭拍摄，都很小心翼翼。不去伤害它们，但会跟它们保持一定距离，绕道而行。这是我对蛇类的态度。

2. 飞翼之美——鸟类

韶关南岭国家森林公园的野生鸟类资源非常丰富，是广东省内最佳林鸟观赏地，目前记录到约140种野生鸟类。各色美丽的鸟儿，在林中丽影频现，全国各地的鸟友们都会络绎不绝来此地观鸟。特别是春天，满山野花盛开，鸟儿婉转高唱，烟雨氤氲，溪水淙淙，确实如仙境。

——赤红山椒鸟（山椒鸟科）

赤红山椒鸟色彩非常浓艳，雄性为红黑两色，雌性为黄黑两色，多成群活动，有时集成大群，叫声尖细悦耳，食物以昆虫为主，也食一些植物种子。

我在南岭小黄山的松树顶上先看到一只美丽的雄性赤红山椒鸟，鸣叫了几声，后又引来一只黄色的雌鸟，一唱一和，翩跹起舞，丽影双双。不由得驻足

赤红山椒鸟（雄）

观看了几分钟,直到它们飞走才罢。

——红尾水鸲(鸫科)

红尾水鸲是南岭溪边最常见的鸟。雄鸟大都通体暗灰蓝色,尾羽栗红色,雌鸟尾羽白色。停立时,尾部不断上下摆动,不时打开呈扇状展示。主要以昆虫为食,也吃少量植物果实,叫声婉转悦耳。

我看到那只雄性红尾水鸲时,它正在梳理自己羽毛,左摇摇,右摆摆,一副极为臭美的样子。亲水谷的溪谷比较宽阔,水势相对平缓,很多鸟类都喜欢聚集在溪水边觅食或嬉戏。

很多人以为植物和鸟类是毫无关联的两大类群的生物,其实,两者之间的关系非常密切。很多鸟类都是杂食动物,食物直接来源于植物果实、花蜜、种子、嫩芽及昆虫;同时,鸟类又为植物传播种子提供了途径,通过它们的粪便排泄,很多种子被带到很远的地方去,扩大了繁殖范围。

3. 虫虫总动员——昆虫类

动物界中,大家都比较喜欢昆虫类,它们不像蛇类那样让人畏惧,也不像鸟类一样可望而不可即,很容易近距离观察。地球上的昆虫类群繁多,种类丰富,是生态系统中极为重要的一部分。它们既为鸟类、蛙类等小型捕食者提供了主要食物,也为植物传播花粉起到重要作用。昆虫的重要性远远超出我们的想象,是促进能源转化和生态系统养分循环的重要元素。

——屎壳郎的人生哲学(金龟科)

屎壳郎的正名是侧裸蜣螂,大家习惯了叫它屎壳郎。其成虫和幼虫都是以动物的粪便为食物来源,是大自然的"清道夫"。成虫的唇基部有铲形突出物,用以切割粪块,运到巢穴里加工成圆粪球,在上面产卵,幼虫孵化后可以坐享"粪来张口"的日子。

我看到屎壳郎的时候,它正在艰难无比地反推着一团圆圆的黑色东西上坡。我觉得它很不容易,就帮它把球球拿出来放到它前面几十厘米的地方,这一动作,显然是激怒了它,它非常愤怒地舞动一对前足,触角也左右摇摆,以为我跟它抢粮食,而我的手指也臭了一天。原来,我帮它挪动的竟然是一团粪球!

——火缘步甲(步甲科)

步甲科是地栖夜行性的凶猛昆虫,靠捕食各种昆虫为生,受惊会装死或放出刺激性气味。它有 6 只细长脚,一旦受到惊吓或威胁就逃跑,跑得比谁都快,简直像神行太保戴宗了。

火缘步甲

生命尽头的宁波尾大蚕蛾

火缘步甲是完全变态类昆虫，一生要经历卵、幼虫、蛹、成虫四个阶段，主要吃一些软体动物和节肢动物，以及一些植物的果实。常藏身在石头下或落叶堆里，比较低调，既不像蝉终日嘶叫，也不像纺织娘那样上蹿下跳蹦跶。

每次去南岭国家森林公园，都能看到火缘步甲鬼鬼祟祟地在路边落叶堆里爬来爬去，仿佛很忙碌的样子。

4. 中国的月亮蛾神——宁波尾大蚕蛾

蝴蝶和蛾类属于鳞翅目，鳞翅目是昆虫纲的第三大目，数量之多，仅次于鞘翅目。南岭国家森林公园溪谷众多，森林茂盛，植物丰富，正是蝴蝶活动的理想场所。在南岭国家森林公园记录到了360多种蝴蝶，占广东省的60%。

古诗里，有大量优美佳句和传说咏唱蝴蝶，以蝴蝶为美的象征，如"庄生晓梦迷蝴蝶"及"梁祝化蝶双飞"等。

实际上，很多蛾类从外观上来看，一点不比蝴蝶逊色，比如南岭常见的宁波尾大蚕蛾。

——宁波尾大蚕蛾（大蚕蛾科）

宁波尾大蚕蛾和绿尾大蚕蛾非常难区别，现在的宁波尾大蚕蛾原先是作为绿尾大蚕蛾的亚种存在的，后来经过分子水平的研究，国外学者将其独立了出来。其在中国分布范围较广，从北京到上海、四川、广东、海南都有它们的记录。幼虫食性多样，摄食枫香树、柳树、山毛榉、樟树等的叶子。

在南岭，宁波尾大蚕蛾也是非常容易遇到的大型蛾类，临近溪水的亲水谷旁边，常见到淡绿色的宁波尾大蚕蛾，或挂在树枝上摇摆，拖着飘逸摇摆的尾巴，外形优雅，颜色美丽；或躺在路边坡上，死去多时，观者无不觉得惋惜。

生活世界

我在滴水岩做富翁

林 捷

My Spiritual Wealth in "Water Dripping Rock"

LIN Jie

诸暨县城西南郊有一座山叫作陶朱山，因范蠡曾经居住此处而得名。山上有两座庙，一个叫作滴水禅寺，一个叫作宝寿寺。滴水禅寺是依着一堵巨大的悬壁建造的，石壁拔地而起，缕缕渗水，由岩巅淅淅沥沥垂落，无论旱涝时节，常年滴洒，丰枯如一，犹如甘露圣水。由滴水禅寺上山的这个区域也被叫作滴水岩。

整个滴水岩大部分山体都是丹霞地貌，山不是很高，但是山上好多地方都是红色砂砾岩层，坐在这样的石头上非常舒服。而这样一个极好的去处，就在离我家不远的地方，开车只需要10多分钟，就可以来到山脚下。

每一年，我不知道要来这里多少次，要在这里待多久。我就像梭罗说的那样，"在这里我像个随意挥霍时光的富人，这无关金钱，而是那些承载明媚阳光的岁月。我真的愿意将拥有的年岁全部给它。"

我为我找到的每一种盛开的花写文，为那些平凡的树写诗，踩在红色的丹霞地貌上，我有一种从远古时代走来的感觉，从这里的苔藓上走过，我有一种踩着博物馆地毯的感觉。每次碰到山脚下那个种地的老伯，我都要和他聊会天，虽然他没有很多学问，但是在和他聊天的过程中，我感受到了中国传统的农耕文明，在他朴实的言语中闪烁着利奥波德的土地伦理学。

每一次站在村口的土坝上，观望眼前这个小水库，我都有一种身处瓦尔登湖的感觉；听到山涧小溪里的水潺潺流过，我想那一定是听客溪的水流声。爬

本文作者林捷在滴水岩。2018年6月7日拍摄。六月，红色的丹霞地貌上，黄色的东南景天开花了，像铺在表面的地毯。

到高处，远眺山脚下，有一片农田和一条蜿蜒的小路，那是我常常晃悠的小路，那里有零星的村庄，稀疏的几间房子，恍惚中给人一种利奥波德生活的农场的感觉。当我爬到高高的山岗上，坐在这里的岩石上，望着对面的老虎岩，我想象着，约塞米蒂的酋长峰或许也是这样。多少次，我静静地坐在山的对面，让时光在这里流淌，像缪尔那样行走在山间，感受着这座山上的阳光雨露，云卷云舒。

春天来了，这里是那样的平平淡淡，没有别人眼里的优美风景，也没有什么奇花异草，也就是算盘子、胡枝子、白鹃梅、板栗、金樱子、楝、粉团蔷薇、小果蔷薇、流苏树、白花檵木、盐肤木等等普通得不能再普通的常见植物。我已经在这里逛了很久了，这里的一切都已经那么熟悉，熟悉会让你觉得这里的一切都那么平淡无奇。有很多人在这里爬山，他们每次都沿着这样平淡无奇的山路行走，很少有人会像我这样，把每一朵花、每一片叶子都看过去。在平淡无奇中，总能找到不一样的风景，我的行走变成了一种搜寻，但是我也不知道我在搜寻什么，或许只是一朵常见的小花，或许只是一片普通的叶子。

夏天悄悄来临，大自然慢慢换上了它的盛装，但那也只是看上去深浅不一的绿色，我在这样层层叠叠的绿意中看到了绚丽多姿的生命。自然万物都在这里展现着自己的个性。老鸦瓣早已开完了花，结上了果。白鹃梅也只剩下几朵零星的花，它的五角星形的果子泛着嫩嫩的绿光。这里仿佛就是舞台，展现着世间百态，老鸦瓣这样的植物分明是急性子，只想着快快开花结果，把自己的任务完成。楝树却是个慢性子，总是很晚才舒展开枝叶。构树像个善变的女子，叶子从小到大不停变换着模样，让人不敢轻易相认。牡荆刚刚伸展的叶子像不会化妆的小女孩，粉底涂得东一块西一块。而那些嫩叶、花苞、花朵、果子、种子，就好像我们人类的婴儿、童年、少年、成年、暮年，每一个时期都有每一个时期的特色。

秋天总是让人怀有无限感慨，人们四处奔波欣赏着五彩斑斓的秋色。滴水岩也像别的地方那样，在秋天迎来了它最美的时候。乌桕、黄连木、盐肤木、构树、枫香、胡枝子、算盘子、毛黄栌……上山的这一条路上，这些色叶树种都在努力为这个多彩的秋季添色，它们华丽绚烂地展露自己，争抢着要在这个季节里一展风姿。我常常坐在岩石上观看山色，你不能用哪一种色彩来定义它，它既不是红，也不是黄，也不是橙，也不是绿，就好像是在大自然的宣纸上一层一层地涂抹开。它们或许是大自然打翻的调色盘，又久未清洗，随便一笔，就成就了这样的色彩。可是如果我们把调色盘洗了重新再调，是绝对调不出同样的色彩的。

冬季草木凋零，山上的树都变得光秃秃的，那些落光了树叶的枝干，拼命把自己伸向天空，仿佛在用它们的枝干互相比画着诉说衷肠。山依然是我熟悉的那座山，水依然是我熟悉的那些水，路还是那样一条路，我走过了无数次，也未曾感到厌倦。我越来越喜欢在这样的野外毫无目的地漫步，任由思路在这样的旷野中放飞，思考命运、知识、新年、计划、希望、谎言、幸福、自由，等等。或者什么也不思考，只是看看周围的风景，看看这里的树，靠着这时候树上留下的零星的信息，来破译自然密码。

我走在这样的小山坡上，分明感受到了四周的生命是如此地不同。当你选择一个对象，按下快门的瞬间，你分明是在和它们对话。当你坐在小山坡上，望着远处繁华的城市的时候，分明能够听到身边低矮的植物在轻声地呢喃。而所有这一切都需要你用心去感受。所以我总是沉浸在一个人的世界里，但我分明感受到了身边的花群、树群、草群，仿佛就在那汹涌的人群中前行，所幸的是，这里不需要戴口罩。

这里不是名胜古迹，也不是高山大川，只是一个小山坡。但是在爱花的小伙伴中，就是有这么一股神奇的力量，让每一朵普通的花，迸发出别样的光彩。别人根本看不上眼的小花小草，在我们的眼中，每一朵都如此出彩，让我们百看不厌。不知道这些年来，有多少小伙伴，为了老鸦瓣、白鹃梅、流苏树、绵枣儿……来到滴水岩，只是为了看一朵最普通的小野花。

这些年我也去过了很多远方，我也为了看各种奇花异草，跟着花友们四处奔波。但是不管我在外面看了多少奇花异草，最让我牵挂的还是家门口的那座山，还有那山上熟悉的草木。每次在外面浪了一圈回来，我的第一个目的地就是去滴水岩看一下，看看那座山上有什么变化。我感受着滴水岩四季的变化，感受着滴水岩每个月的变化，也希望更近地走进它，感受它每天的变化。

瑞香科多毛荛花，也叫毛花荛花，《浙江植物志》中又称浙雁皮、小叶贼裤带。2018年6月12日摄于滴水岩的小山坡上。此物种模式标本就采自浙江诸暨，在滴水岩的很多地方都有分布。

生活世界

山野的图记

官栋訢（北京大学哲学系博士研究生）

Illustrated Records of the Field

GUAN Dongxin

图1 春天的早晨从屋内走出阳台，偶可看到斑蝉停在栏杆上。

　　许多年来，我一直执着地喜爱夏天，无论是夏日草木繁盛的颜色、午间澄黄的光影，还是自惊蛰过后骤起的蛙声蝉鸣。这些周遭环境中昭示夏天到来的细微变化，于我而言意味十分深长。在生活过的地点里，我时常留意每年池中新生的蝌蚪、楼宇间盘旋的斑蝉（图1），以及空气里第一抹与冬月全然不同的温润气息。无论哪一种，都足以使人心神荡漾。

　　在南方，一年里似乎只有夏天和冬天两个季节，人们习惯于在一年大半时间里，看到各式的生灵出现在视野之中。它们和人一道走过漫长的岁月，有时令人着恼，更多时候却催人好奇（图2）。人们渐而习惯与它们相处，亦会好奇于这些与我们共同呼吸的生物，究竟是如

图2 清晨湖边的食堂走廊跳跃着一群麻雀，等待偶有的离席的人，便将桌上吃一半的饭菜围食一空。

何模样。我常在虫豸纷起的季节，到居所附近的山里和海边拜访它们，观察它们身上的每一处细节。出于对这些经历的留恋和一种再现的冲动，我喜欢在画纸上记录下身处山野之时的眼中所见。

长久以来，人们对自然界及其生物的描绘从未断绝，无论是怎样的文明、怎样的再现方式，都传达着对自然物外表深深的迷恋。沉迷其间的观察者拿起透镜，希望获得肉眼不可见的细密结构，抑或昼夜不厌地蹲在草地，只求捕捉到虫子跃过时那一瞬的神韵。这便是草木鸟兽鱼虫散发的强大魅力，它驱使着观察者制作眼中景观的摹本，使那具体的细节和动态不至于在脑海中褪成模糊的印象。

某种意义上，自然物的魅力来源于其形貌的复杂多样，它们不断消解着人们对某类生物"标准形象"的定见，而这在远离都市的山野中尤为明显。念本科时，学校的背面有一座后山，头几年很少有人涉足。它埋藏很深，上山的路回环曲折，需穿越层层叠叠的枝蔓，可那里却是我屡屡前往的消闲之处。我逐渐明白，并非每一种蝉的翅膀都轻薄透明、每一种豆娘都如针般细小。春夏之

山野的图记　　229

交，山腰的溪流总在大雨后湍急，常有闪烁着绿色翅膀的华艳色蟌在水面上追逐飞掠，像飘忽不定的幻影难以触及（图3）。不过，它们时而停到水中央的岩石上，若肯脱鞋蹚水过去，便得以接近它们，仔细观察一番。午后的水边，蟪蛄、斑蝉和噪鹃的鸣叫交杂在山谷，随日落而偃息，第二日又复响起。那时的天气和心情也融入在画面之中，成为往日不可追回的时光的一部分，共同构成个体的夏日想象。

细小的生物在夏天的记忆里爬过，留下深刻的痕迹。譬如仲夏夜里薄翅蝉在枝上羽化，柔嫩的翅膀微微震颤（图4）；午后湖水轻轻泛起波澜，玉带蜻飞过，水黾随水面摇晃荡漾（图5）。又譬如大雨过后，溪涧里响起牛哞般的蛙声；蜻蜓在弥漫草木香气的空气中盘旋，直到日落天黑（图6）。这些图景隶属于年复一年的夏日回忆，我置身其间，它们变成了意符。这些画作是我记忆里奇妙经历的定格，投射着情感和想象；它们主观而感性，与当时当地的心境不可分离。我希望将带个人观感的视觉记忆留在纸面，而一定程度上，这出于对自然景观脆弱性的隐忧。

没有什么比时间的流逝更令人叹惋了，对喜好自然的人们而言，心中的伤

图3 每逢春夏季节，后山泉水的急流从山顶冲下，常可见到华艳色蟌在岩间的水面上追逐。

图 4 薄翅蝉的羽化过程。

感大多源于自然空间随时间的消亡。在高歌前进的工业文明面前，他们眼看自己常走的山路被挖掘机阻绝、溪流逐渐填满泥沙，却分明地感到无力。毕竟，似乎在社会和科技进步这样的宏大话语下，渺小个体的心灵寄托显得不值一提，仿佛只是在一个具有原本目的的事件中额外的插入者。

最后一次去后山是三年前，一架挖掘机正在泉水下游填埋一条小溪，两只雄性华艳色蟌在轰隆的抽水机旁争夺领地，似乎还未晓得这意味着什么。引擎的声音与水声在山谷间回响，环绕了半山腰的浓浓绿意里，横七竖八地躺着几条未成形的公路。读研换校区后，便听说那里已建起了高深的测量引力波的基地。我知道山上树木、溪流和动物们的结局，便不忍心再回去了。

于是我明白，使我获得宁静满足的山谷、田野和湖泊，很多时候只是工

山野的图记　　231

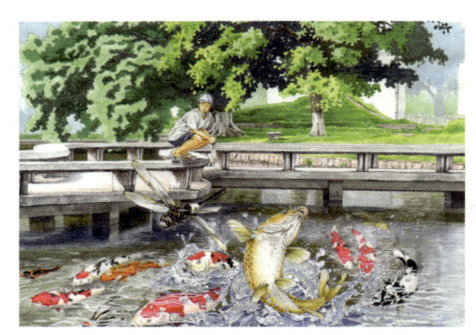

图5　平桥和玉带蜻。

图6　盛夏的午后，大坝上飞满了黄蜻，它们盘旋在头顶上空，飞过开满小黄花的斜坡。我常抬头看着它们，多希望能跟它们一样。

图7　南北的风景截然不同。过去的秋天，我常在未名湖边看到欧亚红松鼠，在南方却从未见过。

业化暂时留存的地点。自然景观在人造物的重压下不断退却，某时某地的一棵树，在如今都只是一件转瞬即逝的事情。从那之后，虽然每换一处新住所，我都会费心找到周围藏有较多生物的僻静之处，以维持自己的喜好（图7），但也确切地意识到这些美好潜存的危机；它们摇摇欲坠，毕竟土地的伦理当下仍显得遥不可及。因此，画画的过程便伴随着对流逝时光的追忆，若画中的景观不复存在，我却还能借此拼接出记忆里美丽的碎片。

然而，自然却一直以自己的方式和人类的世界抗衡——不一定是疾病和灾害，而以难以察觉的方式入侵人们的日常空间，例如各种动物的鸣叫。每到夏天，蝉鸣从各种各样的场合里传来，渗透进日常生活里，成为每个人对外界经验感知的一部分。鼓噪的蝉声浩浩汤汤地从山野汹涌而出，飘过密布的地表建筑物，飘进每一个截然不同的人的耳朵里，最终栖息在形形色色的生活场景中。蝉鸣与自然界的其他声音一同，维系着城市与自然之间愈来愈微弱的关联。当人们在视觉上用大体量的人造物覆盖田野和森林时，自然却仍存留着侵入人类社会的强大力量。虫鸣蛙声如同坚锐的铁骑一般攻城略地，在最辽阔的范围里，势如破竹地占领了所有人夏日里的听觉

CICADA
Platypleura kaempferi

KATYDID
Mecopoda elongata

图 8 蟪蛄的暑假——汽水指代树汁，发条车指代蝉鸣，风扇指代热意，而所有这一切，构成夏天的神话。

图 9 纺织娘的鸣叫听起来像裁缝机发出的声音。

空间。

在有些画中，我也试图表达这种混杂着自然和社会生活来源的主体感知。蝉鸣从不独立存在于真空的夏日记忆，而与冰镇汽水、玩具车和风扇等事物相互交织（图8）。同样，静谧秋夜里纺织娘肃肃的叫声，不是让孤独的人心生凄凉，便是让人想起儿时家里那台悠久的裁缝机（图9）。

自天际连绵起伏的山脉被置换成林立的现代建筑起，人类身边的动植物愈发少了，在公众视觉体验中，动植物这样的自然形式占有的位置已然微乎其微。谨慎的逻辑和商业都市环境泯灭了人们对自然物感性的审美之心，许多人沉醉于创造规则却又为之烦恼，在朦胧的人类社会中找寻若有若无的意义。然而，虫隐于木，鱼儿穿行清流之间，却总会有人驻足发现它们，在凝神的注视中获得无尽的满足（图10）。我只想一直当这些微小生命的记录者，在每一年的夏天，开始我的博物人生。

山野的图记　233

图 10　中山大学翰林路的薄翅蝉会在入夏时羽化，如今这里成排的大树因校区改造而被尽数砍去。

物质性、地理学与知识史：21世纪的博物学编史

温心怡（剑桥大学科学史与科学哲学系，英国，剑桥，CB2 3RH）

Materiality, Geography and History of Knowledge: Historiography of Natural History in the 21st Century

WEN Xinyi (Department of History and Philosophy of Science, University of Cambridge, Cambridge CB2 3RH, UK)

所评论的图书：Jardine, Nicholas et al.(2018). *Worlds of Natural History*. New York, NY: Cambridge University Press. 刘华杰．（2019）．西方博物学文化．北京：北京大学出版社

引言

20世纪90年代以来，博物学史在世界范围内和中文学界都经历了一个复兴过程，从科学史学科的边缘分支逐渐成为整个学科的主流和支柱之一。和长期主导整个科学史的进步主义叙事一样，从1788年詹姆斯·史密斯（James Edward Smith）的《博物学的兴起和发展导论》（*Introductory Discourse on the Rise and Progress of Natural History*）开始，博物学史就一直被描述为一个博物学从迷信中解放，走向现代科学的过程，而林奈自然而然被认为是博物学走向系统化的转折点。一直到20世纪70年代库恩范式、福柯的知识型和历史学中的人类学视角兴起之前，博物学史还只作为鸟类学史、地质学史和植物学史的前奏和补充而存在。80、90年代，以斯帕里（Emma Spary）、西科德（James Secord）和芬德伦（Paula Findlen）为代表的一批学者开始写作在地的、人类学的、关注物质文化的博物学史，1996年剑桥科学史系学者编辑出版的《博物学文化》（*Cultures of Natural History*, Jardine et al.，1996）一书就是当时这一最新趋势的汇集，也是第一部将博物学史全面地与艺术史、医学史、殖民史、

性别史、经济史等领域相关联的集大成著作。20年后，在博物学史的发展已经如火如荼的今天，一本新书《博物学世界》（*Worlds of Natural History*, Jardine et al., 2018）又从剑桥问世，它呈现给我们的是思想与方法的更进一步发展。

在中国，博物学史和科学史一样，还是蓬勃发展中的新兴学科。关于国内近年来博物学史方面的发展，姜虹《博物学研究在中国：史学视野的多样性与融会贯通》一文已有详尽的介绍，此不赘述。2010年左右刘华杰提出的博物学编史纲领得到了学界的热烈讨论，也成为博物学学科在中国兴起的标志之一。2019年出版的《西方博物学文化》，就是在这个背景下汇集西方博物学史中重要研究对象、研究课题的一本指导书。我们可以看到，博物学复兴的形态在西方和中国有着很大的不同。在英语学界，如前所述，博物学地位的逐渐提升，是和对近代早期（early modern）科学革命的重新评估联系在一起的，这使得近代早期博物学首先成为研究的突破点。而在中文学界，博物学史的重新发现与对当代生态文明的关切及一阶博物学的复兴更加紧密相关，这种关切加上中国自古以来的休闲博物学传统，使得欧洲19世纪以来的业余博物学、博物文学和环境伦理引起了更多兴趣。当然，对中国本土博物学传统以及中西博物交流的研究也从未停歇。

现在，我们手中这两本分别于2018年和2019年出版的新书，就可以视为中国和世界的两场复兴在21世纪的交汇。一方面，我们看到以剑桥为代表的英语学界正在从近代早期和经典时期的欧洲博物学史（Jardine et al., 1996）扩展到20世纪至今天的生物—博物学科、生态保护、气候问题，乃至纪录片中的博物学教育；同时，在整个科学史去殖民化的浪潮下（Schaffer），近代早期以来商品与信息的区域间交流、地缘政治，以及非西方的博物学传统都被纳入了博物学史的视野中。同时，接续《博物学文化》的传统，近代早期博物学的研究者们也在继续着对科学革命的反思和对巴什拉、库恩、福柯等强调断裂与共时性范式的编史学的批判。另一方面，一阶博物学的积累、生态问题上的关切和中西比较的视角一如既往推动着中文学界博物学史的发展，同时西方古典时代的博物学、17世纪及以前的人文主义博物学、神秘博物学及医学博物学也逐渐进入了中国学者的视野，从博物学视角出发，越来越多的学者正在从阐释、应用经典的科学革命范式转向对科学革命范式的反思。下面，我将从近年来博物学编史中的几个重要趋势出发，提炼出这两本书为博物学史研究者带来的新方法和新问题。

一、重新发现古典传统

两本书的第一章都从博物学的古典传统开始，这并非偶然：整个西方博物学的形态就奠基于亚里士多德、塞奥弗拉斯特、迪奥斯科里德、普林尼等经典作家的博物志。可以说整个西方博物学史的前半部就是古典博物学的阅读史，直至17、18世纪，这些经典著作依然不断被摘编到新出版的博物志中，被重新阐释和批判，并且与新的一手知识相结合，它们一直是博物学家的首要参考资料。在西方，古希腊罗马博物学经典的研究很大程度上是古典学学科在主导，这是由古典学一直以来的基础性地位决定的：从20世纪初期，前现代科学史的研究就极大受惠于古典学的发展（Kragh）。在中国，这一部分的博物学史还有待更多研究，与正在发展的古典学学科的结合也指日可待。在《西方博物学文化》中，刘华杰详细介绍了亚里士多德的学生，古希腊哲学家、博物学家塞奥弗拉斯特的《植物探究》与亚里士多德的《动物志》在体例、分类法等方面的继承和发展，以及他的植物学和哲学的联系，为进一步研究古典博物学作家提供了重要的指南和材料。

理解近代早期博物学，必须要关注古典传统的影响，这已经是博物学编史中的常识。从科学史学科建立初期到现在，如何理解和评价这种影响一直是博物学编史的核心问题。如果说萨顿式的博物学史将古典博物学视为被早期近代学者奉为圭臬的权威教条，与近代科学的实验精神相敌对，那么当代的博物学史家则致力于抛开以往"权威—革命"的历史叙事，重新从更多方面认识这个传统对现代博物学的影响。近年来，这一方面新的研究趋势可以分为如下两点，它们在奥格尔维（Brian Ogilvie）的文章中都得到了体现。奥格尔维长于研究文艺复兴时期的人文主义博物学和知识网络，他的著作《描述的科学》（*The Science of Describing*）是这方面的必读之作。

1. 古典传统的多样性。这一点和当代古典学有着相近的趋势：当我们谈论古代世界时，我们不仅指希腊罗马，更指整个环地中海区域的诸多相互影响的文明。奥格尔维指出对于文艺复兴时期的人而言，古典传统同样是多元的，除了我们熟知的经典作家以外，埃及、阿拉伯，以及希伯来传统同样属于他们大量援引的古代知识的范畴。这还体现在文艺复兴时期博物学家对象形文字、楔形文字的兴趣中，在他们看来，很多其他文明的古代文字都有可能是亚当命名万物时使用的语言，因此他们的经典也可能承载着关于万物的真正知识。

2. 传统的批判与传统的发明。奥格尔维一直关注文艺复兴时期作者对古典作品在写作体裁上的模仿、在信息层面的收集和剪裁，以及选择性的继承和忽略。在这些大量史料的基础上，奥格尔维的一个著名论题就是博物学的概念在古代并不存在，它是文艺复兴时期的人阐释古典文本的产物。这个论题是有争议的：对于很多学者来说，文艺复兴时期的人将古典作家推崇为博物学始祖还是更为直观的事实，虽然奥格尔维认为在17世纪后期这更像是一种象征性的推崇。在这个问题上格拉夫顿（Anthony Grafton）关于新世界发现与古典博物学传统的著作也可以带来新的视角。

二、知识系统的物质性

系统组织繁杂的自然知识，是西方博物学自亚里士多德起的基本追求之一，也是博物学"内史"的经典研究对象。在《西方博物学文化》一书中，许多学者着重讨论了著名博物学者们的知识系统和分类法。在讨论塞奥弗拉斯特、约翰·雷、林奈、布丰等著名博物学家时，刘华杰、熊姣、徐保军、朱昱海等都详尽分析了这些博物学家如何分类动植物，在大量文本史料的基础上介绍了他们在前人系统基础上所做的改进、创新和突破性的发现。国内近年来在西方博物学体系方面的重要研究还有蒋澈的《从方法到系统》，从多个重要的博物学作家出发追溯了早期近代到启蒙时期系统分类学概念的起源。

同时，我们也看到西方学界正在开始从一种新的视角研究博物学系统，那就是系统的物质性和实践性。在整个科学史、知识史界对手工（artisanal）活动、日常实践的关注下，依托大量保存下来的档案材料和物质材料，原本仅仅属于思想史（intellectual history）范畴的博物学分类系统逐渐展露出了其物质性的一面。同时这种物质性又和信息时代人们对数据、存储、媒介的关注联系在一起，可参见达斯顿（Lorraine Daston）领导的德国柏林马普科学史研究所大数据历史建构（Historicizing Big Data）研究。物质媒介如何塑造思想，如何和抽象的思想、概念相互作用，反映了知识界的哪些观念、哪些社会经济因素，都是这类研究为我们提出的问题。

这种物质性首先见于对经典博物学作家的再发现，在《博物学世界》一书中，缪勒－维勒（Staffan Müller-Wille）的林奈纸质工具研究就是一例。缪勒－维勒曾在达斯顿研究小组主持课题"名与数（Names and Numbers: Classical Natural History and Its Archives, 1758-1859）"，他以林奈的纸质索引卡片、卡片盒和标本柜为个案，指出林奈的命名法是一种将信息碎片化、去语境化的知识组织方法，它使得博物学信息的传播由语境的描述与还原走向了语境的剥离。同时，关注博物学系统背后的物质性，也意味着"系统"不再被视为一个权威的、客观的结论，而是被视为博物学者反复思考和实践的产物，是动态的甚至带有学者个人色彩的。这方面可以参考多姆（Andreas Daum）近年来对亚历山大·洪堡的知识与情绪的研究。

除了经典博物学家的知识工具以外，博物学系统的物质性还见于药房、园林、珍宝阁、博物馆等一系列空间中，它们的空间组织方式也反映着人们心目中自然物的秩序。药房在博物学史和医学史中还是一个较新的研究方向，普利亚诺（Valentina Pugliano）的文章就着重讨论了作为知识生产空间的早期近代药房，另可参见瓦克（Gabriele Wacker）对沃尔芬比特尔（Wolfenbüttel）宫廷药房的研究。奈特（Leah Knight）和奥格伯恩（Miles Ogborn）的文章分别讨论了近代早期的园林栽培与启蒙时期的植物园，不仅关注物质意义上的花园，也关注了隐喻意义上作为伊甸园的花园如何反映知识生产的秩序。费勒（Robert Felle）的文章从一系列图像资料出发，讨论了珍宝阁的收藏空间如何反映知识组织的不同方式以及收藏者在其中的参与，这一方面的研究还可参见芬德伦、达斯顿和帕克的文章。芬德伦和托莱达诺（Toledano）的文章讨论了从标本册到私人博物馆的一系列物质防腐、储藏和标签的技术，西科德的文章讨论了容器（containers）在博物学中的重要作用。阿尔伯蒂（Alberti）的文章和阿什（Ash）的文章分别讨论了19世纪以来的自然博物馆和动物园，这些场域同时也是博物学与现代生物学交汇的场所。

三、图像与博物学

科学图像在20世纪90年代以来的科学史研究中是一个热点话题。图像在科学史中的兴起，一方面来自艺术史界乃至整个人文学界的"图像转向"（W. J. T. Mitchell），一方面来自科学哲学界对科学的视觉表达（scientific representation）的关注——这使得科学图像和图表、曲线等等被放到一个平台上讨论，同时也和对科学仪器，尤其是视觉仪器的研究密不可分。在博物学领域，楠川幸子（Sachiko Kusukawa）、达斯顿、帕克等学者最早开始关注图像在博物学文化中的重要性，在今天，图像已经成为博物学研究中不可忽视的一个方面。

在这两本书中，我们首先可以看到博物学图像研究的一些基本要素。在"图像与自然"（Image and Nature）一章和"博物绘画"一章中，尼克尔森（Kärin Nickelsen）和姜虹都介绍了博物学图像，尤其是18世纪博物学图像的内容、形式以及在知识方面、审美方面和政治经济方面的功能；同时，植物插图的制作工艺，与标本、收藏的关系以及画师、雕刻师和植物学家之间的互动也得到了详细的介绍。这些内容可以说是研究博物学图像的基础。

同时，我们也可以看到一些新的研究视角。其一是图像与怪物文化的互动。阿什沃思（Ashworth）在20世纪90年代提出了"象征世界观（emblematic world view）"的概念，自此以后，怪物、奇珍、神话宗教象征在近代早期博物学视觉表现中的地位愈发得到重视。但是同时，阿什沃思对福柯"断裂说"的沿袭，特别是关于象征世界观被经验主义所取代的观点并不令人满意。本书中劳伦斯（Natalie Lawrence）的研究以天堂鸟的形象演变为案例，分析了天堂鸟作为来自美洲新世界的生物，如何从博物学插图变成纹章上的象征物，并拥有逐渐固定的象征含义。天堂鸟的案例指出，人们对自然物的描绘并不完全依照经验事实，相反，固定在风格、象征含义中的绘图传统也深刻影响着博物学图像的绘制，形成一种跨历史分期的遗存（survival），这体现了与布雷德坎普（Bredekamp）的科学图像风格史一致的叙事取向。关于怪物文化还可参见达斯顿和帕克的研究。

其二是图像与视觉机器。显微镜是博物学的视觉史中的重要一环（关于显微镜带来的视觉变革可以参见 Hackings 和 Schickshore）。弗里德伯格（David Freedberg）的《猞猁之眼》（*The Eyes of Lynx*, 2002）展示了猞猁学院内部神秘传统、光学、医学和博物学研究之间紧密结合的关系。内里（Janice Neri）的《昆虫和图像》（*The Insect and The Image*, 2011）则从昆虫出发考察了显微镜与近代早期博物图像的关系。在《博物学世界》一书中，与内里类似，约林（Eric Jorink）的文章考察了显微镜这种观看方式如何带来了昆虫在博物学中地位的显著改观。除了显微镜，暗箱（camera obscura）、照相机等也是博物学观察的重要工具，这在达斯顿和格里森（Peter Galison）颇具影响力的《客观性》（*Objectivity*）一书中即有涉及（Daston and Galison, 2007）。

其三是社会文化中的博物图像,这通常意味着博物图像和艺术图像一样,可以被视为社会文化的载体,采用一种艺术社会学的进路去研究。一方面,参考布雷德坎普的科学图像风格史,我们可以研究自然知识与表现技法的互动,另一方面,我们还可以将知识产生的社会条件和美学风格产生的社会条件结合起来看待。在此次的两本书中,姜虹从社会史角度详尽讨论了维多利亚时期女性参与博物学绘画的社会经济条件,布莱希玛(Daniela Bleichmar)则讨论了美洲殖民地博物研究中图像知识的作用,我们还可以找到许多类似视角的个案研究。在中西交流比较中,图像作为知识和文化的载体尤其能够揭示特别的历史现象。王钊从借鉴西方绘画技法的清宫《鸟谱》出发,从图像中追溯绘画技法和博物学知识的传播,分析了中西鸟类表现方式背后的文化背景差异,是一个独特的切入点。

四、文化网络中的博物知识

在传统的科学史和博物学史中,个人、学术机构的成就往往是编史学的着眼点。我们往往习惯以重要的"天才"学者作为标志划分思想和范式演变的时期,例如林奈就一直被看作博物学史上里程碑式的人物。同样,重要的学术团体如英国皇家学会的建立也往往被赋予历史分期上的意义。在《博物学世界》一书的前言中,编者特地强调了以往这种过度强调个人、机构的编史视角的局限性,并取而代之提出了一种以网络(networks)为核心的方法论,强调关注学者之间、各领域和社会阶层之间的信息交换,从一个社群的视角来看待同一时期博物学的实践者。

在文艺复兴时期,这种学者之间的通信网络一直是博物学家交换信息的重要方式。他们在通信中谈论日常,讨论自然物的生理构造,也交换采集或购买的标本。埃德蒙兹(Florike Edmonds)一直关注早期近代博物学的通信网络,她的文章讨论了哈布斯堡知识分子网络,与外国博物学家的通信、图像传播,以及基于作物贸易的标本交换。这些研究很大一部分是基于克鲁修斯(Carolus Clusius)现存的大量书信,其中不少已经电子化。埃德蒙兹提出,在17世纪,不少这样的通信网络趋于机构化,例如西芒托学院(Accademia del Cimento)和皇家学会的建立,但是交流的根本性质并没有发生改变,业余和专业博物学家之间也没有明确的界线。同时,在知识网络的视角下,业余的、女性的,以及日常生活中的匿名实践也在得到关注。奈特分析了博物学家帕金森（John Parkinson）与女性家庭医学实践者的合作，普利亚诺和普拉姆（Christopher Plumb）分别讨论了药店主人、跨国商人作为第一手知识、实践知识的掌握者在信息网络中起到的作用。

同时，公众博物学、业余博物学在这种视角下也得到了更多关注。这一点尤其体现于维多利亚时期的博物学中：通过对博物学文化传播者伍德（John George Wood, 1827–1889）的研究，仇艳展示了公众演讲、菜谱、口袋书如何成为传播博物知识的媒介，在联结专业人士与一般大众的博物学文化网络中起到重要的作用。尼哈特（Lynn K. Nyhart）的文章也讨论了公众博物学在19世纪的形成。刘星则讨论了文艺复兴时期以来，鸟类爱好者如何通过插图、观察记录和标本的交换参与到博物学学者共同体的知识生产中，这个机制一直影响到当代的观鸟活动。在今天的多媒体时代，知识网络显然可以通过更多样的方式发挥作用，理查兹（Morgan Richards）对自然纪录片的研究就很好地说明了这一点。

五、知识传播与去殖民化

2004年，西科德在 *Isis* 上发表的"Knowledge in Transit"一文引起了广泛讨论。在文章的开篇，西科德问道："哪些大问题和大尺度的叙述，让科学史有了连贯性？（What big questions and large-scale narratives give coherence to the history of science?）"即使放在今天，对于充满案例研究（case studies）的科学史、医学史和博物学史学界，这也是一个发人深省的问题。对日常实践、物质性和人类学视角的关注使得越来越多新的材料和案例被引入，但是我们尚未生产出一个足够有力的叙事来对抗以库恩、福柯为代表的传统叙述范式，这是西科德提出的首要问题。在西科德看来，科学史新的叙述方式和问题意识的核心应当在于运动中、翻译中、传播中的知识。同时，谢弗（Simon Schaffer）在"The Brokered World: Go-betweens and Global Intelligence, 1770–1820"中提出的科学史的去殖民化图景也正在成为学界的新方向。正如《博物学世界》（*Worlds of Natural History*）一书的书名所示，在知识的传播和去殖民化中，博物学始终是一个关键的节点，这个方向也是近年来博物学史最重要的方向之一。

旅途中的知识正在成为博物学史的研究对象。博物学家路上的考察笔记和各类档案开始被重新整理和研究，如瑞布（Sandra Rebok）的文章所示，近年来大热的洪堡就是其中一例。马洁从性别视角研究了埃莉斯·罗恩（Marian Ellis Ryan Rowan, 1848–1922）的澳大利亚考察及她的行程、绘画及与当地女性的互动。安德森（Katharine Anderson）的文章通过研究19世纪科学考察者的个人记录，讨论了科学考察如何加深了对科学的不确定性和知识的不稳定性的认识。

远渡重洋的博物学者如何对待当地的自然知识也是一个重要的话题。杨莎的文章结合一阶博物学全面介绍了印第安人的自然观，以及欧洲植物学在北美几个世纪以来的实践历程。苏布雷维拉（Iris Montero Subrevilla）以从西班牙来到美洲的第一批植物学家与当地居民和艺术家合作编写的美洲自然志 Florentine Codex 为例，分析了普林尼的自然志体例和当地知识与信仰的融合。杜瓦特（Regina Horta Duarte）则介绍了当代拉丁美洲的植物学和植物保护。

反思帝国时代的博物学是博物学史去殖民化的出发点，而经济和政治因素与博物学的互动尤其受到关注。近代早期帝国博物学史的专家布莱希玛在文章中讨论了皇室需求、经济价值、运输条件等等对17、18世纪西班牙博物学知识生产的制约，普拉姆从鸟类出发研究了跨国贸易中的博物学。关于殖民时代早期的商业文化与博物学，

Dániel Margócsy 的著作《商业视角》（Commercial Visions: Science, Trade, and Visual Culture in the Dutch Golden Age）是近年来最重要的研究之一，该书讨论了跨国贸易的增长、商业兴趣和企业组织如何影响了近代早期的博物学、医学和视觉文化。政治经济学的视角同样是在更大时间、空间尺度上讨论殖民时代博物学的基础。回应彭慕兰在《大分流》中从木、煤到油的"能源目的论"，以及化石燃料的开采塑造了亚洲、欧洲不同发展路径的观点，西瓦森达拉姆（Sujit Sivasundaram）的文章以伊洛瓦底江流域为例，认为自然知识是一种黏滞的因素，可以同时推进和阻碍能源的开采活动，从而导致不同的能源利用，这提供了一个非常有趣的视角。西科德则提供了另外一个视角，他的文章讨论了地质学板块知识与20世纪初期地缘政治的相互塑造，是一种新类型的博物学史。

六、结语

从《博物学世界》和《西方博物学文化》两本书中，我们暂且归纳了五个方面的新方法和新问题：古典传统与文艺复兴、概念和系统的物质性、博物学图像、博物学的人际网络，以及博物学史的全球视角。正如《博物学世界》一

书前言所说，我们希望避免将方法和观念的丰富变化简单还原为"人类学转向""物质转向""空间转向"等一系列空洞的名词，而是着眼于从不同视角出发的具体分析方法和实践方法。所选取概括的这些新动向并不是两本书所展示的全部，更多的启发存在于书中不同学者的历史书写中。

从长远来看，两本书都揭示了国内和世界范围内博物学界一些共同的任务。"博物学编史纲领"呼吁的编史取向和世界范围内科学史学科的趋势是一致的：突破辉格史观、关注当下的技术和环境问题、关注人类学视角下的民间知识。同时，英语学界近年来重视实践、物质材料，重视知识传播与交流的趋势，也给了国内研究者许多可以探索的方向。这一系列的关切有许多共通之处，或许一个最集中的体现就是从科学史向知识史的转变：意识到传统科学史学科的诸多问题，许多学者开始将知识史视为一个新选项，更多地用"知识"替代"科学"以避免欧洲中心主义、知识精英视角和进步主义预设，并且将传统科学史的研究对象拓展到田间地头和市井之中。

知识史的兴起也使得博物学史焕发了新的活力，在今天，博物学不仅是现代生物学的前身或自然科学的一个分支，更是一门关于人类如何获取和组织有关自然、人造物乃至人类本身的知识的学问。博物学史不再需要在科学史学科的内部证明自身的合法性，而是反过来为整个科学史乃至艺术史和文化史提供视角和方法。如何在新的语境下书写博物学的历史，是需要我们不断思考的问题。

参考文献

Sommer, M., Müller-Wille, S., & Reinhardt, C.(2017). *Handbuch Wissenschaftsgeschichte*. Stuttgart: J.B. Metzler Verlag.

Shapin, Steven(1998). *The Scientific Revolution*, Chicago.

Westman, R. S., & Lindberg, D. C. (1991). *Reappraisals of the Scientific Revolution*. Cambridge: University Press.

Nicholas Jardine(1991). Writing Off the Scientific Revolution. *Journal of the History of Astronomy*, 22:311–318.

图书评论

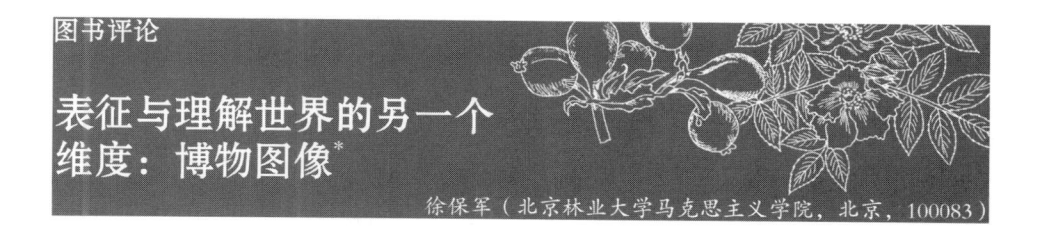

表征与理解世界的另一个维度：博物图像*

徐保军（北京林业大学马克思主义学院，北京，100083）

Natural History Image: A Way to Understand the World

XU Baojun (Beijing Forestry University, Beijing 100083, China)

所评论的图书：陈智萌（2019）. 博物与艺术：冯澄如画稿研究. 北京：文物出版社.

冯澄如在中国博物画或科学画历史上的地位决定了本书的意义和价值，尤其是在今天越来越多的人开始把博物作为自己感受、理解大自然的一种方式的背景之下，它为人们提供了一种新的图像维度。这种维度兼具知识、历史与文化的内涵，也为人与自然和谐的实践方式提供了一条新的路径。

---

* 基金项目：教育部人文社科青年基金项目"古典博物学时期的自然经济思想"（项目编号：16YJC720021）。

一、博物画作为一种历史存在

博物画首先是一个历史事件，以冯澄如的作品为起点，可以窥视近代中国博物学尤其是博物图像的发展，同时我们也有必要将其置于一个更深的历史背景中去理解博物绘图像在世界的演变。

鉴于冯澄如在中国现代植物绘画领域开拓者的身份，他的333幅手稿的史料价值就显得更加重要。它们有助于我们理解中国近代博物画的历史乃至中国博物学史：以冯澄如及其绘画为起点，可以追溯更多中国博物学及博物画传统的沿革与变迁，比如静生生物调查所，乃至更早的清末博物学会（1907年）、中华博物研究会（1914年）、博物调查会（1916年）、中华博物学会（1919年）、

《博物学杂志》（1919年），以及秉志、胡先骕、陈焕镛等老一辈科学家。

冯澄如的绘画在当时一个直接的功用是服务于博物学/自然科学，而作为中国现代植物绘画的"创始人"，应从何种角度去解读？这种创始与中国传统的博物绘画的区分何在？博物画家/科学画家同传统画家、博物画同传统艺术作品之间的区别是什么？博物画家/科学画家在所属学科的地位是什么？一系列问题都会随着冯澄如的特殊地位涌现出来。

进一步，我们还需要将冯澄如本人置于更宏大的世界博物绘画发展史的语境中去解读。冯澄如绘画的精确性源于其为科学需求服务的功能，而这种传统则可以溯源至西方近代博物学和博物画的兴起，也正是从这个角度，我们才能真正理解为什么称冯澄如是中国现代植物绘画创始人。事实上，这种传统可以追溯至西方近代17、18世纪博物学及博物绘画的兴起，也正是从这个时期开始，博物绘画的精确性得到极大提升，数量也急速攀升，当然一个更大的背景是博物学及博物绘画在殖民帝国时代的独特作用。事实上，近年来，科学史、博物学史中的图像研究逐渐增多，比如布莱希玛在《可视帝国》（*Visible Empire: Botanical Expeditions & Visual Culture in the Hispanic Enlightenment*）一书中认为，图像是博物学理解世界的一个重要维度，重点讨论了博物绘画在欧洲博物学研究、殖民需求、表征世界中的重要地位，同时也指出了一个有趣的事实，即近代早期博物画的要求同传统西方艺术标准的差异与冲突、早期博物画家的来源及其对博物学事业的依附关系，这对于我们理解西方近代史中博物画家较之博物学家地位偏低的现实（比如乔治·埃雷特［George Ehret］之于林奈）及中国博物画家同中国科学家、博物学家的关系有很大的帮助。

博物图像的进展与繁荣也同相关技术的进步密不可分，比如近代历史上的木版、铜版、石版、影印等技术对于博物绘画的推广有着直接的关系，冯澄如改进了博物绘画的印刷技术。

二、博物绘画作为一种社会文化存在

博物绘画的历史存在决定了它不同于传统的艺术作品，无论是在西方还是中国，都并未获得传统艺术界的过多关注。但另一个层面，除开对自然世界的精确描述，博物画对自然世界的摹写具有更强烈的视觉冲击，也更容易被普通大众接受，从而超越了自身的科学属性，成为一种社会文化。

博物学在西方近代史中本身就具有独特的地位，以英国为例，它不仅服务于帝国扩张的科学需求，同时逐渐演变成一种社会风尚，在18世纪之后甚至开始具有某种道德属性，尤其在女性之中，接近自然、谈论博物学、进行博物绘画创作成为一种高雅的消遣。而印刷工艺的进步，比如木版、铜版、石版等印刷技术的发展，使得博物图像有可能更为广泛地传播。尤其从18世纪开始，博物图像开始在不同阶层之中流行，覆盖不同群体，德国画师乔治·埃雷特的作品在英国上流社会颇为流行，之后柯蒂斯制作的《伦敦植物志》也极为精美，而同为柯蒂斯出品的《柯蒂斯植物学杂志》的定位则更为平民化，再后来托马斯·比维克（Thomas Bewick）拓展了传统木版画的技法和材料，他的《四足动物志》《英国鸟类志》风靡英国，比维克本人也被称为"木口木刻之父"和"英国现代书籍插画之父"。英国至今依然有很强的博物画收藏与流通的社会基础。博物画开始具备更多社会教化、文化的功能，甚至开始影响世界其他地区，中国博物类通草画也是东西方贫民阶层文化互动的典型体现。

作为文化存在的博物画少了些科学精确、艺术审美的维度，但更多表达了普通人同自然的互动关系，有着更深刻的社会基础。近年来，国内博物画/科学画的创作以及相关书籍的出版逐渐增多，也涌现了一批博物画家，但就个人观点而言，超越传统的科学、艺术标准，更亲民、更接地气，也许是博物画发展的另外一种生存之道。冯澄如是追溯中国博物画、科学画历史不容回避的一个人，对其作品的探究也可以文化存在的角度去解读。

三、情怀与情趣——我们的博物理念

回到《博物与艺术：冯澄如画稿研究》，陈智萌做了大量的工作，除冯澄如先生的333幅画稿的整理呈现之外，陈智萌在书中谈了四个方面的内容：博物学及其意义、博物绘画及其价值、冯澄如先生生平及艺术贡献、冯澄如画稿考证。陈智萌首先简单勾勒了一幅博物学及博物绘画的宏大历史背景，然后将冯澄如先生置于这个图景之下，使读者在了解冯澄如先生的工作之余，也对其工作的意义和背景有了进一步了解。全书前半部分更多是介绍性工作，但对冯澄如作品的挖掘是具备历史、文化和现实意义的，尤其在今天强调生态文明建设、强调人与自然和谐的语境之下，冯澄如的作品可以作为我们品鉴历史、建构当下的一个重要来源。

刘华杰等人在《博物理念宣言》中强调"博物是人类感受、认知和利用大自然的一种古老方式",应该在"日常生活中增加博物视角、融入博物情怀";杨雪泥在谈及《西方博物学文化》这本书时曾套用梭罗的话,"博物学是我们在异乡的通行证"。从这个意义上,博物图像可以作为公众摹写、理解自然世界的一张通行证,冯澄如的画稿研究则为我们了解中国博物学史及其图像打开了一扇窗。

图书评论

中国植物分类学历史与当代大学生培养漫谈

赵云鹏

Thoughts on Undergraduate Education with Implications of Plant Taxonomy History in China

ZHAO Yunpeng

年初，马金双主编，胡宗刚、廖帅、叶文、鲍棣伟共同编写的《中国植物分类学纪事》一书由河南科学技术出版社正式出版发行。本书以编年纪事方式汇编了中国植物分类学在1753年至2017年264年间的文献和档案资料，涵盖植物分类学的主要研究机构，主要学者及其成就，图书、期刊及重要论著，全国性与国际性植物分类学会议，以及重要的采集活动等。笔者身在高校，从事与分类学密切联系的植物系统进化教学和研究工作，受此书启发，浅议如何运用本书涉及的标本、文献、人物、机构等要素服务于大学人才之培养。

植物分类学是一门实践性很强的基础学科，是生物学的源头之一和博物学的重要组成部分。该学科从诞生起，基本功能通俗讲就是要摸清一国一地的植物种类家底，编写本土的"植物字典"，即植物志。因此，分类学的两项基本工作，一是以分类学研究为目的的标本采集和保存，二是植物分类学文献的发表。现代植物分类学多以1753年《植物种志》的发表为起点，目前所知国人最早用于植物学研究的标本是黄以仁于1904年6月18日采自四川峨眉山的台湾相思树（*Acacia confuse* Merr.）标本，现存于海军军医大学（原第二军医大学）植物标本室。而第一篇由中国植物分类学者描述中国植物新种的植物分类学文章是1916年钱崇澍先生在 *Rhodora* 期刊发表毛茛属2新种，被认为是中国植物分类学的近代起点，以此为代表的一批拓荒者的工作开启"中国人研究中国自己的植物，并逐渐掌握研究的主动权"（胡启明先生序语）和打破"西方植物学家掌握中国植物分类学局面"（王文采先生序语）。因此，人才的培养，特别是本土化培养对于学科的发展至关重要。

中国植物分类学研究者的培养最初源自海外留学。1916年钱崇澍和胡先骕二位先生分别回国，1919年陈焕镛先生回国，三位前辈开创了中国植物分类学科，由此揭开了中国植物分类学研究人才本土培养与出国留学进修并行模式的序幕。1935年，中国开始研究生教育，陈焕镛教授在国立中山大学农林植物研究所招收研究生李日光、王孝。1981年11月26日，国务院学位委员会批准博士学位授予点和首批博士生导师，其中植物分类学导师包括中国科学院植物研究所秦仁昌、俞德浚，中国林业科学研究院郑万钧，北京医学院诚静容，中山大学张宏达，东北林学院杨衔晋，中国科学院林业土壤研究所王战，武汉大学孙祥钟，四川大学方文培。1985年11月，首批本土植物分类学博士毕业，包括叶创兴（导师：张宏达教授）、赵佐成（导师：孙祥钟教授）。1985年12月，第一批博士后流动站启动，其中设植物学专业的研究机构包括中国科学院植物研究所、北京大学、中山大学、武汉大学。由此大致勾勒了中国专业培养人才的几个里程碑，在此进程中，大学为专业人才培养发挥了重要作用。

虽然目前国内植物分类学研究总体上以中国科学院"两所三园"为主，但大学也有为数众多的分类学者，除了分类学研究和研究生培养，还承担着本科生"植物学"理论、实验、实习一系列专业基础课的教学。此书提供的素材可用于基础人才培养过程的多个环节，服务于大学人才培养和文化传承的基本功能。

第一，本书资料可以作为课程素材和教学内容。如在植物学等专业课程中，可以设计学科发展历史的课程内容，讲学科建构之初的核心认知、现实需求、基本要素、关键人物及其贡献，然后是演变过程的主线、支线及发生的背景。抓住学科发展主线，采用讲故事的方式授课，不仅传授知识，还可激发兴趣和热爱，传递和培养科学精神和家国情怀。

第二，以分类学为例，分析学科知识体系的发展。虽然本书把文献资料的收集限定于传统分类学，但百年沧桑，植物分类学已发展为一门"无限综合之学科"，植物形态解剖学、细胞分类学、分子系统学、系统基因组学等众多交叉学科已经深入融合进植物分类学的方方面面，并对植物分类学产生了深远影响，成为植物分类学不可分割的一部分，中国学者在这些领域也取得了一系列重要的进展。分析这个发展过程，不仅可以提供更完整的知识结构，而且激发和启示学科交叉融合，对于培养具有全球竞争力的高素质创新人才和领导者至关重要。

第三，开展基于馆藏腊叶标本的课程自主研究。通过对学校植物标本馆馆藏的某个科植物腊叶标本的整理，理出物种名录、地理分布等信息，并通过对国家标本共享平台（NSII）的数据检索，开展植物分类学、空间分布格局等研究。这不仅能加深对该类群的特征和变异式样的认识，也促进对生物地理学、物种分布格局的认识，便于学生更好地理解标本的价值和标本馆的功能。分析结果还可以为改善馆藏提供具体建议。

第四，开展基于历史标本的校史挖掘社会实践活动。如我在指导学生团队整理和数字化浙江大学植物标本馆标本的时候，发现了有几份标本是抗战时期浙大西迁贵州湄潭办学期间采集，后经全面整理，共找出200多份，并挖掘出采集人是当年生物系的两位助教何天相、莫熙穆。后来组织了"重走西迁路，故地再采标本"社会实践活动，2017年浙大120周年校庆时，举办具有独特学科特色兼具文化内涵的西迁植物标本展，引起师生、校友的热烈反响。此外，中国近现代高校的变迁也可以从标本的标签上找到线索。

第五，本书也可以作为文献学、哲学、历史等专业课程研究的素材。高校学科门类多，特别是在综合性高校，利用此书及相关素材，可指导学生开展多学科的分组讨论和研究，多角度解读，由此不仅可以产出新成果，扩大影响，也可补充新资料，进一步验证现有资料的准确性。我国科学档案保存不规范、管理不完善、历史损毁多、涉及面广、开放度不高，通过发挥各校的本地力量，可以更好地保存和挖掘历史档案资料。

本书倡导"回顾历史，纪念先贤，开阔视野，启迪后人"之宗旨，从植物分类学历史可提炼出采标本和修志书的创业精神，以及实事求是、开拓创新的科学精神，服务于高校的人才培养总目标，而特色的路径和方式需要有心的师生结合本校特色进一步挖掘与创新。百花齐放是笔者特别期待的结果。

信息

第四届博物学文化论坛综述[*]

徐保军　韩静怡（北京林业大学，北京，100083）

Summary of the 4th Cultures of Natural History Forum

XU Baojun, HAN Jingyi (Beijing Forestry University, Beijing 100083, China)

近年来，从最初的译名之争，到具体概念内涵的解读，再到研究领域的拓展、丰富与深化，博物学相关研究逐渐增多，不断向前发展。博物学文化论坛正是兴起于这个大背景，为学者了解国内外博物学动向提供了平台。第四届博物学文化论坛于2019年10月12日至13日在广东中山詹园召开，由中国自然辩证法研究会博物学文化专业委员会、中国科学院《自然辩证法通讯》杂志社主办，中山詹园承办。论坛由大会主报告和分论坛构成，分论坛包括中外博物学研究、中国传统典籍与博物学、博物学绘画与印刷艺术、自然观察与写作、自然教育与科学传播、博物学出版物讨论6个板块，来自国内外约200位学者和爱好者参会，共计45名学者做了相关报告。

一、博物学的理念、在地性与空间

论坛开幕式及主报告环节由中国自然辩证法研究会博物学文化专业委员会主任、北京林业大学徐保军主持，徐保军、中科院《自然辩证法通讯》杂志社副主编王大明、英国博物学史学会主席戴维斯（Peter Davis）、中山詹园张为依次致辞。徐保军回顾了历届博物学文化论坛，发出"博物学的初心和使命是什么"的思考，强调博物学研究和实践要恪守"博物理念宣言"；王大明教授

[*] 项目支持：教育部人文社科青年基金项目"古典博物学时期的自然经济思想"（项目编号：16YJC720021）。

指出应将学术探讨和公众对生态的关心结合起来；戴维斯教授介绍了英国博物学史学会的情况；张为校长谈了中小学博物教育的期望。

主报告的发言主要涉及博物学的理念、在地性与空间等问题。

博物理念方面，北京师范大学田松教授在"生活世界、日常知识与Bowuology"的报告中指出，"博物"内涵要大于 Natural History，建议用 Bowuology 作为"博物学"的英文译名，倡导新博物学运动。湖南大学周金泰老师在其报告"'博物学史'与'物质史'"中，指出博物学史被误解为物质史的分支，与近代日本人将古代语境中的"博物"同 Natural History 对应有关。

针对博物学在地性的特征，英国博物学史学会主席戴维斯教授以"生态博物馆：连接自然与文化（Ecomuseums: Bringing Nature and Culture Together）"为题，以欧洲著名的生态博物馆为例，指出自然遗产并非完全是原始自然，而是自然和文化的综合体。中国（深圳）综合开发研究院南兆旭认为在地关怀是博物实践的路径之一。

关于博物学的空间问题，纽约州立大学宾汉姆顿分校范发迪教授以"博物学家、田野调查和最后在华的英国博物学家：从苏柯仁谈起"为题，从拓荒者及边疆意象、博物学与殖民地狩猎者两个角度谈了外国传教士形象。中央民族大学袁剑的"边疆博物学：边疆知识视野下的博物空间及其分类意义"讨论了边疆博物学的实践可能与路径等内容。

二、理论进展、博物图像、博物实践、博物创作及传播

分论坛共 6 个板块、39 场报告，主要涉及博物学的理论进展、博物图像、博物实践、博物创作及传播等问题。

中外博物学研究、中国传统典籍与博物学板块主要从中外博物学理论问题入手。同是谈《山海经》，北京语言大学刘宗迪教授考据了传统博物知识由民间知识向王官之学的转变；深圳市至元湾区健康科技创新中心李仕琼认为，研究《山海经》有助于解读史前历史、自然变迁。同是谈张华的《博物志》，北京大学王洋燊指出张华博物思想的双重反动性；陕西师范大学祁小真对《博物志》成书原因进行了探究。中山大学李锐洁谈了晚清国人的博物认知；北京大学许玲阐释了植物在佛教中的象征意义；暨南大学曹晖教授、西北大学杨莎探讨了我国本草学的发展与变迁；厦门大学姚雪琳探究了清代台湾文学动植物书写；山东大学于沁可考证了古代神话

中的蛾；山西大学张冀峰谈了"博物学的真与诚"。域外博物学研究中，中山大学邢鑫考据了江户日本一角鲸形象及其变迁史；清华大学蒋澈研究了普林尼《自然志》中的水生生物；北京大学杨雪泥指出格斯纳的《动物志》开创了对动物"文化史"的记录方式。

博物学绘画与印刷艺术板块重点讨论了博物图像相关问题。环宝蛙青少年环境体验中心罗晓图介绍了自然印刷术；鲁迅美术学院齐鑫介绍了人类对植物的审美改造；《博物》杂志张辰亮考据了《海错图》；北京保利国际拍卖有限公司陈智萌、《博物》杂志李聪颖、北京大学官栋訢分享了绘画中的博物情怀。论坛同期进行的"《柯蒂斯植物学杂志》版画及西文博物学古籍展"则以更直观的形式展现了博物图像史中的绘画、版画制作、博物选题等问题，四川大学王钊、北京林业大学徐保军负责讲解。

自然观察与写作、自然教育与科学传播、博物学出版物等板块重点讨论博物实践、博物创作及传播。在博物实践问题上，北京自然博物馆李建军、中山詹园张为等强调了专业指导的重要性，北京大学杨舒娅则强调了历史遗迹的教育角色，南方出版传媒股份有限公司秦颖、自由撰稿人严莹、武汉出版社刘从康、北京青衿艺术文化发展有限公司王昱珩分享了各自的实践感悟。在博物创作及传播问题上，云南报业集团半夏、江苏第二师范学院蒋功成分享了人与自然关系中的人文价值，南开大学蒋昕宇、成都博物馆周询介绍了博物学在学校、公众教育中的作用。在图书出版物问题上，商务印书馆余节弘强调博物实践活动应立足于知识层面，北京大学出版社周志刚等分享了本人或出版社的相关作品。

三、结语

本届博物学文化论坛兼顾二阶学术研究与一阶博物实践，以保证会议规模和质量为前提，在国际交流及影响方面迈出了坚实的一步。博物自在而不忘自律，博物学事业的推动，宏观上响应生态文明建设的国家战略，微观上关乎个体亲近自然的实际需求。公众服务层面，"《柯蒂斯植物学杂志》版画及西文博物学古籍展"除在中山詹园展出外，还将在商务印书馆、清华大学、北京林业大学、深圳市仙湖植物园等地面向公众免费展出。学术研究层面，则有助于重构科技史、人类文明史，更好地展望天人系统的未来演化。

信息

本刊征稿格式要求

Manuscript Submission Guideline

投稿本刊的学术论文建议按如下格式提供稿件。其中【】内为项目说明,【】外为举例说明。文献引证格式采用类似APA的格式。非学术论文投稿只需要提供标题和姓名的英译文。

【标题】罗蒂的哲学与博物的关联

【作者】王洋燚

【作者单位】(北京大学哲学系,北京,100871)

【摘要】摘要:美国当代著名哲学家罗蒂,在年幼时培养出的博物学爱好,深刻影响了其后来的哲学思想。……罗蒂哲学最终融入了博物情怀所代表的私密领域,于是……。

【关键词】关键词:罗蒂,博物,偶然,自由

【英文标题】The Connection between Rorty's Philosophy and *Bowu*

【作者英文名】WANG Yangyi

作者英文姓名写法:姓前名后,姓中字母全部大写,名中首字母大写。

【作者单位英文】(Peking University, Beijing 100871, China)

【英文摘要】Abstract: Richard Rorty, the famous contemporary American philosopher, cultivated a great interest in natural history at a young age, which deeply influenced his later philosophical thoughts.

【英文关键词】Key Words: Rorty, *bowu*, contingency, freedom

【正文标题】

一级标题:一、二、三、

二级标题:1.2.3.

三级标题:(1)(2)(3)

【引证格式】正文中的文献引证建议使用类似 APA 的一种格式，即引用文献应当在文中标注为作者姓名，年份：页码。例如：对他们来说，小写的东西更为真实，更为善良，更为美丽，而这些小写的东西就是活生生的生活，虽有个体的爱恨喜怒和悲愁哀乐，却不关乎真理存在和历史风云。（罗蒂，2009：4）在"后"时代的大语境下，我们就不难理解田松教授所言的"博物学是人类拯救灵魂的一条小路"（田松，2011：50—52）。

【正文脚注】脚注放在当前页下方，建议用圈码，每页单独计算。参考文献不出现在脚注中。

正文中的外文人名：第一次出现时需译成汉语，名在前，姓在后，并在括号内标注外文原名，以后出现时直接用汉译人名。

【图号与图说】图片下面标出图号、图名和图说。

【表号表名和表说】表格需标出表号、表名和表说。

【参考文献】文献按责任人"升序"排列，请注意多音字的情况。年份紧接责任人，如果涉及同一作者同一年多个文献，用小写 abcd 等加以区别。论文由著作中析出，用 // 表示部分与整体的关系，详见下面的举例（例子是虚拟的）：

【作者信息（编辑、寄样刊、发稿费时用）】作者信息

联系电话：

身份证号：

E-mail：

快递通讯地址：

参考文献

Abbott, Scott (2010). Hermeneutic Adventures in Home Teaching: Mary and Richard Rorty. *Dialogue A Journal of Mormon Thought*, 43 (02): 131–135.

Bowler, Peter J.（1976a）. Alfred Russel Wallace's Concepts of Variation. *Journal of the History of Medicine and Allied Sciences*, 31(02): 17–29.

Bowler, Peter J. (1976b). About the Modern Synthesis. *Journal of Philosophy*, 12(03): 29.

Bowler, Peter J. (1976c). The Non-Darwinian Revolution. *Journal of Biology*, 9(02): 340–377.

Darwin, Charles (2011). *On the Various Contrivances by Which British and Foreign Orchids Are Fertilised by Insects: and on the Good Effects of Intercrossing*. London: Cambridge University Press.

Johnson, Norman A. (2008). Direct Selection for Reproductive Isolation // *Natural Selection and Beyond: The Intellectual Legacy of Alfred Russel Wallace*. Charles H. Smith and George Beccaloni (eds). New York: Oxford University Press, 114–124.

费耶阿本德（2018）.科学的专横.郭元林译，韩永进校.北京：中国科学技术出版社.

罗蒂（2003）.偶然、反讽与团结.徐文瑞译.北京：商务印书馆.

宋朝（1997a）.交通问题关系国计民生.中国交通学报，23（02）：208–211.

宋朝（1997b）.交通问题并不重要.中国交通学报，23（04）：255–258.

宋朝（1997c）.交通问题确实重要 // 大城市交通问题论文集，何力拂编.北京：人民交通出版社，12–19.